HEIKE SCHMIDT-RÖGER

Hunde

Das große Praxishandbuch

HEIKE SCHMIDT-RÖGER

Hunde

Das große Praxishandbuch

Der Mensch kann sich einen Hund kaufen – seine Zuneigung muss er sich verdienen.

Der innige Blick eines Hundes, der seinen Menschen voll Zuversicht und Vertrauen anschaut, berührt die Seele. Ein Hund ist eine Persönlichkeit auf vier Pfoten, er hat Bedürfnisse und Empfindungen. Seine Anpassungsfähigkeit macht es ihm möglich, sich dem Menschen mit seinen unterschiedlichen Lebensentwürfen und Ansprüchen anzuschließen. Diese Fähigkeit wird im Leben eines Familienhundes oft gefordert – und häufig wird er dabei überfordert. Gründe gibt es dafür viele, etwa Vermenschlichung oder Unwissenheit.

Ihr Hund will sich Ihnen anschließen, doch dazu braucht er hundgerechte Anleitung und einen Rahmen, der ihn all das tun lässt, was ein Hund tun muss. 08/15-Rezepte gibt es nicht, denn jeder Hund ist ein Individuum. Dieses Handbuch hilft Ihnen, Ihrem Hund der Mensch zu sein, den er braucht. Damit Missverständnisse erst gar nicht entstehen. Von führenden Experten geprüft, mit praxisorientierten Informationen und Lösungsangeboten bietet es Ihnen das Grundwissen und auch etwas darüber hinaus, um eine Beziehung mit Ihrem vierbeinigen Gefährten aufzubauen, die Ihrer beider Leben so viel reicher macht. Engagieren Sie sich für Ihren Hund. Er hat es verdient und wird es Ihnen danken – mit seiner uneingeschränkten Zuneigung.

Heike Schmidt-Röger

1

FASZINATION HUND

Kein anderes Tier hat so viele Variationen wie der Hund – es gibt große und kleine, filigrane und stämmige, naturbelassene und gestylte Exemplare. Seine Fähigkeiten und Sinne bringen den Betrachter zum Staunen. Das wirklich Faszinierende und alle Hunde Verbindende wird jedoch nur dem zuteil, der bereit ist, sich einzulassen auf das Erlebnis Hund: die ansteckende Lebensfreude und der klare und faire Umgang miteinander. Das Talent dazu hat der Hund vom Wolf geerbt, seinem wilden Vorfahren, der vor langer Zeit den Grundstein für die einzigartige Beziehung zum Menschen gelegt hat.

Vom Wolf zum Hund

Seit Tausenden von Jahren ist der Hund an der Seite des Menschen. Beide sind eine Beziehung eingegangen, die es in dieser engen Form kein zweites Mal in der Geschichte von Mensch und Tier gibt.

Der Mensch hat viele Tiere domestiziert: vor 6.000 Jahren das Pferd, vor 9.000 Jahren die Katze, vor 10.000 Jahren Schaf und Ziege, und das Rind sogar noch etwas früher. Doch das erste Tier, das als Haustier mit dem Menschen lebte, war der Hund – und zwar schon viele Jahrtausende zuvor. Was macht ihn so besonders gegenüber allen anderen Tieren? Und was so erfolgreich im Zusammenleben mit uns Menschen?

Am Straßenrand schnuppern, Bällen nachjagen, nach Mäusen buddeln, Fremde verbellen, mit Artgenossen spielen und Schmuseeinheiten genießen, das alles ist typisch Hund. Doch es ist auch typisch Wolf. Denn die Ursprünge der Fähigkeiten und Eigenschaften, die den Hund ausmachen, hat er von seinem wilden Vorfahren mitbekommen. Sie haben sich durch Anpassung und Zucht lediglich mehr oder weniger verändert.

Ein Erfolgsmodell

Viele Wildformen unserer domestizierten Tiere haben in Rudeln oder Herden gelebt. Sie haben sich in Gemeinschaften eingeordnet, miteinander kommuniziert und Aufgaben übernommen. In einer Sozialgemeinschaft sind alle Mitglieder aufeinander angewiesen, und jeder Einzelne trägt zum Gelingen des Zusammenlebens bei.

WIESO DER WOLF?

Das komplexe Sozialverhalten der Wölfe und ihre ausgefeilte Kommunikation bieten beste Voraussetzungen dafür, sich auch in Lebensgemeinschaften mit anderen Arten einzufügen (▸ Seite 15). Standen lange Zeit neben dem Wolf auch noch Schakal und Kojote auf der Liste der möglichen Hundevorfahren, so hat die Wissenschaft heute zweifelsfrei geklärt, dass dem Wolf (*Canis lupus*) die Ehre gebührt.

Ein plausibler Grund dafür ist die beispiellose Anpassungsfähigkeit des Wolfs, denn von allen Säugetieren hatte er weltweit einst die größte Verbreitung und besiedelte fast die gesamte nördliche Hemisphäre: von der Arktis bis zum heutigen Mexiko, Südindien und China. Der Wolf bringt die nötige Flexibilität mit, sich auf neue Gegebenheiten einzustellen, sich den Anforderungen unterschiedlichster Lebensräume anzupassen und dort seinen Platz zu finden. Eine Eigenschaft, die auch für unsere Hunde unerlässlich ist.

Gemeinsam. Knochenfunde belegen, dass Wölfe schon vor 400.000 Jahren in unmittelbarer Nähe des Menschen lebten. Vor etwa 100.000 Jahren machte sich dann der moderne Mensch (*Homo sapiens sapiens*) von Afrika aus auf, die Welt zu besiedeln, zuerst den Nahen Osten und etwa 50.000 Jahre später den restlichen Globus. Und wo auch immer er auf der nördlichen Halbkugel während der Besiedelung sein Lager aufschlug – der Wolf war schon da. Doch wann schlug der Wolf den Weg zum Hund ein?

MENSCH UND HUND: SEIT JAHRTAUSENDEN EIN TEAM

Lange Zeit galten die 25.000 Jahre alten Pfotenabdrücke aus der südfranzösischen Chauvet-Höhle sowie die 14.000 Jahre alten Knochen eines Hundes aus einer Grabstätte in der Nähe von Bonn als älteste archäologische Beweise für den Hund als Gefährten des Menschen. Bis im Jahr 2011 Forscher in einer Höhle in Südsibirien einen vollständig erhaltenen Hundeschädel entdeckten, datiert auf 33.000 Jahre.

Die Rekonstruktion ergab, dass dieses Tier den vor etwa 1.000 Jahren in Grönland lebenden Hunden der Wikinger ähnlich war. Doch Genforscher gehen sogar noch weiter: Seit es möglich ist, das

Komplexes Sozialverhalten und ausgefeilte Kommunikation gehören zum Erfolgsrezept des Wolfs.

komplette Erbgut (Genom) eines Lebewesens zu entschlüsseln, bieten sich den Wissenschaftlern völlig neue Wege, die Entstehung von Arten und bei Hunden sogar der Rassen zu rekonstruieren. Durch Vergleiche verschiedener Genome und den ermittelten Veränderungen können Alter und Verwandtschaftsverhältnisse bestimmt werden. So datierte der amerikanische Wissenschaftler Robert Wayne im Jahr 2010 die Trennung vom Hund zum Wolf auf 130.000 Jahre zurück. Ein Ergebnis, das nicht unumstritten ist. Und wahrscheinlich fand die Domestikation des Hundes sogar mehrmals statt. Bleibt abzuwarten, ob künftige Forschungen zu anderen Ergebnissen führen.

Vom Wildtier zum Haushund

In den vergangenen Jahren haben sich mehrere Studien mit dem Ursprung des Hundes beschäftigt. Dazu wurde weltweit das Erbgut von Tausenden Hunden und Hunderten Wölfen gesammelt, analysiert und verglichen.

WO DER HUND ENTSTAND

Die Ergebnisse weichen voneinander ab, so wird der Ursprung des Hundes je nach Studie und Interpretation u. a. in Europa oder Zentralasien vermutet. Ein zweifelsfreier Herkunftsnachweis steht noch aus, und damit bleibt es spannend. Ob der Zeitpunkt nun vor 130.000 Jahren, 33.000 Jahren oder irgendwo dazwischen liegt, Fakt ist: Die Vorfahren unserer heutigen Hunde haben sich bereits dem Menschen angeschlossen, als er noch Jäger und Sammler war, ihn bei der Besiedelung der unbekannten Welt, auf dem Weg der Sesshaftwerdung und Zivilisation begleitet.

DER BEGINN EINER LANGEN FREUNDSCHAFT

War es der Mensch, der den Wolf zähmte? Oder ging der Anstoß für dieses beispiellose Erfolgsmodell vom Tier aus? Viele Ideen machen die Runde, wie sich diese spannende Ära in der Kulturgeschichte von Mensch und Hund abgespielt haben könnte. Nach aktuellem Stand scheint diese Annahme am plausibelsten:

Alle Ressourcen nutzen. Wölfe leben seit 400.000 Jahren in direkter Nachbarschaft der Lager der Menschen. Eine lange Zeit, um sich kennenzulernen. Der Grund dafür war sicher ganz praktischer Natur: In der Nähe der Zweibeiner gab es Nahrungsressourcen (▸ Seite 127) wie Abfälle und Kot. Diese Ergänzungen des Speiseplans werden noch heute von vielen Hunden geschätzt, was ihre Halter leidvoll bestätigen können.

Vorteile für beide. So hielten die Wölfe das Lager sauber. Durch die Nähe des Wolfs hielten sich sicher andere Beutegreifer fern, wurden von den Wölfen gemeldet oder verjagt. Beide hatten Vorteile von dieser Koexistenz: Der Wolf bildete eine Nische und hatte zusätzliche Nahrung zur Verfügung. Der Mensch profitierte davon, dass sein Lagerbereich sauberer und sicherer war.

Nähe schafft Vertrauen. Es kann davon ausgegangen werden, dass die Menschen nur Wölfe in der Nähe duldeten, die keine Gefahr für sie waren, und auffällig aggressive Tiere verjagt wurden. So pflanzten sich in dieser Lebensraumnische vorwiegend jene Wölfe fort, die dem Menschen gegenüber eine geringere Fluchtdistanz zeigten, vielleicht sogar vermehrt dessen Nähe suchten. Mensch und Wolf rückten immer näher zusammen, kooperierten vielleicht bald bei der Jagd und in anderen Lebensbereichen. Vermutlich wurden auch einzelne Welpen von Menschen aufgezogen. Dies ist auch heute noch bei einigen Naturvölkern zu beobachten, wo Frauen den Welpen sogar die Brust geben und die erwachsenen Hunde die Ausscheidungen von Babys und Kleinkindern »entsorgen«. Trotz aller entstehenden sozialen Beziehungen wurden diese frühen Hunde auch als Nahrung genutzt – Knochenreste mit deutlichen Bearbeitungsspuren zeigen das. Sogar heute ist das in einigen Regionen der Erde noch der Fall.

Kooperation bringt Fortschritt. Immer mehr Wissenschaftler schließen sich der These an, dass die Beziehung zum Wolf ein wichtiger Faktor in der Zivilisationsentwicklung des Menschen war. Um den Wolf zähmen zu können, musste der Mensch ihn beobachten und ein Verständnis für sein Verhalten entwickeln. Und er schulte seine Selbstkontrolle: Ein Tier, das man nutzen möchte, tötet man nicht. Im Gegenteil, es bedarf der Rücksicht und Fürsorge. Dies führte zu einer Änderung des Verhaltens, das sicherlich auch Auswirkungen auf zwischenmenschliche Beziehungen hatte. Der Hund ist dadurch nicht nur der beste Freund des Menschen geworden, sondern hat ihn vielleicht sogar auch »menschlicher« gemacht.

Wolf und Rabe. Wölfe gehen auch mit Rabenvögeln soziale Beziehungen ein. Dies haben die Forscher Bernd Heinrich und Günther Bloch in Kanada festgestellt. Die Raben nisten in der Nähe der Wölfe, kooperieren mit ihnen bei der Jagd, bewegen sich ungezwungen zwischen ihnen und spielen sogar mit den Vierbeinern. Eine Beziehung, die beiden nutzt.

DER HUND VERÄNDERT SICH

Die Selektion auf Eigenschaften, beispielsweise Zahmheit, wirkte sich auch auf das Aussehen aus: Fellfarbe und -zeichnung, Größe und Rutenform änderten sich, und es traten Hängeohren auf. Haben Tiere mit bestimmten Merkmalen bevorzugt die Gelegenheit zur Fortpflanzung, treten diese häufiger auf. Vermutlich wurde die Auslese anfangs mehr oder weniger gezielt nach Eigenschaften vorgenommen, die sich im Zusammenleben oder für bestimmte Aufgaben als nützlich erwiesen, möglich sind zum Beispiel jagdliche Fähigkeiten oder Wachsamkeit. Knochenfunde zeigen, dass es schon in der Steinzeit unterschiedliche Typen der frühen Hunde gab.

Erste Rassen. Seit 4.000 bis 6.000 Jahren gibt es antike Abbildungen von Hunden, die Ähnlichkeit mit den heutigen Typen haben, wie Windhunde, Molosser und kurzbeinige Hunde. Gezielte Zucht brachte zunehmend spezialisiertere Rassen hervor. Zuchttiere wurden jedoch noch immer mehr nach ihren Fähigkeiten als ihrem Aussehen ausgewählt. Die große Vielfalt an Hunderassen gibt es erst seit den letzten Jahrhunderten. Und das Aussehen steht erst seit kurzer Zeit im Fokus.

INFO

Die Familie der Hundeartigen (Caniden)

- Heute gibt es weltweit etwa 35 Canidenarten, dazu gehören neben dem Wolf unter anderem auch Kojote, Schakal, Fuchs, Mähnenwolf, Afrikanischer Wildhund und der Waldhund.
- Der Wolf *(Canis lupus)* gehört zur Gattung der Echten Hunde *(Canis)*. Als seine Haustierform werden unsere Hunde als *Canis lupus* forma *familiaris* bezeichnet.
- Nach der Ausrottung des Wolfs in Westeuropa Mitte des 19. Jahrhunderts war der Rotfuchs die einzige wild lebende Canidenart hier. Doch aus Polen und Italien wandern wieder Wölfe ein, die bereits erfolgreich Rudel gegründet haben. Neu zugezogene Arten sind zudem der ostasiatische Marderhund und der Goldschakal.

Anatomie und Sinne

Ob urbaner Society-Dog im Handtaschenformat oder robuster Schlittenhund im arktischen Outdoor-Einsatz – so unterschiedlich die Vierbeiner auch sind, ihnen allen gemeinsam sind erstaunliche Eigenschaften und Talente.

Auf der Erde findet sich keine Spezies, die so variantenreich ist wie die Haustierform des Wolfs. Da gibt es Riesen wie den stattlichen Irish Wolfhound (▸ Seite 109), dessen Schulterhöhe bis zu 100 Zentimeter messen kann, und Schwergewichte wie den Mastino Napoletano, der manchmal beeindruckende 80 Kilogramm auf die Waage bringt. Der aus Mexiko stammende Chihuahua (▸ Seite 103) ist dagegen ein Zwerg, einige Rassevertreter haben nur eine Schulterhöhe von 13 Zentimetern und wiegen gerade einmal 1.000 Gramm. Egal, ob ein Vierbeiner groß oder klein, schlank oder stämmig ist, er trägt das Erbe von Urvater Wolf in sich, er will sich bewegen und eine Aufgabe haben. Und er besitzt ein ganz eigenes Erleben der Welt, die ihn umgibt. Je mehr Sie über den Hund und seine Wahrnehmung wissen, desto besser können Sie ihn verstehen.

Zum Laufen geboren

Wenn Sie mit Ihrem Hund einen Spaziergang machen und gemütlich Ihres Weges gehen, läuft Ihr kleiner Freund vor und wieder zurück, schnuppert rechts in der Wiese und erkundet noch schnell links die Böschung. Er legt so locker das Dreifache Ihrer Wegstrecke zurück, doch von Anstrengung zeigt er keine Spur. Denn ein Hund ist ein Lauftier, sein Körper ist so gebaut, dass er ausdauernd lange Strecken zurücklegen kann.

EIN LAUFTIER

Manchem Rassehund mit gedrungenem Erscheinungsbild traut man diese Fähigkeit gar nicht mehr zu. Doch von züchterischen Entgleisungen einmal abgesehen, ist ein gesunder und halbwegs trainierter Vierbeiner durchaus in der Lage, Kilometer um Kilometer zu laufen, ohne sich zu verausgaben. Die Natur hat ihm die besten Voraussetzungen dafür mitgegeben:

- Der Körper des Hundes wird von einem stabilen Knochengerüst getragen, und die Gelenke sorgen durch An- oder Entspannung der kräftigen Muskeln für Bewegung.
- Im Gegensatz zum Menschen, der ein Sohlengänger ist und dessen Zehen, Mittelfußknochen und Fußwurzelknochen bei jedem Schritt den Boden berühren, läuft der Hund nur auf seinen Zehen durch die Welt. Das macht hohe Geschwindigkeiten und rasante Sprints möglich.
- Das Schlüsselbein ist zurückgebildet, und die Schultergelenke sind lediglich über Muskeln mit der Wirbelsäule verbunden. Dadurch haben die Vorderläufe die nötige Flexibilität, um den Körper im Lauf aufzufangen und abzufedern. Die Hinterläufe hingegen besitzen eine feste Verbindung mit dem Rumpf über das Becken und können dem Vierbeiner dadurch kraftvoll Schub geben.
- Mit einem Prozent des Körpergewichts ist das Herz eines Hundes relativ groß – eine Grundvoraussetzung, um ausdauernde Leistung bringen zu können.

ANPASSUNG DER SPEZIALISTEN

Schon früh wurden Hunde für bestimmte Aufgaben gezüchtet. Anatomie und Physiologie der meisten Vierbeiner sind perfekt an deren einstige Aufgabe und an den Lebensraum angepasst.

Ausdauer. Schlittenhunde sind die Meister der Ausdauer, wie sie alljährlich beim härtesten und längsten Schlittenhunderennen, dem Iditarod in Alaska, beweisen. Der aktuelle Rekordhalter hat die über 1.800 Kilometer lange Strecke in weniger als neun Tagen zurückgelegt. Möglich ist das dank ihres optimierten Stoffwechsels.

Geschwindigkeit. Ein extrem tiefer Brustkorb für die überdurchschnittlich großen Lungen und das

Leichtfüßig und ausdauernd: Schlittenhunde sind die Marathonläufer auf vier Pfoten.

nicht nur sprichwörtlich große Herz, die hohe Muskelmasse und der geringe Körperfettanteil, leichte und flexible Knochen sowie die schnittige Silhouette mit großer Beinfreiheit machen Windhunde zu den unerreichten Sprintern aller Hunde. Greyhounds sind die schnellsten: Sie können auf Kurzstrecken 65 Kilometer pro Stunde erreichen.

Kraft. Optisch das genaue Gegenteil sind stämmige Hunde wie Englische Bulldogge, Boxer oder Staffordshire Terrier. Ein kompakter Körper, starke Knochen, kräftige Muskeln und der größte Anteil des Körpergewichts von den Vorderläufen getragen, sorgen für eine enorme Zugkraft.

Akrobatik. Spezielle Aufgaben erfordern spezielle Hunde. Das beeindruckendste Beispiel dafür ist der Norwegische Lundehund mit seiner einzigartigen Anatomie. Sein Job war es, die an der Küste Norwegens in Felsspalten und Höhlen brütenden Alkenvögel zu jagen. Dafür sind Kletterkünste gefragt. So hat der kleine Hund an jeder Pfote sechs Zehen und kann seine Vorderläufe im 90-Grad-Winkel abspreizen, was ihm sicheren Halt in steilen Klippen gibt. Seine Wirbelsäule ist so flexibel, dass er seinen Kopf bis auf den Rücken zurückbiegen kann – sich in den engen Bruthöhlen der Vögel zu bewegen, ist damit kein Problem. Der Lundehund ist zwar ein Ausnahmevertreter, doch ein gutes Beispiel für die Vielfältigkeit der Hunde.

Der feinen Hundenase entgeht nichts: weder die Spur des Hasen noch die Nachrichten der Artgenossen.

Faszinierende Sinne

Nasen, Augen und Ohren eines Hundes sind die eines Jägers, der schnelle Bewegungen aus weiter Entfernung erkennen, Fährten sicher folgen und sich auch in der Dämmerung gut zurechtfinden kann. Und es sind die eines in Gruppen lebenden Tieres, das auf vielfältige Weise mit seinen Sozialpartnern kommuniziert (▸ Seite 25).

DIE HUNDENASE – SPITZENLEISTUNG IM SCHNÜFFELTAKT

Der herausragendste Sinn des Hundes ist sein Geruchsvermögen – im Vergleich mit uns geradezu spektakulär. Er kann Kilometer entfernte Beute wittern, erfährt beim Schnüffeln am Wiesenrand, welcher Artgenosse vor Stunden seinen Weg gekreuzt hat, und wenn Sie nach Hause kommen durch ein kurzes Schnuppern an Ihrer Hand, ob Sie einen Artgenossen gestreichelt haben. Wir können zwar gute Leistungen bringen, wenn es darum geht, deutliche Aromen zu erkennen und ihnen zu folgen, doch Hunde können stark verdünnte Gerüche erkennen. So schnuppern sie in 1 Milliarde cm^3 Luft noch 1 mg Buttersäure.

In der Praxis. Was sich sehr theoretisch anhört, wird ganz praktisch genutzt: Die Hundenase ist nicht nur hilfreich bei der Jagd, sondern rettet täglich Leben bei der Suche nach Bomben, Landminen und vermissten Personen. Sie unterstützt Mitarbeiter der Zollbehörden, um Drogen, illegal eingeführtes Bargeld, geschmuggelten Tabak sowie Tiere oder Produkte aufzuspüren, deren Einfuhr gegen Artenschutzbestimmungen verstößt.

Für die Gesundheit. Vierbeiner suchen Schimmelpilze und warnen vor Unterzuckerung. Doch Wissenschaftler sehen noch mehr Potenzial: Es laufen vielversprechende Projekte, Hunde auch bei der Früherkennung bestimmter Krebserkrankungen einzusetzen. Und es kommen ständig neue Aufgaben dazu, wie der erste Kardio-Warnhund, der meldet, wenn sein Mensch zusätzlichen Sauerstoff benötigt.

SCHNUPPERTRAINING

Diese enorme Leistung ist möglich, weil die Größe der stark gefalteten Riechschleimhaut und die Anzahl der Riechzellen die eines Menschen um ein Vielfaches (► Info, Seite 21) übertreffen und über zehn Prozent des Gehirns der Geruchserkennung dienen. Das befähigt Hunde, individuelle Geruchsmuster und chemische Veränderungen in der Atemluft, in Hautausdünstungen oder Ausscheidungen zu erkennen. Bei der Ortung ist es nützlich, dass jedes Nasenloch unabhängig vom anderen arbeiten kann.

Training. Obwohl Hunde ihren um ein Vielfaches besseren Geruchssinn im Alltag ständig nutzen, müssen sie speziell darauf trainiert werden, diesen auf Gerüche zu konzentrieren, die der Mensch ihnen vorgibt. Im Grunde ist es möglich, Hunde auf jeden erdenklichen Geruch auszubilden. Dem Tier ist es egal, wonach es sucht, solange es nach dem Auffinden die ihm wichtige Bestätigung bekommt. Denn Schnuppern macht Spaß, ist aber auch anstrengend und lastet gut aus. Daher ist es eine ideale Möglichkeit, dem Vierbeiner sinnvolle Beschäftigung zu bieten (► Seite 256).

INFO

Typische Folgen der Haustierwerdung: So hat die Domestikation den Hund verändert

- Durch Anpassung an veränderte Lebensumstände sind Schädel und Gehirnmasse beim Hund kleiner als beim Wolf.
- Weibliche Wölfe sind einmal pro Jahr paarungsbereit, Hündinnen der meisten Rassen zweimal im Jahr (► Läufigkeit, Seite 185); Wolfsrüden zur Ranzzeit, Hunderüden ganzjährig.
- Vom Menschen züchterisch geförderte Eigenschaften sind teilweise stärker ausgeprägt als beim Wolf, wie der Geruchssinn beim Bloodhound und die Schnelligkeit beim Greyhound.
- Das Zeitfenster der Prägung auf Sozialpartner ist beim Hund (ca. bis zur 12. Woche) größer als beim Wolf (21 Tage).

OHREN AUF

Das Quieken einer Maus im unterirdischen Nest, das leise Knistern der Leckerchentüte in der Hosentasche von Frauchen oder das noch drei Blocks entfernte Auto des Herrchens zu hören, ist für Hunde eine leichte Übung.

Ihre Ohren lassen sich unabhängig voneinander drehen und wirken aufgestellt wie ein Schalltrichter. Durch Vergleich des Geräuschs im linken und rechten Ohr kann die Richtung bestimmt werden. Vierbeiner mit Schlappohren sind nur geringfügig im Nachteil, und ihr Gehör ist dem unseren klar überlegen. Die untere Hörschwelle ist bei Mensch und Hund zwar in etwa gleich, doch die Vierbeiner können viel höhere Frequenzen wahrnehmen (► Info, Seite 21), sogar bis in den Ultraschallbereich. Diesen Effekt machen sich die lautlosen Hundepfeifen zunutze.

DEN HORIZONT IM BLICK

Ihr Vierbeiner wird sofort aufmerksam, sieht er einen Hasen über die Wiese hüpfen. Doch wenn das Langohr ruhig sitzen bleibt, hat es gute Chancen, übersehen zu werden. Hunde sind hervorragend ausgestattet, wenn es gilt, Bewegungen zu erkennen. Da ihre Sehschärfe jedoch nur 20 bis 40 Prozent der des Menschen erreicht, nehmen sie Konturen entfernter Objekte eher verschwommen wahr. Hunde können ihre Linsen nicht so stark variieren wie der Mensch und sehen nahe Objekte erst ab 40 Zentimetern scharf.

Weitblick. Das Gesichtsfeld beider Augen (binokular) beträgt beim Hund durchschnittlich 240 Grad, beim Menschen etwa 180 Grad. Ohne seinen Kopf zu bewegen, hat der Vierbeiner dadurch einen größeren Bereich seiner Umwelt im Blick. Hunde mit kurzer, breiter Nase haben ein geringeres Gesichtsfeld als solche mit schmaler Nase. Im Überschneidungsbereich der Gesichtsfelder ist räumliches Sehen und dadurch die Einschätzung der Entfernung möglich, beim Menschen sind das ca. 140 Grad, beim Hund 30 bis 50 Grad.

Dia-Show. Hunde können bis zu 80 Bilder pro Sekunde wahrnehmen, der Mensch nur bis zu 60. Hunde, die gebannt auf den Fernseher schauen, nehmen weniger einen bewegten Film als vielmehr eine schnelle Abfolge einzelner Bilder wahr.

Farben. Die Welt der Hunde ist nicht schwarzweiß, aber auch nicht so bunt wie die von uns Zweibeinern. Ursache sind die Sehzellen: die für das Farbensehen zuständigen Zäpfchen und die für das Hell-Dunkel-Sehen zuständigen Stäbchen. Während der Mensch drei verschiedene Zäpf-

Den Blick in die Ferne schweifen zu lassen, ist typisch für Windhunde, die mehr auf Sicht als mit der Nase jagen. Jede Bewegung am Horizont weckt das Interesse und versetzt den Hund in Spannung.

chentypen besitzt, um die Grundfarben Rot, Grün und Blau zu erkennen (trichromatisch), haben Hunde nur zwei (dichromatisch) und erkennen Blau und Gelb. Dadurch nehmen Hunde die Welt ähnlich wie Menschen wahr, die an einer Rot-Grün-Schwäche leiden: Rot erscheint vermutlich eher gelb, und Farben im äußersten Rand des Rotspektrums sind orange. Grün wird wie ein sehr helles Grau wahrgenommen, Hellblau wirkt gedämpft, und sehr dunkles Blau wird als helles Violett erkannt.

Für die Praxis: Der gelbe Ball in grüner Wiese ist für den Hund eher durch die unterschiedliche Schattierung und nicht an der Farbe auszumachen – einen blauen Ball kann er besser sehen.

Die geringere Farbwahrnehmung wird dadurch wettgemacht, dass die Augen des Hundes einen höheren Anteil an Stäbchen besitzen und so in der Dämmerung besser gerüstet sind. Durch eine reflektierende Schicht hinter der Netzhaut (*Tapetum lucidum*) wird das einfallende Restlicht doppelt genutzt. Deswegen scheinen Hundeaugen zu leuchten, wenn sie in der Dunkelheit von einem Autoscheinwerfer angestrahlt werden.

TASTEN UND SCHMECKEN

Die Haut eines Hundes verfügt über zahlreiche Sinneszellen und Nerven, die Berührungen, Vibrationen, Temperatur und Schmerz wahrnehmen können. Die langen Tasthaare (Vibrissen) im Gesicht schützen Nase und Augen. Sie sind in der Haut mit empfindlichen Nerven verbunden und können bereits auf Luftwirbel reagieren, sollten daher auch nicht gekürzt werden.

Hunde wissen durchaus, was ihnen schmeckt, und haben ihre Vorlieben, können die etwa 2.000 Geschmacksnerven auf ihrer Zunge doch unterscheiden, ob die Nahrung süß oder sauer, salzig oder bitter ist oder nach Fleisch schmeckt.

INFO

Zahlen und Fakten rund um den Hund

- **Atemfrequenz:** 15–30 Atemzüge pro Minute
- **Augen – binokulares Gesichtsfeld:** durchschnittlich etwa 240 Grad, Mops 200 Grad, Windhund 270 Grad
- **Gebiss:** Mit 3–7 Monaten verliert ein Hund seine 28 Milchzähne und bekommt 42 bleibende. Oberkiefer links und rechts, jeweils: 3 Schneidezähne (Incisivi), 1 Fangzahn (Caninus), 4 vordere Backenzähne (Prämolaren) und 2 hintere Backenzähne (Molaren). Unterkiefer links und rechts, jeweils: 3 Schneidezähne, 1 Fangzahn, 4 vordere Backenzähne und 3 hintere Backenzähne.
- **Geburtsgewicht:** je nach Rasse bzw. Typ etwa 70–600 g
- **Körpertemperatur:** 37,5–39,0 °C, Welpen und kleine Hunde auch bis 39,5 °C. Bei jungen und kleinen Hunden ist die Körpertemperatur tendenziell höher als bei großen und alten Tieren.
- **Nase von Mensch und Hund im Vergleich:** Größe der Riechschleimhaut: Mensch 2–4 cm^2, Dackel 75 cm^2, Schäferhund 150 cm^2, Bloodhound 250 cm^2 Riechzellen in Millionen: Mensch 5–10, Dackel 125, Schäferhund 220, Bloodhound über 300
- **Ohren – wahrnehmbarer Frequenzbereich**: Hund 15–ca. 60.000 Hz, junger Mensch 20–20.000 Hz, älterer Mensch bis 13.000 Hz
- **Puls:** im Durchschnitt 80–120 Schläge pro Minute
- **Skelett:** Es besteht aus 321 Knochen, egal ob der Hund groß und kräftig oder klein ist.

Wie sich Hunde verhalten und verständigen

Kuscheln, Spielen, Raufen – das und noch viel mehr gehört zum Hundeleben dazu. Unsere Vierbeiner sind gesellige Tiere mit einem reichen Verhaltensrepertoire, die auf vielfältige Weise miteinander kommunizieren.

Wir haben uns zum Spaziergang verabredet. Dabei sind Kurzhaarcollie Desty, Dobermannmischling Lisa und Zwergdackel Paul. Die drei sind ein eingespieltes Team, flitzen um die Wette, buddeln als Trio nach Mäusen und buhlen kollektiv um Leckerchen. Auf einer Wiese stürmt ein fremder Hund auf Paul zu. Lisa reagiert sofort und läuft zwischen die beiden, ihr ganzes Auftreten signalisiert Entschlossenheit. Nur mit ihrer Körpersprache und Präsenz hält sie den fremden Hund auf Abstand – zu knurren oder Zähne zu zeigen hat sie gar nicht nötig. Erst als er abdreht und weiterzieht, entspannt sie sich wieder und kommt zur Gruppe zurückgetrabt, als wäre nichts gewesen.

Miteinander – füreinander

Beispiele wie diese kennt sicher jeder Hundehalter. Es beeindruckt mich immer wieder, wie differenziert und souverän gut sozialisierte Hunde miteinander umgehen. So auch unsere Greyhoundhündin Lizzy, die es selbst hochbetagt noch immer geschafft hat, halbstarken Rüden Manieren beizubringen, aber ganz gelassen blieb, als ein unsicherer Hundezwerg nach ihr schnappte und ihr dabei eine Schramme im Gesicht verpasste: Das hat sie einfach »übersehen«. Dass Hunde so sozial und situationsgerecht miteinander umgehen können, verdanken sie dem Erbe ihrer Vorfahren. Lernen Sie die Wurzeln Ihres Hundes kennen, um ihn besser zu verstehen.

DIE MÄR VOM ALPHAWOLF

Das Bild vom Alphawolf, der sich diese Position in blutigen Rangkämpfen erobert und sein Rudel mit aller Strenge und Härte führt, ist Schnee von gestern. Spätestens seit Günther Bloch und andere Wolfsforscher ihre Beobachtungen publiziert haben, erscheint der wild lebende Verwandte in einem ganz anderen Licht.

Als Team den Weg weisen. Statt egozentrisch nur den eigenen Machterhalt im Auge zu haben, handeln Wölfe in der Regel kooperativ. Sie sind geduldig und fürsorglich gegenüber jungen, alten und verletzten Rudelmitgliedern und versuchen, Konflikte friedlich beizulegen.

Anpassung als Überlebensstrategie. Es gibt aber nicht den Wolf oder das Rudel. Genauso, wie sich die Lebensräume und Lebensbedingungen unterscheiden, variieren auch die Rudelstrukturen. Ob ein Revier reichlich oder wenig Nahrungsressourcen und Platz bietet, entscheidet beispielsweise über Gruppengröße und darüber, ob nur die Leittiere Welpen haben oder auch andere Weibchen Nachwuchs bekommen. Es wurde sogar schon öfter beobachtet, dass mehrere Mütter ihre Würfe gemeinsam großziehen. Es sind auch immer wieder Wölfe unterwegs, die allein durchs Land ziehen auf der Suche nach einem neuen Revier, um dort eine Familie zu gründen.

JEDER HAT IM RUDEL SEINE AUFGABE

Geleitet wird die Gemeinschaft meist von einem Wolfspaar. Wie bei uns Zweibeinern ist es nicht selten der weibliche Part, der mehr oder weniger offensichtlich die Geschicke lenkt. Gute Leittiere führen ihr Gefolge sicher durch den Alltag, stehen bei Gefahren an vorderster Front und vermögen es dank ihrer Souveränität, die Gruppe harmonisch beieinanderzuhalten. Dazu müssen die Leittiere nicht zwangsläufig die größten und stärksten

Fremde zu melden, ist Job aller Mitglieder des Rudels – die Intensität hängt jedoch von der Veranlagung ab.

Wölfe sein. Ausstrahlung zu besitzen, situationsgerecht zu handeln, Durchsetzungsvermögen und Lebenserfahrung sind die wesentlich wichtigeren Eigenschaften. Ein Rudel zu leiten ist kein Spaß, sondern eine verantwortungsvolle Aufgabe mit vielen Pflichten.

Nur wenige Tiere wollen den Chefposten übernehmen. Die meisten sind mit der Rolle und den Aufgaben zufrieden, die sie in der Gemeinschaft innehaben. Dazu gehört die Beschaffung von Nahrung, das Bewachen des Reviers oder sich als Babysitter um den Nachwuchs zu kümmern. Erfolgreich ist ein Rudel dann, wenn alle Mitglieder ihr Auskommen haben und es den Nachwuchs großziehen kann. Ständige Konflikte um die Führungsposition sind nur hinderlich und bergen die Gefahr, verletzt zu werden. Tiere, die sich im Rudel nicht einordnen, wandern ab oder werden vertrieben. Gelegentlich gibt es auch Leittiere, die ihre Position mit Aggressivität zu bewahren versuchen. Dann kann es vorkommen, dass die anderen dagegen rebellieren. Bei einer Wolfsfamilie im Yellowstone Nationalpark wurde eine solche Leitwölfin vermutlich wegen ihres unsozialen Verhaltens von ihrer Familie getötet.

Fair bleiben. Wölfe haben einen Sinn für Fairness – unsere Hunde auch. Und sie wollen eine Aufgabe. In einem Umfeld, das sie und ihre Bedürfnisse respektiert, können sie aufblühen und sich von ihrer besten Seite zeigen. Werden ihre Bedürfnisse aber ignoriert, verkümmern sie oder rebellieren. Viele Probleme mit Hunden (▸ Seite 228) sind darauf zurückzuführen, dass sie nicht hundgerecht leben können.

Ob Wolf oder Hund: Die Eltern leiten den Nachwuchs an und bereiten ihn auf sein weiteres Leben vor. Tanten, Geschwister und andere Familienmitglieder übernehmen häufig die Funktion von Babysittern.

Von Hund zu Hund: Verständigung

Harmonisches Miteinander setzt Kommunikation voraus. Nur wenn sich alle Beteiligten klar und deutlich ausdrücken, können Missverständnisse vermieden werden – und damit mögliche Konflikte. Hunde verfügen über eine ausgefeilte Verständigung und nutzen dazu verschiedene Wege.

KOMMUNIKATION ÜBER DUFTSIGNALE

Der individuelle Geruch verrät eine ganze Menge. Auch der Mensch nutzt das – wenn auch unbewusst – sogar bei der Partnerfindung. »Ich kann dich nicht riechen« bekommt da eine ganz neue Bedeutung. Jeder Halter eines Rüden hat sich bestimmt schon einmal gedacht, dass es läufige Hündinnen in der Nachbarschaft geben muss, weil sein Hundemann wie von Sinnen einer Spur am Straßenrand folgt.

Informationen austauschen. Schnuppert ein Hund zum Beispiel an den Urinmarkierungen, die ein Artgenosse am Laternenpfahl oder auf der Wiese hinterlassen hat, bekommt er eine Menge Informationen, etwa über dessen Geschlecht und Hormonstatus. Er kann sich so ein Bild von den Hunden machen, die sich in seinem Umfeld bewegen. Oft wird dann die eigene Duftmarke darüber- oder danebengesetzt. Hunde können sich so kennenlernen, ohne sich je begegnet zu sein. Urinmarken werden aus verschiedenen Gründen gesetzt, zum Beispiel um Besitzansprüche geltend zu machen. Dies bezieht sich nicht nur auf das Revier, sondern auch auf Objekte. Beispiel: Da der Halter seinem Hund verbietet, sich das vergammelte Butterbrot am Straßenrand einzuverleiben, wird mit Urinspritzern deutlich gemacht: »Pfoten weg, das ist meins!«

INFO

»Ich versteh dich nicht!«
Rasseunterschiede und Verständigung

- Gesichtsfalten, Hängeohren, die über den Rücken gerollte Rute sowie lange Haare, die das Gesicht verdecken, schränken die Ausdrucksmöglichkeiten ein oder geben falsche Signale.
- Hunde gleicher Rasse haben damit kein Problem, doch bei unterschiedlichen Vierbeinern kann das zu Missverständnissen führen.
- Beispiel: Nasenfalten können als Drohsignal und die Ringelrute als Imponierverhalten fehlinterpretiert werden.
- Um Missverständnissen vorzubeugen, ist es daher so wichtig, dass junge Hunde möglichst viele Artgenossen unterschiedlichen Aussehens und deren Ausdrucksverhalten kennenlernen.

Wer bist du? Hunde haben mehrere Duftdrüsen, zum Beispiel an den Ohren, den Ballen und Mundwinkeln. Zur Kommunikation über Duftsignale (olfaktorisch) gehört das gegenseitige Beschuppern bei einer Hundebegrüßung an Gesicht, After und Genitalien. Die Hunde können sich an ihren Individualgerüchen erkennen und Infos über Status, Geschlecht, Sexualzyklus, Gesundheitszustand und Ernährung sammeln. Statushohe Tiere schnuppern öfter, als beschnuppert zu werden. Statusniedere Tiere halten das oft nicht lange aus, statushohe sind dabei meist gelassener. All das, was in der geruchlichen Welt des Hundes passiert, kann der Mensch bestenfalls erahnen, jedoch niemals erleben. Trotzdem ist es wichtig, einem Vierbeiner diese Art der Wahrnehmung und Kommunikation nicht zu verwehren, sondern ihn das hundgerecht ausleben zu lassen.

Wie eine Hundebegegnung abläuft, hängt von vielen Faktoren ab. Der weiße Hund zeigt sich abwartend: Vielleicht starten beide gleich zu einem Spiel durch.

Vorsichtiges Beschuppern: Der individuelle Körpergeruch eines Hundes gibt viele Informationen preis. Schnupperkontakt gehört zum Kennenlernen dazu.

Los – weiterspielen! Der Labrador Retriever (rechts) zeigt die typische Spielaufforderung mit tiefem Vorderkörper und dem in die Höhe gestreckten Hinterteil.

LAUTSPRACHE

Das Heulen der Wölfe dient unter anderem dem Gruppenzusammenhalt, zeigt entfernten Tieren den Weg oder macht Revieransprüche deutlich. Hunde haben ein vielfältiges Lautrepertoire, dazu gehören zum Beispiel Jaulen, Fiepen, Knurren und natürlich das Bellen.

Hunde, die bellen. Die Vorfahren unserer Hunde bellen nur selten. Meist dann, wenn sie Distanz zum Gegenüber schaffen möchten. Beim Hund ist es wesentlich ausgeprägter. Vielleicht, um Reduzierungen von Mimik und Gestik und das dadurch nicht mehr ganz so fein differenzierte Ausdrucksverhalten auszugleichen. Bellen dient der Kommunikation der Hunde untereinander, ist aber auch enorm nützlich bei der Verständigung mit dem Menschen. Schließlich muss man dem Zweibeiner manchmal deutlich sagen, was Sache ist, weil er die feinen Signale der Körpersprache längst nicht immer versteht.

Je nach Rasse. Die Lautgebung wurde bei einigen Rassen züchterisch beeinflusst. Zum Beispiel gehört es für einen Spitz als klassischem Hofhund zu seinen Aufgaben, Besucher zu melden, Dackel sollen Laut geben, wenn sie eine Hasenspur verfolgen, Vorstehhunde hingegen still verharren und mit gehobener Pfote dem Jäger das geortete Tier anzeigen.

Individuell. Trotz rassebedingter Veranlagung ist Bellfreude auch individuell und kann gefördert oder durch Erziehung in Maßen gehalten werden. Hunde haben unterschiedliche Formen des Bellens, sowohl gegenüber Artgenossen als auch Menschen. Bellen im Spiel lässt sich zum Beispiel von dem unterscheiden, das bei einer Begrüßung, aus freudiger Erwartung, aus Frust, beim Angriff, zur Abwehr oder als Aufforderung gezeigt wird. Fast jeder Hundehalter wird bestätigen, dass er genau weiß, ob sein Vierbeiner bellt, weil es an der Haustür geklingelt hat, weil er spielen oder damit anzeigen möchte, dass es höchste Zeit für den Spaziergang ist.

AUSDRUCKSVERHALTEN

Wichtiger als die Verständigung über Lautäußerungen ist die Körpersprache. Mit ausgefeilter Mimik und Gestik sowie gezielten Berührungen verstehen Hunde es, sich klar auszudrücken, wobei das unterschiedliche Aussehen individuell berücksichtigt werden muss (▶ Info Seite 25). Nachfolgend wird das Ausdrucksverhalten bei einigen Stimmungslagen beschrieben. Doch das Hundeleben ist nicht schwarz-weiß und das Verhalten schon gar nicht. So gibt es feine Differenzierungen in Gestik und Mimik, die auch für den Experten nicht immer leicht zu erkennen sind. Gesten können mehrere Bedeutungen haben, wie das Pföteln, das der Deeskalation, aber auch der Erlangung von Aufmerksamkeit dienen kann. Um das Verhalten eines Hundes zu beurteilen, muss daher immer die gesamte Situation betrachtet werden. Wedelt ein Hund, ist das ein Zeichen von Erregung. Ob er freudig oder aggressiv gestimmt ist, kann nur der Zusammenhang verraten. Nutzen Sie daher jede Gelegenheit, um Ihren Blick für das Wesentliche – das Befinden und Verhalten Ihres vierbeinigen Freundes – zu schulen.

NEUTRAL BIS ERWARTUNGSVOLL

Ein neutral gestimmter Hund zeigt entspannte Körperhaltung: Rute nicht angespannt bzw. leicht hängend, Ohren aufrecht. Erregt etwas seine Aufmerksamkeit, bekommt der Körper mehr Spannung, die Rute wird erhoben, und die Ohren sind leicht nach vorn gerichtet. Hunde in Erwartungshaltung haben eine leichte Körperspannung, die Rute wedelt waagerecht, das Maul ist leicht geöffnet. Der Gesichtsausdruck wirkt aufmerksam.

Passive Unterwerfung: Der Welpe erkennt die Dominanz des erwachsenen Hundes an, indem er sich auf den Rücken legt. Der Große zeigt sich selbstbewusst mit hoher Körperspannung.

Distanz schaffen: Drohen mit Zähnefletschen (links) ist hier ein deutliches Signal, das Grenzen aufzeigt. Clever ist der Artgenosse, der die angemessene Warnung versteht.

Beim Imponieren versuchen Hunde, ihr Gegenüber mit voller Körperspannung und erhobener Rute zu beeindrucken und sich als stark zu präsentieren.

Leidenschaftlich: Buddeln im Mäuseloch macht Spaß, denn es ist selbstbelohnend. Da macht es nichts, wenn die Maus durch den Hinterausgang verschwindet.

Wie sich ein Hund am liebsten bettet, hängt von seinen persönlichen Vorlieben ab. Gemütlich haben es alle gern, ob Rassehund oder Mischling.

Rasant durch Pfützen zu rennen, gehört zum Hundsein dazu, genau wie buddeln und wälzen. Ein Hund, der das nicht ausleben darf, ist ein trauriger Hund.

ANGST, UNSICHERHEIT UND DEMUT

Der Blick des ängstlichen oder unsicheren Hundes ist ausweichend. Er macht sich klein, indem er den Kopf senkt, mit den Beinen einknickt, die Rute nach unten oder zwischen den Beinen trägt und die Ohren anlegt. Es sollte alles vermieden werden, was die Unsicherheit des Hundes weiter steigert (▸ Seite 207).

Passive Unterwerfung. Bei der passiven Unterwerfung legen sich die Hunde meist auf den Rücken und »liefern« sich so ihrem Gegenüber aus. Sie bleiben abwartend, zeigen dabei lang gezogene Mundwinkel, manchmal urinieren sie auch.

Aktive Unterwerfung. Bei der aktiven Demut, häufig als Beschwichtigung bezeichnet, sind die Hunde um Deeskalation bemüht, lecken ihre eigene Schnauze oder versuchen, die Mundwinkel des Gegenübers zu lecken. Dies ist ein Verhalten aus der Welpenzeit: Durch das Mundwinkellecken werden erwachsene Hunde angeregt, Futter vorzuwürgen. Auch das dabei häufig gezeigte Pföteln stammt noch aus der Welpenzeit und ist abgeleitet vom Milchtritt, der am Gesäuge den Milchfluss anregt. Demutsgesten werden auch oft bei der Begrüßung des Menschen gezeigt, ihnen sollte eine positive Reaktion folgen.

AGGRESSION

Aggression ist ganz normales Hundeverhalten. Sie dient unter gut sozialisierten Vierbeinern (▸ Seite 34) dazu, Distanz zu schaffen, Konflikte zu deeskalieren und ist der Situation angemessen. Manchmal genügt schon ein eindringlicher Blick, um den Artgenossen in seine Schranken zu weisen. Reicht das nicht, gibt es weitere, differenzierte Möglichkeiten.

Drohen. Ein drohender Hund fixiert sein Gegenüber, runzelt die Haut um die Nase und zieht möglicherweise die Lefzen hoch, um seine Zähne zu zeigen. Je nach Grad der Erregung sind auch die Rückenhaare aufgestellt, und es wird geknurrt oder gebellt.

Offensives Drohen. Hunde, die selbstsicher drohen, machen sich groß, haben eine hohe, nach vorn gerichtete Körperspannung, eine erhobene Rute, nach vorn gerichtete Ohren und kurze, runde Mundwinkel.

Defensives Drohen. Droht ein Hund zur Verteidigung, sind die Mundwinkel eher lang gezogen und die Ohren zurückgelegt. Ist er bereit zur Flucht, macht er sich eher klein und klemmt seine Rute ein, die Körperhaltung wirkt ausweichend. Ist er bereit zum Angriff, wird die Rute erhoben, die Ohren stehen meist senkrecht.

Hunde mit mangelhafter Sozialisierung oder verstörenden Erfahrungen können auch unangemessene Aggression zeigen (▶ Seite 235).

BEWEGUNGSEINSCHRÄNKUNG

Verhalten macht Absichten deutlich. Hunde haben viele Strategien entwickelt, um Artgenossen Überlegenheit zu demonstrieren und damit die Statusfrage zu klären. Ob es zum Einvernehmen beiträgt, hängt von der Reaktion des Artgenossen ab: Nur wenn das Gegenüber daraufhin Demutsverhalten zeigt, erkennt er die Dominanz des anderen Hundes an.

Umkreisen. Wird oft bei der Begegnung gleichgeschlechtlicher Hunde gezeigt, besonders beim Imponieren (▶ Foto Seite 27). Die Hunde laufen steifbeinig, die Rute ist erhoben, die Körperspannung hoch. Umkreisen ist häufig verbunden mit dem Versuch, den anderen zu beschnuppern.

Kopf auflegen. Beim imponierenden Umkreisen ist es meist der Versuch, die Bewegungsfreiheit des anderen einzuschränken und dadurch die eigene Überlegenheit zu demonstrieren. Gelingt natürlich nur, wenn der andere es auch zulässt.

T-Stellung. Dabei steht ein Hund quer vor dem anderen, die Stellung beider Hunde ähnelt dem Buchstaben »T«. Auch dies ist Bewegungseinschränkung mit dem Ziel, dominant zu sein.

INDIVIDUELLE VORLIEBEN

Unsere Vierbeiner unterscheiden sich nicht nur in ihrem Aussehen, sondern auch in ihrem Verhalten. Jeder Hund ist eine einzigartige Persönlichkeit, hat liebenswerte Angewohnheiten, Ecken und Kanten und manchmal sogar Hobbys. So gibt es Hunde – meistens sind es die kurzhaarigen und schlanken Typen –, die sich nur äußerst widerwillig ins nasse Gras setzen. Andere peilen mit großem Enthusiasmus jede Pfütze an, manche legen sich sogar bäuchlings hinein.

KOMFORTVERHALTEN

Viele Vorlieben finden sich bei Verhaltensweisen, die dem Wohlbefinden (Komfortverhalten, Autogrooming) dienen: Auf welchem Untergrund sich ein Vierbeiner am liebsten wälzt, ob er sich gerne sonnt oder es kühler mag, welche Liegeposition er bevorzugt und ob er sich beim Schlafen lieber unter eine Decke kuschelt oder es sich auf einem Kissen gemütlich macht. Oft hängt das mit dem Wärmehaushalt zusammen: Hunde mit kurzem, dünnem Fell frieren natürlich auch leichter und kleine schneller als große (▶ Seite 130).

Freundliche Gesten. Komfortverhalten dient aber nicht nur der eigenen Wellness, sondern wird auch gezielt eingesetzt, um das Wohlbefinden eines anderen zu steigern, wie sich gegenseitig zu lecken oder mit gespitzten Zähnen liebevoll zu »knibbeln« (beknabbern). Diese gegenseitige Körperpflege (Allogrooming) sorgt nicht nur für Nähe, sie festigt die Beziehung der Sozialpartner. Hunde zeigen das nicht nur bei Artgenossen, sondern auch bei ihren Menschen.

Interview

Vom Wolf lernen

Günther Bloch und andere Wolfsforscher haben gründlich aufgeräumt mit dem Märchen vom bösen Wolf. Im Interview erklärt er, was Sie vom Vorfahren Ihres Vierbeiners lernen können.

GÜNTHER BLOCH, CANIDENEXPERTE

Günther Bloch gründete 1977 die Hundepension der »Hunde-Farm« und begann als Erster in Deutschland, Haushunde in Gruppen zu halten und ihr Verhalten systematisch zu beobachten. Seit 1992 leitet er in Kanada die weltweit längste Verhaltensbeobachtungsstudie an Timberwölfen. Bis 2003 war er als Verhaltensberater für Mensch-Hund-Beziehungen tätig. Er ist Autor von zehn Fachbüchern zum Thema Wolfs- und Hundeverhalten und hält Vorträge zum Thema.

Wie viel Wolf steckt noch im Hund?

GÜNTHER BLOCH: Genetisch sind beide zu 99,96 Prozent identisch und Hunde nichts anderes als Wölfe in anderer Form, Farbe und Verhaltenstypisierung. Es besteht eine enge Verwandtschaft, doch der Hund hat sich in der Nische Hausstand angepasst und genetisch verändert. Große Unterschiede gibt es je nach Rasse. Nordische Hunde und beispielsweise Hütehunde, deren Hüteverhalten nichts anderes als modifiziertes Jagdverhalten ist, sind dem Wolf viel ähnlicher als zum Beispiel ein Mops. Die Frage ist: Könnte ein Hund auch ohne menschliche Hilfe überleben und sich fortpflanzen? Ein Grönlandhund ja, ein Mops nicht.

Lässt sich jedes Hundeverhalten am Beispiel Wolf erklären?

GÜNTHER BLOCH: Bis zur Geschlechtsreife mit ca. 12 bis 14 Monaten sind Wölfe in ihrem Verhalten Hunden sehr ähnlich. Danach erreichen Wölfe eine höhere Stufe in der Verhaltensentwicklung. Hunde erreichen diese nicht, brauchen sie auch nicht, ihre Bedürfnisse werden vom Menschen abgedeckt.

Welches Verhalten begeistert Sie am meisten, wenn Sie Wölfe beobachten?

GÜNTHER BLOCH: Ihre familiäre und soziale Einstellung und ihre Fähigkeit, die soziale Stabilität unter knallharten Bedingungen für lange Zeit aufrechtzuerhalten.

Innige Nähe ist unerlässlich, um eine stabile Beziehung und Bindung von Mensch und Hund aufzubauen. Der Wolf macht es vor: Die Eltern zeigen sich bei ihrem Nachwuchs sehr liebevoll und fürsorglich.

Was macht einen guten Leitwolf aus?

GÜNTHER BLOCH: Vor allem Charisma. Die Gruppenmitglieder erkennen an seiner Ausstrahlung, Willensstärke und seinem Selbstbewusstsein, dass er weiß, was er will, und einen Lebensplan hat. Er überzeugt und lebt das vor, indem er schwierige Lebenssituationen meistert – zumindest meistens. Und er hat Übersicht über die Dinge, die um ihn herum geschehen, und kann sie einschätzen. Das Rudel hat einfach das Gefühl, dass es sich lohnt, sich ihm anzuschließen.

Was kann der Hundehalter daraus lernen?

GÜNTHER BLOCH: Die Ansprüche sind gleich, ob es um die Leitung eines Wolfsrudels geht oder die eines Hundes in der menschlichen Familie. Kann der Mensch das nicht vermitteln, hilft auch noch so häufiges Sitz- und Platz-Üben nicht. Der Hundehalter sollte ein ebenso guter Beobachter sein: Er beobachtet erst, wartet ab und beurteilt dann, statt vorschnell zu handeln.

Ihr wichtigster Tipp für Hundehalter?

GÜNTHER BLOCH: Zuerst sollte man sich überlegen, ob man sich wirklich einen Hund holt. Nicht jeder Hundeinteressent besitzt die eben genannten Qualitäten, um einen Hund verantwortungsvoll durch das Leben zu führen.
In der Familie sollte ein Plan erstellt werden, wie die Hundehaltung ablaufen soll – und zwar schriftlich: Wer hat welche Pflichten und Rechte? Was wird wie umgesetzt? Was ist erlaubt? Die Familienmitglieder mit Leitfunktion müssen sich einig sein, denn der Hund braucht Verbindlichkeit.

Ein Hundeleben

Vom kleinen hilflosen »Würmchen« zum souveränen Vierbeiner, der weiß, wie der Hase läuft: Dank seiner Anpassungsfähigkeit lernt ein Hund, seinen Platz im Leben zu finden. Und seine Menschen helfen ihm dabei.

Zu erleben, wie aus einem tapsigen Welpen ein verlässlicher Gefährte wird, ist immer wieder eine wundervolle Erfahrung. Ihn dabei zu unterstützen und wertvolle Erlebnisse zu teilen, macht einen Hundehalter stolz.
Jeder Lebensabschnitt eines Vierbeiners stellt den dazugehörigen Zweibeiner vor neue Aufgaben: der junge Hund, der noch viel lernen muss, genau wie der erwachsene, der richtig beschäftigt werden will, oder der in die Jahre gekommene, der vielleicht mehr Pflege braucht. Jedes Alter hat aber auch seinen besonderen Charme, wie die unfreiwillige Komik des tollpatschigen Hundekinds, die Power und Lebensfreude im besten Alter und die selbstverständliche Vertrautheit mit der grauen Schnauze. Genießen Sie jeden Moment mit Ihrem vierbeinigen Gefährten und machen Sie das Beste daraus – genau wie Ihr Hund.

Welpe & Junghund

Was steckt schon im Hund drin und ist bereits im Erbgut festgeschrieben? Was kann noch beeinflusst werden? Diese Fragen sind nicht nur für Züchter wichtig, sondern auch für Hundehalter, um den passenden Hund auszusuchen (▸ Seite 60) und ihn bestmöglich zu führen.

ALLES GEERBT?

Aussehen und Größe sind genetisch festgeschrieben. Doch in den Genen steckt noch mehr: Der Persönlichkeitstyp eines Hundes (▸ Seite 70) wird ihm zu etwa 30 Prozent in die Wiege gelegt. Dies ist aber nur die Basis. Wie ein Welpe sich weiterhin entwickeln wird, hängt wesentlich von den auf ihn vor und nach der Geburt einwirkenden Einflüssen, seinen künftigen Erfahrungen sowie der Führung und Anleitung seiner Menschen ab. Die Basis dafür wird beim Züchter gelegt, die Mutter hat großen Anteil daran.

ENTWICKLUNGSPHASEN

Bis der Hund erwachsen ist, macht er mehrere Phasen durch, die ihm Lernfenster für bestimmte Erfahrungen bieten. Die Dauer dieser Entwicklungsphasen (▸ Info rechts) ist nicht fix und kann je nach Rasse und auch nach Individuum stark variieren.

Neonatale Phase. Nach der Geburt ist der Welpe auf die Mutter angewiesen, er kann weder hören noch sehen. Geruchs- und Temperatursinn funktionieren schon, und er kann seinem ersten Impuls folgen und eine Zitze suchen (▸ Seite 126).

- Durch Lecken an Bauch und Anus regt die Mutter ihn an, Kot und Urin auszuscheiden, da er dies noch nicht selbst steuern kann. Auch seinen Wärmehaushalt kann der Kleine noch nicht regulieren und ist daher auf die Nähe und Wärme von Mutter und Geschwistern angewiesen. Halbkreisförmige Bewegungen verhindern, dass er sich zu weit vom Lager entfernt. Fühlt er sich trotzdem allein oder unwohl, macht er durch lautes Quieken auf sich aufmerksam.
- Obwohl der Welpe eher teilnahmslos scheint, gehen äußere Reize nicht spurlos an ihm vorbei: Er kann Geschmack wahrnehmen sowie Schmerzen und Stress (▸ Seite 35) empfinden.
- Auch den menschlichen Geruch lernt er jetzt schon kennen, was ihm die spätere Kontaktaufnahme mit Zweibeinern erleichtert. Beim Suchen der Zitzen und in Konkurrenz mit den Geschwistern lernt er bereits, mit Frust umzugehen.

Übergangsphase. In der dritten Lebenswoche brechen die ersten Milchzähne durch, Augen und Ohren öffnen sich, und der Welpe nimmt zunehmend seine Umwelt wahr. Er entfernt sich weiter

INFO

Entwicklungsphasen des Hundes

- **Neonatale Phase:** 1. und 2. Lebenswoche. Der Welpe ist völlig abhängig von der Mutter, trinkt Milch, schläft und sucht Wärme.
- **Übergangsphase:** 3. Woche. Augen und Ohren sind offen. Er nimmt mehr von der Umgebung wahr, agiert vermehrt mit Mutter und seinen Geschwistern und bewegt sich zielgerichteter.
- **Sozialisierungsphase:** 4. Woche bis Pubertät (Geschlechtsreife, ca. 6. bis 10. Monat). Er spielt viel, wird vertraut mit Umweltreizen, nimmt feste Nahrung auf, verbessert seine Motorik, lernt Sozialverhalten und erkundet die Umgebung. Zahnwechsel (4. bis ca. 7. Monat).
- **Adoleszenz:** Geschlechtsreife bis mentale Reife. Entwicklung zum erwachsenen Hund.

als bisher von Mutter und Geschwistern und scheidet selbstständig Harn und Kot aus, der immer noch von der Mutter aufgenommen wird.

- In dieser und den beiden folgenden Wochen wird ein Wohlfühlpaket geschnürt. Der Welpe lebt währenddessen frei von Angst, es ist die wohl entspannteste Zeit im Hundeleben. Alles, was nun vermehrt positiv auf ihn einwirkt, löst auch später ein Gefühl der Geborgenheit bei ihm aus.

Das können Menschen, andere Tiere, Gerüche, eine bestimmte Umgebung oder Objekte sein: Der Plüschteddy oder die Kuscheldecke, die in diesen drei Wochen in der Wurfkiste liegen, werden ihm also auch in seiner neuen Familie Wohlbefinden und Geborgenheit bieten (▸ Seite 116).

Ein Züchter ist gut beraten, für jeden Welpen ein solches Wohlfühlpaket zu packen und es ihm mit zu seiner neuen Familie zu geben.

INFO

Einflüsse, denen die noch nicht geborenen Welpen bereits ausgesetzt sind

Nach einer erfolgreichen Paarung ist die Hündin 63 +/– 5 Tage lang trächtig. Erste Einflüsse wirken bereits im Mutterleib auf die Welpen ein:

- Erlebt die Hündin großen Stress, etwa durch Haltungsbedingungen, Krankheit oder Narkose, schadet das nicht nur ihr (▸ Seite 69). Dadurch können zum Beispiel Stressresistenz, Lernfähigkeit, Immunsystem und Anatomie der ungeborenen Welpen negativ beeinflusst werden.
- Die Nahrung der Mutter kann sich auf die späteren Futtervorlieben auswirken.
- Ob ein Welpe in der Gebärmutter zwischen Geschwistern gleichen oder anderen Geschlechts liegt, beeinflusst seinen Hormonhaushalt.

SOZIALISIERUNGSPHASE

Soziales Verhalten und Sich-Zurechtfinden in seiner Umwelt – diese grundlegenden Erfahrungen macht der Welpe in den ersten Lebensmonaten (▸ Info, Seite 33). Lernen kann der Hund in jedem Alter, doch niemals mehr so leicht. Was er jetzt lernt, lernt er fürs Leben, und es lässt sich nur mühsam wieder aufheben oder umlernen.

Programmiert zu lernen. Spielen steht nun ganz oben auf der Tagesordnung. Mit Geschwistern werden Kräfte gemessen, Jagdspiele veranstaltet, Umgangsformen geübt und auch schon erste Rangfolgen »erspielt«. Der Kleine lernt mit Versuch und Irrtum, wie fest er beim Raufen zubeißen darf (▸ Beißhemmung, Seite 214). Im Spiel wird eben alles geübt, was für den Jungspund später wichtig ist, ob mit Geschwistern, erwachsenen Artgenossen, Menschen oder Objekten aus seiner Umgebung. Und ganz nebenbei fördert er seine Motorik und steigert seine Kondition.

PRAXIS: POSITIVE ERFAHRUNGEN

Bieten Sie Ihrem Hundekind nun viele positive Erlebnisse, denn davon wird es sein Leben lang profitieren. Machen Sie ihn mit allem vertraut, was für sein weiteres Leben relevant ist. Welpengruppe (▸ Seite 227) und Junghundekurs werden Sie dabei unterstützen. Wichtig ist, den Kleinen dabei nicht zu überfordern (▸ Sensible Phasen, rechts). Helfen Sie ihm, sich bei Ihnen wohlzufühlen, die Erfahrungen, die er beim Züchter im Umgang mit Artgenossen gemacht hat, zu vertiefen und sich in seiner Umwelt sicher zu bewegen.

Negative Erfahrungen vermeiden. Die Krux dieser Phase ist, dass sich auch negative Erfahrungen im Gehirn festsetzen. Vermeiden Sie alles, was sich ungünstig auswirken könnte. So darf er zum Beispiel von Artgenossen angemessen gemaßregelt, aber nicht schikaniert werden (▸ Seite 242).

Forschung & Praxis

Wichtig für Welpen

› Stress gilt allgemein als negativer Einfluss auf das Befinden. Doch in milder Form und wohldosiert kann er stimulierend wirken.
Davon profitieren bereits Welpen in der neonatalen Phase: Milder Stress, wie er durch das Hochnehmen, Halten oder kurzzeitige Legen auf fremde Untergründe verursacht wird, schult das durch Hormone geregelte Stresssystem, die richtige Balance zu finden. Ein guter Züchter wird den Welpen vom ersten Tag an das Umfeld und die Zuwendung bieten, die sie als Grundstock brauchen, um zu sicheren und belastbaren Hunden heranzuwachsen.

› Wenn junge Vierbeiner flügge werden, kommt die Vorsicht.
Wild aufgewachsene Hunde beginnen im vierten Lebensmonat damit, die Großen bei Ausflügen in die weitere Umgebung zu begleiten. Da nun auch mehr Gefahren drohen, hat die Natur es so eingerichtet, dass die Kleinen in dieser Entwicklungsphase vorsichtiger werden. Auch junge Haushunde »fremdeln« dann öfter, wenn sie Unbekanntes sehen.

› In »sensiblen Phasen« werden die Verbindungen zwischen den Nervenzellen im Gehirn zu festen Bahnen geknüpft und Wege gekappt, die nicht mehr wichtig sind.
Dies bezieht sich sowohl auf Kontakte zu Menschen, Tieren als auch Umweltreizen. Je häufiger eine Erfahrung gemacht wird, desto fester ist sie mit der entsprechenden Reaktion im Gehirn verankert und lässt sich nur schwer wieder umprogrammieren. Vielfältiges Lernen in dieser Phase befähigt den jungen Hund, auch später offen mit neuen Eindrücken umzugehen. Überforderung aber wirkt gegenteilig, kann ihn verunsichern und zu Problemen führen, genauso wie fehlende oder zu wenig Lernerfahrungen.

PRAXIS: VORBILDER SIND WICHTIG

Um soziales und umweltangepasstes Verhalten zu lernen, braucht es souveräne Vorbilder. Schon durch das Beobachten der erwachsenen Tiere lernen die Kleinen eine ganze Menge.

Anleiten. Die Eltern und andere Familienmitglieder leiten den Nachwuchs an und korrigieren ihn wenn nötig. Die Jungen müssen lernen, sich manierlich zu verhalten und Frustration auszuhalten. Sie bekommen nicht alles, was sie wollen, und können sich nicht alles erlauben. Dies geschieht meist spielerisch und mit großer Geduld. Doch wenn es sein muss, werden die Grenzen mit körperlichem Einsatz deutlich gemacht (▸ Seite 216).

Eigene Erfahrungen. Trotzdem bekommt das Jungvolk auch viel Freiraum, um seine eigenen Erfahrungen zu machen. Die Großen wachen darüber, dass die Jungen nicht in heikle Situationen geraten, und bieten immer einen sicheren Hafen.

Ihr Vorbild. Wenn Sie sich das zum Vorbild nehmen, werden Sie die Ihnen übertragene Hundeelternrolle für den Welpen hervorragend ausfüllen.

EINE UNGESTÜME ZEIT – ADOLESZENZ

Der Eintritt in die Geschlechtsreife markiert einen neuen Abschnitt (▸ Info, Seite 33) im Hundeleben – das Übergangsstadium zum Erwachsenen. Bei Rüden macht sich das je nach Größe und Rasse ab dem 4. bis 7. Monat durch das Heben des Beins beim Urinabsetzen, zunehmendes Interesse für das andere Geschlecht und mitunter vermehrten Argwohn gegen Geschlechtsgenossen bemerkbar. Bei der Hündin ist es die erste Läufigkeit, meist zwischen 6. und 10. Monat, je nach Rasse auch später. Zunehmend legt der Hund an Gewicht zu, der Körper bekommt »Substanz«.

Alles wird anders. Mancher Vierbeiner scheint unter plötzlichem Gedächtnisverlust zu leiden, »vergisst« bereits erlernte Kommandos und wird aufsässig. Der Teenager stellt alles infrage und die Nerven seiner Menschen auf die Probe. Bleiben Sie gelassen, das geht vorbei: Im Gehirn des Hundes findet gerade eine Neustrukturierung statt, und dabei kommt es manchmal zu »Störungen«. Es gehört zum Erwachsenwerden dazu, dass ein Teenie sich ausprobiert und Grenzen testet. Da müssen Sie durch. Zeigen Sie ihm weiterhin geduldig, wo sein Platz in Ihrer Familie ist, und erziehen Sie ihn liebevoll, aber konsequent.

Endlich erwachsen

Die mentale Reife erreichen kleine Hunde mit ca. 15 bis 18 Monaten, die großen und kräftigen sind dann drei Jahre oder älter – erst dann sind sie erwachsen. Bieten Sie Ihrem Hund weiterhin Kontakt mit Artgenossen, Zuwendung und die richtige Dosis Beschäftigung.

Für alles bereit. Der Hund erreicht nun den Höhepunkt seiner Leistungsfähigkeit, sollte sich in die Familie integriert haben und sich im Alltag sicher führen lassen. Kurzum: Er ist hoffentlich ein Gefährte, auf den Sie stolz sein können.

Konsequent bleiben. Im Alltag mit einem »funktionierenden« Vierbeiner werden viele Halter nachlässig und achten nicht mehr so konsequent auf die Befolgung ihrer Regeln. So kann sich unerwünschtes Verhalten etablieren und zum Problem (▸ Seite 228) werden. Bleiben Sie aufmerksam, lassen Sie es erst gar nicht so weit kommen.

WEISHEIT AUF VIER BEINEN: 8+

Hat ein Hund ein Alter von acht Jahren erreicht, gilt er allgemein als Senior. Da es aber die unterschiedlichsten Vierbeiner gibt, variiert auch der Start ins Rentnerleben: Große Hunde werden früher alt, und manche sind bereits mit sechs Jahren betagt. Die Kleinen sind meist länger fit, und viele zeigen erst mit zehn oder zwölf Jahren die ersten Alterserscheinungen. Hinzu kommen individuelle Unterschiede, die sich auf Aktivität und Befinden auswirken (▸ Seite 188).

WAS DAS ALTER MIT SICH BRINGT

Ältere Hunde schließen sich enger an ihre Menschen an und suchen öfter ihre Nähe. Sie schlafen mehr und fester. Werden sie dabei gestört, erschrecken sie sich leicht: Einen friedlich dösenden Senior daher immer behutsam aus dem Reich der Träume holen. Kleine Macken und Eigenheiten können im Alter deutlicher werden, wie das Beharren auf einem bestimmten Liegeplatz oder Betteln. Nicht selten liegt das daran, dass der Mensch seinem Oldie mehr durchgehen lässt.
Zunehmende Trägheit und Unsicherheit haben ihre Ursache meist im altersgemäß veränderten Hormonhaushalt: Der Spiegel des Stresshormons Cortisol steigt, die positiv wirkenden Hormone Dopamin und Serotonin fallen ab.

LIEBENSWERTE OLDIES

Im Alter werden viele Hunde gelassener, gehen Streit öfter aus dem Weg und regen sich nicht mehr so leicht auf wie früher. Auch im meist entspannteren Umgang mit Artgenossen zeigt sich ihre Lebenserfahrung.

Die Zeit genießen. Vierbeinige Oldies wollen ihren Teil zur Gemeinschaft beitragen. Zeigen Sie Ihrem betagten Hund, dass Sie ihn schätzen und er wichtig für Sie ist, dann blüht er auf: Geben Sie ihm Aufgaben, die er bewältigen kann, loben Sie ihn dafür und lassen Sie ihn an Ihrem Alltag teilhaben, wann immer das möglich ist. Mit liebevoller Zuwendung, der richtigen Pflege und tierärztlichen Versorgung bleibt er hoffentlich lange fit und munter an Ihrer Seite.

INFO

Wenn der Hund in die Jahre kommt: Typische Alterserscheinungen

- Die körperliche Leistungsfähigkeit ist geringer, der Hund wird langsamer und bedächtiger.
- Die Sinnesleistungen lassen nach, besonders das Sehen und Hören.
- Die Bewegungsfähigkeit kann eingeschränkt sein (▸ Arthrose, Seite 179), das Aufstehen nach einer Ruhephase fällt meist schwer, und die Ausdauer nimmt ab. Kürzere, dafür aber häufigere Spaziergänge sind dann genau richtig.
- Der Stoffwechsel wird langsamer, und die Verdauung ist weniger belastbar. Viele Hunde nehmen an Gewicht zu, hochbetagte können Probleme haben, es zu halten. Wichtig ist nun eine angepasste Ernährung (▸ Seite 131).

Alte Hunde leistungsgerecht zu fordern, hält ihren Geist wach und verbessert ihre Lebensqualität.

Fragen und Antworten

Entwicklung & Verhalten

1

Unser Mischling wälzt sich mit Wonne in Mist, Kot und Aas. Ist er verhaltensgestört?
Nein, sich in für uns ekligen Dingen zu wälzen, ist für viele Hunde normales Verhalten. Warum sie das machen, konnte noch nicht geklärt werden: Vielleicht verdecken sie damit ihren Eigengeruch, vielleicht macht es einfach Spaß. Versuchen Sie, ihn bei richtig üblen Sachen davon abzuhalten. Und wenn Ihre Nase es erträgt, sollten Sie bei »harmlosen« ein Auge zudrücken, denn das gehört zum Hundsein dazu.

Hunde haben einen vierzig- bis hundertmal besseren Geruchssinn als Menschen.

2

Unsere halbjährige Mischlingshündin ist seit Kurzem so ängstlich. Woran kann das liegen?
Ohne den Hund und die Lebensumstände zu kennen, kann nur spekuliert werden. Altersgemäß steht die Pubertät an. In dieser Phase reagieren Hunde besonders sensibel auf stressende oder ängstigende Reize. Wichtig ist nun, ihr durch souveräne Führung Halt und Sicherheit zu bieten und ihr behutsam die Angst wieder zu nehmen. Am besten holen Sie sich dazu Hilfe von einem Experten (▸ Seite 226). Wird das versäumt, kann sich ihre Unsicherheit festigen und zum Problem werden. Gerade in der Pubertät können sich Verhaltensprobleme wie Angst und unangemessene Aggressivität entwickeln.

3

Woran liegt es, dass konzentriertes Schnüffeln so anstrengend ist für Hunde?
Beim intensiven Schnuppern atmet der Hund zehnmal schneller als sonst, dadurch steigt seine Körpertemperatur, und sein Gehirn muss all die Informationen verarbeiten.

4

Ist ein Hund immer aggressiv gestimmt, wenn er seine Zähne zeigt oder einsetzt?
Nein, dann drückt auch die restliche Körpersprache dies aus. Manche Hunde lachen und zeigen dabei Zähne. Zähne sind auch Werkzeug, wie beim liebevollen Beknabbern. Und im Spiel wird Verhalten übertrieben gezeigt.

5

Mit welchem Alter ist ein Hund erwachsen?

Das ist je nach Rasse und sogar individuell unterschiedlich. Da sich Rüden und Hündinnen geschlechtlich in ähnlichem Tempo entwickeln, geben die Autoren Udo Gansloßer (Zoologe) und Petra Krivy (Hundetrainerin) als mögliche Faustregel das Alter an, in dem eine Hündin dieser Rasse üblicherweise die dritte Läufigkeit samt Scheinmutterschaft beendet hat. Je nach Rasse ist der Hund dann zwei bis vier Jahre alt.

6

Unser drei Monate alter Labradorrüde reitet oft bei anderen Welpen auf. Ist er schon geschlechtsreif?

Keine Sorge, der kleine Hundemann hat mit Sex noch nichts im Sinn. Besteigt ein Hund einen anderen, kann das viele Gründe haben, etwa sich als der Stärkere zu zeigen, Besitzansprüche geltend zu machen, zu maßregeln oder als Zeichen von Aufregung, bei älteren natürlich auch sexuelle Motivation. Der Kleine übt hundliches Verhalten oder spielt einfach.

7

Unser Rüde scharrt oft, nachdem er Kot oder Urin abgesetzt hat. Warum macht er das?

Das Scharren unterstreicht die Kot- oder Urinmarkierung durch weitere Signale. Einerseits ist das Scharren selbst ein Signal für Hunde, die zuschauen, denn die Kratzspuren sind weitere optische Signale. Dazu ist es möglich, dass durch Duftdrüsen an den Ballen zusätzliche geruchliche Signale mit dem Scharren vermittelt werden.

8

Was ist Übersprungverhalten?

Der Hund ist dann in einer Zwickmühle zwischen zwei Handlungen, die er beide ausführen möchte, zum Beispiel neugierig auf etwas Unbekanntes zugehen und weglaufen, um sich in Sicherheit zu bringen. Stattdessen zeigt er das Übersprungverhalten. Übersprunghandlungen haben anscheinend nichts mit der Situation zu tun, zum Beispiel leckt sich der Hund, er gähnt, frisst Gras oder schüttelt sich.

9

Will mein Hund mich immer dominieren, wenn er vor mir steht oder seinen Kopf auf meinen Schoß legt?

Nein, nicht jede Handlung dient der Bewegungseinschränkung. Situationen müssen immer ganzheitlich betrachtet werden. Versucht Ihr Hund Sie zu dominieren, zeigt er Körperspannung und Entschlossenheit. Das Auflegen des Kopfes auf Ihren Schoß kann eine sehr liebevolle Geste sein. Manchmal stehen Hunde einfach im Weg, ganz ohne weitere Absicht – oft aber auch nicht.

2

DER RICHTIGE HUND FÜR MICH

Hunde haben viele Facetten: im Aussehen, in den Bedürfnissen und in ihrem Verhalten. Die wichtigste Entscheidung, die Sie im Zusammenleben mit einem Vierbeiner treffen, ist dessen Auswahl. Sie entscheidet darüber, wie einträchtig sich die gemeinsamen Jahre gestalten. Hunde können so viel geben, sie bereichern jeden Tag aufs Neue das Leben ihrer Menschen auf vielfältige Weise. Möglich ist das nur, wenn Hund und Mensch harmonieren. Mit der Wahl des passenden Gefährten legen Sie den Grundstock für eine glückliche Beziehung.

Hunde – Partner in allen Lebenslagen

Seit Tausenden von Jahren ist der Hund an der Seite des Menschen, beschützt Haus und Hof, ist Spezialist für schwierige Jobs und loyaler Gefährte. Und in unseren modernen Zeiten ist er wichtiger denn je.

Der Hund gilt als des Menschen treuester Freund und Gefährte. Die Rasse macht da keinen Unterschied. Was Hunde dazu befähigt, ist ihre hohe soziale Kompetenz. Mindestens genauso wichtig ist ihre enorme Anpassungsfähigkeit. Dadurch sind sie imstande, das Leben des Menschen mit all seinen Facetten zu teilen. Nur die wenigsten Vierbeiner sind heute noch Helfer bei der Jagd oder hüten das Vieh. Arbeitslos sind sie aber trotzdem nicht. Der vielleicht wichtigste Job ist der, ein angenehmer Begleiter seiner Menschen zu sein, den Alltag mit ihnen zu teilen und ein Stück Natur in das hoch technisierte Umfeld zu bringen. Kurzum: das Leben schöner zu machen.

Hunde heute

Millionen von Vierbeinern sind »einfach« nette Begleit- und Familienhunde. Doch dazu gehört viel mehr, als nur spazieren zu gehen, zu spielen und »Sitz!« zu können.

FAMILIEN- UND BEGLEITHUND

Der Platz des Hundes in unserer Gesellschaft ist klar definiert. Die Stellenbeschreibung wünscht sich einen Tausendsassa, der allen Anforderungen des Familienlebens gerecht wird – da ist vom Wachhund bis zum Kinderkumpel alles dabei:

- Er soll unkompliziert, freundlich und verträglich sein, aber bei Gefahr seine Leute beschützen.
- Er soll gutes Sozialverhalten haben, die Kinder aber nicht maßregeln, wenn sie ihn ärgern.
- Er soll lustig sein und freudig mit seinen Menschen spielen, aber Ruhe halten, wenn gerade keine Zeit für ihn übrig ist.
- Er soll wachsam sein und Fremde melden, aber nicht so viel bellen, dass es stört.
- Er soll so fit sein, dass er beim Sport mit seinen Menschen mithalten kann, aber so genügsam, dass er seine Beschäftigung nicht einfordert.
- Er soll anhänglich sein, aber es ohne zu klagen hinnehmen, wenn er allein bleiben muss.
- Er soll sich sowohl im urbanen als auch im ländlichen Umfeld zurechtfinden, sich im Restaurant benehmen und gerne im Auto mitfahren.
- Er soll stets gehorchen und weder den Hasen noch die Katze jagen, die direkt vor seiner Nase aufspringen.

Investieren. Ich bin immer wieder erstaunt, wie viele Vierbeiner diesen anspruchsvollen Job mit der im Grunde unerfüllbaren Stellenbeschreibung meistern, wenn auch meist bei dem einen oder anderen Punkt sicher Abstriche gemacht werden müssen. Was bei diesen »gut funktionierenden« Hunden meistens übersehen wird, ist die Mühe, die nötig war, ihnen das beizubringen. Es kostet reichlich Zeit und Engagement, bis der Alltag mit Hund selbstverständlich und unkompliziert läuft. Dass es sich lohnt, beweisen all die glücklichen Mensch-Hund-Beziehungen: Über fünf Millionen Hunde leben allein in Deutschland.

Die Kehrseite. Leider hat der schöne Traum vom Hundeglück nicht immer ein Happy End, wie die vielen Hunde in der Obhut der Tierschutzvereine zeigen. Überforderung oder Zeitmangel sind oft genannte Gründe, wenn das vierbeinige Familienmitglied im Tierheim abgegeben wird. Viele Hunde werden vernachlässigt, abgeschoben oder ausgesetzt – jedes Jahr suchen über 100.000 Hunde ein neues Zuhause. Die Entscheidung für ein Tier muss gut überlegt sein, denn der Halter übernimmt die Verantwortung für sein Wohlergehen.

INFO

Das alles ist nötig, damit der Hund ein guter Begleiter seiner Familie wird:

- **Auswahl** (▸ Seite 61). Rassetypische und individuelle Veranlagungen des Hundes müssen zu den Menschen und ihrem Leben passen.
- **Sozialisation** (▸ Seite 34). Der Hund lernt verschiedene Umweltreize kennen, sich sozialverträglich zu benehmen und ist in der Lage, sich an neue Situationen anzupassen.
- **Erziehung** (▸ Seite 218). Der Hund lernt Grenzen zu akzeptieren und Grundkommandos.
- **Führung** (▸ Seite 203). Er hat einen Rahmen, in dem er sich sicher und frei bewegen kann.
- **Beschäftigung** (▸ Seite 240). Der Hund wird gemäß seiner Veranlagung gefördert und gefordert, damit er ausgeglichen sein kann.

Kinder profitieren auf ganz vielen Ebenen, wenn sie beim Heranwachsen von einem Vierbeiner begleitet werden. Voraussetzung: Die Eltern leiten Kind und Hund richtig an.

Hunde sind heute überall an der Seite ihrer Menschen. Auch in der Stadt gehören sie ganz selbstverständlich dazu und bringen so etwas Naturnähe ins urbane Umfeld.

Mit echtem Hund lässt sich der innere Schweinehund leichter überwinden, und das gemeinsame Sporterlebnis macht mit dem vierbeinigen Kumpel noch mehr Spaß.

SOZIALPARTNER

Für viele Menschen ist ihr Hund wichtigster oder einziger Sozialpartner. Einen Vierbeiner an seiner Seite zu haben, bedeutet, sich um ihn zu kümmern, für ihn zu sorgen und verantwortlich zu sein. Dieses Gefühl des »Gebrauchtwerdens« ist nicht nur für alleinstehende ältere Menschen ein Grundbedürfnis, auch bei zahlreichen jüngeren füllt der Hund eine Lücke im sozialen Leben. Und das ist gut so, solange darauf geachtet wird, dass der Hund nicht vermenschlicht wird und er nicht in eine Rolle gezwängt wird, die ihn überfordert. Kinder fühlen sich von ihrem vierbeinigen Gefährten bedingungslos angenommen. Damit er sich ihnen zuwendet, müssen Kinder lernen, ihn respektvoll zu behandeln (▸ Seite 120). Dabei nehmen sie soziale Kompetenz fürs Leben mit.

FREIZEITPARTNER

Gemeinsam spazieren zu gehen, zu wandern, zu joggen oder Rad zu fahren, macht mit Begleiter einfach mehr Spaß. Der »innere Schweinehund« lässt sich viel leichter austricksen, wenn da ein echter Hund freudig darauf wartet, zusammen auf Tour zu gehen.

Der Vierbeiner kann sogar zum Hobby werden und die Freude an ganz neuen Beschäftigungen wecken. Hundesport (▸ Seite 251) wird immer beliebter, ob gemeinsam hoch konzentriert einen Hindernisparcours zu meistern, Erziehung in Perfektion vorzuführen oder Tricks. Schön ist auch, dass die Aktivitäten rund um die »Nasenarbeit« (▸ Seite 256) immer mehr Anhänger finden, beispielsweise beim Apportieren und bei den verschiedenen Formen der Fährtenarbeit.

Noch anspruchsvoller gestalten es die Menschen, die ihren vierbeinigen Freund als Rettungshund (▸ Seite 261) führen und sich dadurch schon oft als Lebensretter bewiesen haben. Andere Hobbys haben da selten noch Platz, nimmt der Job eines Rettungshundeteams doch jede Woche viele Stunden für das Training in Anspruch. Hinzu kommen die Sucheinsätze.

FREUND & HELFER

Viele Vierbeiner haben anspruchsvolle Jobs und zeigen täglich, zu welchen Leistungen sie fähig sind. Im Dienst der Polizei machen sie Verbrecher dingfest, finden für den Zoll Drogen und suchen als Personenschützer Gebäude nach Sprengstoff ab. Sie unterstützen Menschen mit Handicap, ein selbstbestimmtes Leben zu führen, geben als Therapiehunde neuen Lebensmut, verbessern als Schimmelsuchhunde das Wohnklima und sind in der Lage, manche Krankheiten früher als jedes medizinische Gerät zu erkennen (▸ Seite 19).
Sie helfen allein durch ihre Anwesenheit Kindern in der Schule, besser zu lernen, und an Demenz erkrankten Menschen, den Kontakt zur Umwelt nicht zu verlieren. Dies sind nur einige Beispiele, wie vielfältig Hunde Dienst für die Gesellschaft leisten – und es kommen ständig neue dazu.

Hund tut gut

Der Hund erobert die Arbeitswelt. Immer mehr Chefs erlauben es ihren Mitarbeitern, ihre Hunde mit ins Büro, in den Laden oder die Werkstatt zu bringen. Das freut nicht nur den Halter, sondern auch Kollegen und Vorgesetzte (▸ Info, Seite 46). Studien haben bewiesen, dass Bürohund & Co. am Arbeitsplatz nicht nur gute Laune verbreiten, die Teamfähigkeit verbessern und ihre Herrchen und Frauchen seltener krank sind. Sie helfen auch beim Stressabbau, steigern die Leistung und die Fähigkeit zu Problemlösungen. Und dafür verlangen sie noch nicht einmal Gehalt.

Gesellschaft und Freundschaft: Hunde geben Zuneigung und Nähe, brauchen Fürsorge, ihre Versorgung strukturiert den Tag, und mit ihnen lassen sich leichter Kontakte knüpfen.

Erfolgreich am Arbeitsplatz: Kollege Hund ist zwar immer noch die Ausnahme, doch in vielen Firmen gehört er bereits dazu und wird von allen geschätzt.

Lebensretter im Einsatz: Intensives Training ist nötig, damit sich ein Hund im Rettungseinsatz bewähren kann. Zahlreiche gerettete Menschen sind ihnen dafür dankbar.

IM FOKUS DER WISSENSCHAFT

Zahlreiche Studien haben sich mit der positiven Wirkung von Tieren und insbesondere Hunden auf den Menschen beschäftigt. Da wurde Blutdruck gemessen, die Wissenschaftler haben Hormone analysiert, es wurde befragt, beobachtet und getestet. Die Ergebnisse lassen sich ganz einfach auf den Punkt bringen: Hund tut gut.

DER WOHLFÜHLHUND

Einleuchtend ist, dass sich die Spaziergänge mit Hund, die damit verbundene Bewegung und der Aufenthalt an der frischen Luft positiv auf Herz-Kreislauf-System, Immunsystem und Körpergewicht auswirken. Blutdruck und Herzfrequenz werden jedoch schon gesenkt, wenn der Hund gestreichelt wird, und manchmal reicht allein seine Nähe dafür aus. Grund dafür ist die vermehrte Ausschüttung des Hormons Oxytocin, auch als »Wohlfühlhormon« bekannt, was zu einer entspannteren Grundstimmung beiträgt.

Wendet sich eine Person in einer stressigen Situation einem Hund zu, senkt das im Blut den Spiegel des Stresshormons Cortisol, wie Dr. Henri Julius von der Universität Rostock bei seinen Untersuchungen zu den Auswirkungen von Hunden auf das psychologische Wohlbefinden von Kindern zeigen konnte.

IN ALLEN BEREICHEN POSITIV

Ein Hund gibt seinen Menschen Halt, sorgt für Wohlbefinden und strukturiert den Tagesablauf, das wirkt sogar sozial stabilisierend bei Arbeitslosigkeit und Scheidung. Hundehalter leben geselliger, nehmen weniger Medikamente, sind seltener krank und werden schneller wieder gesund. Ältere Menschen mit Heimtier haben eine höhere Lebenserwartung. Es gibt noch viele Beispiele für die positive Wirkung von unseren Vierbeinern.

Die Wissenschaftler mögen nach den einzelnen Gründen für den Wohlfühleffekt des Hundes forschen, sicher ist – das Gesamtpaket wirkt. Jedoch kann der Hund das nur dann leisten, wenn er in seiner Familie bei allen willkommen ist und hundgerecht behandelt wird. Sind Mensch oder Tier überfordert, ist dies für alle eine Belastung.

Auch wenn die Beziehung stimmt: Jeder Hundehalter wollte seinen Vierbeiner sicher schon einmal »auf den Mond schießen«, weil der Racker beim Spaziergang eigene Wege gegangen ist, den Mülleimer ausgeräumt oder sich an den neuen Schuhen vergriffen hat. Doch ein kurzer Blick in dieses liebenswerte Hundegesicht reicht aus, der Ärger ist verflogen, und der Zweibeiner weiß ganz genau, dass er den Schlawiner auch nicht für eine Million Euro wieder hergeben würde. Denn das Leben wäre ohne ihn viel ärmer.

INFO

Kollege Hund: Das ist wichtig, damit die Arbeit tierischen Spaß macht

- Ohne Erlaubnis vom Chef geht gar nichts. Auch das Team fragen und Rücksicht nehmen auf Kollegen mit Hundeangst oder Allergien.
- Der Hund muss stubenrein, gut erzogen und gepflegt, offen und freundlich sein und bei Abwesenheit seines Menschen geduldig warten.
- Der Vierbeiner braucht einen Ruheplatz, wohin er sich ungestört zurückziehen kann.
- Der Arbeitsplatz darf dem Hund nicht schaden (zum Beispiel Lärm, Schadstoffe), und Hygienevorschriften müssen beachtet werden.
- Es muss Zeit für die Gassigänge geben.
- Was erlaubt ist und was nicht, muss allen klar sein: Vier- und Zweibeinern.

Forschung & Praxis

So wirkt Hund

› Menschen mit Vierbeiner haben mehr Sozialkontakte und scheinen vertrauenswürdiger.
In Begleitung eines Hundes werden Menschen von Passanten öfter angelächelt oder angesprochen (Wells, 2004). Männer mit nettem Hund an der Leine haben größere Chancen, die Telefonnummer einer Passantin zu bekommen (Guegen & Ciccotti, 2008). Der Hund als Flirtfaktor ist damit auch wissenschaftlich bewiesen.

› Hunde beugen Herzinfarkt nicht nur vor, sondern verlängern auch das Leben danach.
Finnische Forscher haben bewiesen, dass sich beim schnellen Spaziergang mit Hund die Kapillargefäße (kleinste Blutgefäße) erweitern und das Blut besser fließt, was das Risiko eines Herzinfarkts verringert. Und nach einem Infarkt? Die New Yorker Biologieprofessorin Erika Friedmann stellte in ihrer Studie fest, dass ein Jahr nach Krankenhauseinlieferung wegen Angina pectoris oder Herzinfarkt fast 50 Prozent der Patienten ohne Tiere verstorben sind, aber nur sechs Prozent der Heimtierhalter.

› Hunde senken deutlich das Risiko von Allergien oder Asthma bei Kindern.
Dies ergab eine Langzeitstudie des Forscherteams um Joachim Heinrich vom Helmholtz Zentrum München mit fast 10.000 Kindern. Wachsen Kinder von Geburt an im Haushalt mit einem Hund auf, ist das spätere Risiko einer Allergie oder von Asthma um 50 Prozent geringer als bei anderen Kindern. Gelegentliche Hundekontakte reichen dazu aber nicht aus. Für Kinder aus Familien mit Allergievorbelastung ist ein Hund laut einer Studie von Forschern des Bremer Instituts für Präventionsforschung und Sozialmedizin indes nicht empfehlenswert, da dann das Risiko, an Asthma, Heuschnupfen oder Neurodermitis zu erkranken, steigt.

Das brauchen Hunde

Vierbeiner haben keine großen Ansprüche: einen gemütlichen Schlafplatz, geregelte Mahlzeiten und Wohlbefinden. Doch das Wichtigste ist, dass sie als das behandelt werden wollen, was sie sind – als Hunde.

Natürlich müssen auch die Rahmenbedingungen stimmen, damit der Hund ein zufriedenes Leben führen kann.

Da stellt sich nicht nur die Frage nach Haus und Garten, sondern auch nach dem Umfeld. Nicht überall leben die Vierbeiner inmitten von Feldern, Wiesen und Wäldern – und das muss auch gar nicht immer so sein. Viele Hunde können in der Stadt glücklich werden, wenn sie ausreichend Bewegung und Beschäftigung haben und trotzdem Natur erleben können. Für geräuschempfindliche Hunde, wie sie relativ oft etwa bei Hütehunden zu finden sind, ist eine Stadt jedoch meist zu laut, der Hund würde unter Dauerstress stehen, genau wie zum Beispiel in der Nähe eines Flughafens. Und auch Hunde, die idyllisch abgelegen aufgewachsen sind, können vom Trubel in der City schnell überfordert werden.

Schöner wohnen

Ein schön gelegenes Haus mit großem Garten ist die Wunschvorstellung, wenn man an das Zusammenleben mit einem Hund denkt.

MEIN HAUS, MEIN GARTEN

Tatsächlich gibt es Hunde, für deren Haltung es unerlässlich ist, ein Haus mit eigenem Grundstück zu besitzen. Dazu gehören zum Beispiel Herdenschutzhunde, deren Lebensinhalt das Bewachen ist; Nordische Hunde, die oft das Bedürfnis haben, sich im Freien aufzuhalten; Hunde mit dickem Pelz wie der Neufundländer, die es lieben, sich in eine kühle Brise zu legen, oder die aktiven Hütehunde, für die es einfach ein Frevel ist, sich nur in den engen vier Wänden einer Wohnung aufzuhalten.

Nice to have. Auch kleine Hunde freuen sich über ihre eigene Spielwiese, können sie sich dort doch nach Herzenslust austoben. Und wer schon einmal einen Welpen oder alten Hund hatte, weiß es zu schätzen, wie bequem es ist, den Vierbeiner mal schnell in den Garten zu lassen, wenn dieser nachts ein dringendes Bedürfnis hat.

Keine Ausreden. Für eines ist der Garten aber nicht da: als Ausrede für den nicht stattgefundenen Spaziergang. Kein Garten kann die täglichen Runden ersetzen.

IN DER WOHNUNG

Auch in einer Etagenwohnung kann ein Hund glücklich werden. Voraussetzung dafür ist neben der passenden Rasse ein Mensch, der seinem Vierbeiner den nötigen Ausgleich mit Spaziergängen und Beschäftigung bietet. Dem Hund ist es egal, ob Sie in einem Palast oder in einer Einzimmerwohnung leben, solange er die nötige Anregung für Körper und Geist bekommt.

Ärger vorbeugen. Leben mehrere Parteien in einem Haus, gibt es schnell Konflikte. Matschpfoten im Treppenhaus sind da noch das kleinere Übel. Häufiger ist Lärm der Anlass für Streitigkeiten. Wachsame und bellfreudige Hunde sind daher für die dichte Nachbarschaft weniger gut geeignet, sei es nun in der Miet- oder Eigentumswohnung oder im Reihenhaus (▸ Seite 56).

DIE UMGEBUNG

Vierbeiner auf dem Land haben schöne Spazierwege meist in gut erreichbarer Nähe. In der Stadt ist das selten so einfach. Nicht überall findet sich ein Park direkt vor der Haustür, und Freilaufgebiete sind rar. Doch kein Hund will immer nur Asphalt unter den Pfoten spüren. Damit der Hund auch über Wiesen tollen kann, müssen seine Zweibeiner mobil sein und regelmäßig ins Grüne fahren – das kann sehr aufwendig sein.

Nicht jeder Hund braucht einen Garten, doch das Grün vor der Haustür macht vieles leichter.

Zeit zum Kuscheln muss sein, und die Nähe tut Hund und Mensch gut. Nur so kann der Hund Vertrauen fassen und sich bei seinem Zweibeiner rundum wohlfühlen.

Erziehung braucht Zeit – und die muss der künftige Hundehalter einplanen. Denn nur dadurch kann der Hund zu einem angenehmen Begleiter in allen Lebenslagen werden.

Gemeinsam spielen und arbeiten sorgt für Abwechslung im Alltag. Wer sich dafür genug Zeit nimmt, investiert in die Beziehung zum tierischen Freund – und hat Spaß.

Engagement des Menschen

Zum Hundsein gehört es dazu, sich auszupowern, die angeborenen und erworbenen Talente anzuwenden und in einem sozialen Gefüge zu leben, das einen stabilen Rahmen und damit Sicherheit bietet. Der größte Fehler, den der Zweibeiner machen kann, ist, seinen Hund zu vermenschlichen und eigene Bedürfnisse auf ihn zu übertragen. Verwöhnt zu werden, heißt für einen Hund nicht, viele Spielzeuge zu besitzen. Er ist glücklich, wenn sein Mensch sich Zeit für ihn nimmt, um gemeinsam spazieren zu gehen, zu spielen, zu arbeiten und zu kuscheln. Das Kostbarste, was Sie Ihrem Hund schenken können, ist Ihre Zuwendung. Und Ihr Hund wird es Ihnen danken, indem er Ihnen sein Vertrauen schenkt und dem folgen wird, was Sie ihm vorgeben.

FAKTOR ZEIT

Diese an sich einfachen Bedürfnisse machen den Hund zu einer Hauptperson, die nicht einfach so im Haushalt mitläuft, sondern ein großes Maß an Aufmerksamkeit benötigt und auch verdient.

Die Basics. Der Hund braucht natürlich Futter (▸ Ernährung, Seite 126), je nach Alter und Ernährungsgewohnheiten ein- bis viermal täglich. Das muss beschafft und zubereitet werden.

- Dazu kommt die Pflege (▸ Seite 152). Bürsten und Kämmen sind bei manchen Hunden im Handumdrehen erledigt, bei üppig behaarten Artgenossen kann das den Halter mehrere Stunden Zeit in der Woche kosten.
- Dann wären da noch die regelmäßigen Gesundheits-Checks zu Hause (▸ Seite 158), wenn nötig die Reinigung von Zähnen, Ohren, Hautfalten und schmutzigen Pfoten nach einem Spaziergang.

- Zur Gesundheitsvorsorge gehören Entwurmungen (▶ Seite 157), Impfungen (▶ Seite 166) und tierärztliche Kontrollen.

FÜHRUNG UND VERTRAUEN

Spielerisch die Welt zu entdecken, körperliche und mentale Fähigkeiten zu schulen und die Regeln des sozialen Miteinanders zu lernen, sind die wichtigsten Dinge für ein Hundekind. Dazu braucht es Anleitung. Wenn Sie einen Welpen bei sich aufnehmen, sind Sie seine Familie und übernehmen die Rolle der Eltern, die ihm einen Rahmen geben und die Freiheit, sich zu entfalten.

Manches ändert sich nie. Genau diesen Rahmen will auch der erwachsene Hund, da ist es ganz egal, ob er schon seit Jahren bei Ihnen lebt oder ein neues Familienmitglied ist. Sein Vertrauen müssen Sie sich verdienen (▶ Seite 202) und immer wieder erneuern. Die Beziehung ist die Basis, Signale (▶ Info, Seite 219) in Form von Sicht- und Hörzeichen helfen Ihnen, ihn im Alltag zu lenken. Ihr vierbeiniger Gefährte vertraut Ihnen, wenn er sich auf Sie verlassen und Sie einschätzen kann. Er muss wissen, dass Sie für ihn einstehen und ihn nicht im Stich lassen, wenn es brenzlig wird.

Ein Beispiel: Überlassen Sie Ihren Hund nicht sich selbst, wenn er von einem Artgenossen bedroht wird. Gefahrenabwehr ist Job des Familienoberhaupts! Um in solch einer Situation souverän zu sein, braucht es Selbstsicherheit und das Wissen, wie diese heiklen Momente ohne Hektik geklärt werden (▶ Seite 237). Wer stolz darauf ist, dass sein Hund ein harter Kerl ist, der ohne zu zögern auf andere losgeht, zeigt damit nur, dass es ihm selbst an Mumm und Souveränität fehlt.

Gemeinsam wachsen. Als Team Herausforderungen zu bestehen, sei es beim Spaziergang, beim Training oder in ganz alltäglichen Situationen, festigt die Mensch-Hund-Beziehung.

Routine. Hört sich langweilig an, ist es aber nicht. Ein geregelter Tagesablauf gibt Sicherheit. Und mit einem stabilen Grundgerüst können auch turbulente Zeiten viel besser gemeistert werden.

NÄHE ZULASSEN

Für den Hund ist die Nähe zum Sozialpartner ein Grundbedürfnis. Sie riskieren weder Ihre gehobene Stellung noch Ihr Ansehen als Familienoberhaupt, wenn sich Ihr vierbeiniger Gefährte an Sie kuschelt oder auf Ihnen liegt, während Sie ein Buch lesen oder gemütlich einen Film im Fernsehen anschauen. Das bringt Sie im besten Sinne des Wortes einander näher.

Nicht grenzenlos. Die körperliche Nähe zu Ihnen ist für den Hund eine wichtige Ressource. Sie sollte ihm nicht immer dann zur Verfügung stehen, wenn ihm danach ist. Schaffen Sie Nähe zu Ihrem Hund, lassen Sie sie aber nicht immer zu, wenn er es einfordert. Das ist keine Herzlosigkeit, sondern ganz normales Verhalten. Hunde untereinander unterbrechen auch nicht sofort ihr Tun, nur weil einem Artgenossen nach Schmusen ist. Sie tun das nur dann, wenn sie es selbst wollen.

BEWEGUNG UND BESCHÄFTIGUNG

Beides sind Grundbedürfnisse. Nur wenn ein Hund körperlich und geistig ausgelastet ist, kann er der Gefährte sein, den sich der Mensch an seiner Seite wünscht. Ob ausgedehnte Spaziergänge genug sind, im Verein oder in der Hundeschule trainiert, gemeinsam Sport getrieben oder anspruchsvoll gearbeitet werden muss, hängt genau wie der Zeitaufwand von den rassetypischen und individuellen Veranlagungen des Hundes ab.

Auszeit. Das richtige Maß ist die Zauberformel. Denn genauso wichtig wie Aktivitäten sind auch Ruhezeiten. Sonst gerät der Hund in Dauerstress und zeigt unerwünschtes Verhalten.

Wichtige Entscheidungen vor dem Kauf

Hunde sind tolle Freizeitpartner, immer für ihre Menschen da. Mit ihnen kann man spielen und kuscheln, und sie tun einfach gut. Das alles stimmt. Doch ist es wirklich immer so einfach?

Film und Werbung zeichnen das Bild vom Leben mit Hund oft geschönt: Da liegt der Vierbeiner dekorativ auf dem Sofa, bis sein Mensch von der Arbeit kommt und sein Abendessen genossen hat, um dann eine Runde im Park zu drehen. Abseits der heilen Hochglanzwelt kann es ganz anders aussehen: Vielleicht muss der Mensch erst einmal die Wohnung putzen, weil der Hund Durchfall hat. Das ist die Ausnahme, kommt im wahren Leben aber vor. Wem das zu viel Alltag ist, der sollte seinen Wunsch nach einem Hund noch einmal gründlich überdenken. Ein Hund ist eine Bereicherung für seine Menschen, wenn sich alle bewusst sind, was das Leben mit ihm bedeutet.

Familienrat

Die Entscheidung für einen vierbeinigen Mitbewohner wird Ihr bisheriges Leben verändern. Sie müssen Kompromisse eingehen, Ihren Lebensrhythmus umkrempeln und vielleicht sogar auf lieb gewordene Gewohnheiten verzichten.

- Der Hund bringt gute Laune ins Haus – aber auch Schmutz.
- Dank dem Vierbeiner gehen Sie jetzt jeden Tag mehrmals spazieren – auch bei Schmuddelwetter.
- Der Hund passt sich Ihrem Leben an – wenn Sie den Tagesablauf aller Familienangehörigen um ihn »herumstricken« und Ihre Aktivitäten mit seinen Bedürfnissen abstimmen.
- Er kann für wenige Stunden allein zu Hause bleiben – wenn Sie ihm das beigebracht haben.
- Ihr treuer Gefährte wird Ihnen gerne all Ihre Wünsche von den Augen ablesen – vorausgesetzt, Sie können ihm dies hundgerecht vermitteln und haben ihn entsprechend erzogen.
- Er wird Ihnen gerne überallhin folgen – wenn Sie sich als Familienoberhaupt bewährt haben und er Ihnen voll und ganz vertraut.
- Er hilft Ihnen dabei, vom Stress des Alltags abzuschalten – dazu muss er jedoch selbst ausgeglichen sein. Und das gelingt nur mit angemessener Zuwendung und Beschäftigung.
- Bewegung und gute Ernährung sind die Grundsteine für die Gesundheit des Hundes – trotzdem kann er einmal krank werden. Dann benötigt er vielleicht rund um die Uhr intensive Pflege und verursacht hohe Kosten.
- Ist der Hund gut erzogen, gehorcht er Ihnen aufs Wort – trotzdem funktioniert er nicht wie eine Maschine und kann Ihr Nervenkostüm manchmal ganz schön auf die Probe stellen.
- Er ist ein prima Sportkumpel – solange seine Fitness und Gesundheit mitspielen.

Das liest sich alles so, als sollte Ihnen ein Hund ausgeredet werden? Wenn Sie sich für einen Hund entscheiden, dann bitte mit voller Überzeugung, mit allen Konsequenzen und von ganzem Herzen. Denn das Leben mit Vierbeiner ist eben nicht immer die heile Werbewelt.

GEMEINSAM ENTSCHEIDEN

In einen vierbeinigen Freund müssen Sie Zeit und Engagement investieren – und Geld. Ein mittelgroßer Hund ohne besondere Anforderungen an Ernährung und Pflege kostet im Durchschnitt monatlich 150 Euro (nach oben offen), ohne die Aufwendungen für Ausstattung oder im Krankheitsfall. Setzen Sie sich am besten mit der ganzen Familie zusammen und überlegen Sie gemeinsam, ob Sie dazu bereit sind und ob der richtige Zeitpunkt für das neue Familienmitglied gekommen ist. Wenn ja, gibt es weitere Fragen zu klären.

Die Entscheidung für einen Hund will gut überlegt werden – zusammen mit der ganzen Familie.

DAS MUSS GEKLÄRT WERDEN

Die Erwachsenen sind für den Hund, seine Erziehung und sein Wohlbefinden verantwortlich und müssen sich um ihn kümmern. Je nach Alter und Reife können die Kinder (▸ Seite 120) in die Versorgung einbezogen werden und einzelne Aufgaben übernehmen.

Allergien. Leidet ein Familienmitglied an einer Allergie? Klären Sie vorher mit dem Arzt ab, ob trotzdem ein Hund im Haushalt leben darf. Für Menschen mit sogenannter Hundehaarallergie können einige Rassen (etwa Lagotto Romagnolo, ▸ Seite 101, und Pudel, ▸ Seite 104) wegen ihrer Fellstruktur durchaus eine Alternative sein.

Wohnsituation. Leben Sie im eigenen Haus? Dann steht dem Einzug eines Vierbeiners nichts im Wege. Anders kann das bei einer Miet- oder Eigentumswohnung (▸ Seite 56) aussehen – nicht immer ist da die Hundehaltung erlaubt.

WER SPRINGT FÜR SIE EIN?

Trotz bester Planung kann es wegen Krankheit, eines Geschäftstermins oder einer Urlaubsreise (▸ Seite 264) notwendig sein, dass sich jemand anderes um Ihren Hund kümmert. Findet sich niemand im Verwandten- oder Freundeskreis, sollten Sie sich rechtzeitig nach einer Hundetagesstätte oder -pension (▸ Seite 267) umschauen.

TEST: BIN ICH EIN HUNDEMENSCH?

Testen Sie vor der Entscheidung für einen Hund, ob Sie dazu bereit und in der Lage sind, Ihr Leben mit einem Vierbeiner zu teilen und auf seine Ansprüche und Bedürfnisse einzugehen.

	JA	NEIN
1. Stellen Sie, wenn nötig, das Wohl des Hundes über Ihre eigenen Interessen?	☐	☐
2. Kommen Sie damit klar, jeden Tag und bei jedem Wetter Gassi zu gehen?	☐	☐
3. Nehmen Sie sich gerne Zeit für seine Erziehung und Beschäftigung?	☐	☐
4. Tolerieren Sie es, dass Hunde Schmutz machen und manchmal streng riechen?	☐	☐
5. Bleiben Sie geduldig, auch wenn es bei der Erziehung schwierig wird?	☐	☐
6. Können Sie einem kranken oder alten Hund extra viel Zuwendung geben?	☐	☐
7. Hunde kosten Geld. Ist ein Budget für Extrakosten wie Krankheit eingeplant?	☐	☐

Auflösung: Nur wenn Sie alle Fragen ohne jeden Zweifel mit Ja beantworten können, sind Sie ein wahrer Hundemensch. Bei jedem Nein sollten Sie ernsthaft hinterfragen, ob ein Hund jetzt in Ihr Leben passt.

Hund und Gesetz

Unsere vierbeinigen Freunde haben Einzug in alle Bereiche gehalten. Das muss geregelt werden, und daher gibt es viele Vorschriften, die Klarheit in das Hundeleben bringen sollen. Wenden Sie sich vor Einzug Ihres Hundes an Ihre Kommunalverwaltung. Dort erfahren Sie, was Sie beachten müssen, ob es Auflagen zur Haltung gibt und wo Sie Ihren Hund an der Leine führen müssen. Kommt es zu einem Streitfall, empfiehlt sich der juristische Beistand eines Fachanwalts für Tierrecht.

HUNDEHALTUNG

Gesetzliche Grundlagen der Tier- und Hundehaltung werden im Tierschutzgesetz und in der Tierschutz-Hundeverordnung des Bundes geregelt. Dort sind Tiere Mitgeschöpfe, deren Leben und Wohlbefinden zu schützen ist, ohne vernünftigen Grund dürfen ihnen weder Schmerzen, Leiden noch Schäden zugefügt werden. Wer ein Tier hält, muss über die für seine angemessene Ernährung, Pflege und verhaltensgerechte Unterbringung erforderlichen Kenntnisse und Fähigkeiten verfügen. Das alles ist detailliert ausgeführt, vom Grundsatz her ist dem nichts mehr hinzuzufügen.

Ländersache. Vorschriften, die das Halten von Hunden regeln, fallen in den Zuständigkeitsbereich der Bundesländer und sind nicht einheitlich. Grundsätzlich ist ein Hund so zu halten und zu führen, dass von ihm keine Gefahr für Leben oder Gesundheit von Mensch und Tier ausgeht. Außerhalb des eingefriedeten Grundstücks muss der Hund ein Halsband mit Namen, Anschrift und Telefonnummer des Halters tragen und darf nicht unbeaufsichtigt laufen.

Je nach Bundesland oder Kommune (zum Beispiel Sachsen und Berlin, Stand 03/2013) werden etwa die Kennzeichnung des Hundes mit einem Mikrochip (▸ Seite 275) und eine Haftpflichtversicherung (▸ Seite 56) mit Mindestversicherungssumme gefordert. Nordrhein-Westfalen macht das davon abhängig, ob es sich um einen großen Hund handelt, der mindestens 20 Kilogramm wiegt oder mindestens 40 Zentimeter groß ist (Stand 03/2013). Die Leinenpflicht wird von den Kommunen geregelt, das Führen in Jagdrevieren in den Landesjagdgesetzen.

»GEFÄHRLICHE« HUNDE

Per Bundesgesetz ist die Einfuhr bestimmter Rassen sowie deren Kreuzungen verboten. Die Bundesländer haben unterschiedliche Gesetze und Verordnungen mit Auflagen für die Haltung von Hunden erlassen, die aufgrund der Rassezugehörigkeit, beteiligten Rassen bei einem Mischling oder im Einzelfall als gefährlich eingestuft werden. Auflagen sind je nach Bundesland zum Beispiel die Kennzeichnung des Hundes, ein Führungszeugnis, der Nachweis der Sachkunde, die Anleinpflicht, das Tragen eines Maulkorbs außerhalb eingefriedeter Grundstücke sowie ein Wesenstest (▸ Seite 277) zum Nachweis des sozialverträglichen Verhaltens. Hunde allein wegen ihrer Rasse als gefährlich einzustufen, wird von den meisten Hundeexperten heftig kritisiert.

HUNDESTEUER

Sie ist Einnahmequelle und soll ordnungspolitisch dazu beitragen, die Zahl der Hunde zu begrenzen. Ansprüche entstehen dadurch nicht, auch nicht bezüglich der Kotbeseitigung. Der Satz bewegt sich für den ersten Hund von etwa 20 bis über 100 Euro, für den zweiten ist er meist höher und für weitere in der Regel noch teurer. Für gefährlich eingestufte Hunde ist bei vielen Gemeinden ein Vielfaches fällig. Kommunen ohne Hundesteuer sind die Ausnahme.

HAFTUNG DES HALTERS

Laut Bürgerlichem Gesetzbuch (§ 833 BGB) sind Sie für jeden Schaden haftbar, den Ihr Familienhund verursacht – ganz unabhängig von Ihrem Verschulden. Sie haften, wenn Ihr Hund auf die Straße rennt und einen Unfall verursacht, durch ihn Menschen oder Tiere zu Schaden kommen, er Gegenstände zerstört etc. Die durch einen Schaden entstandenen Kosten können so hoch sein, dass der Hundehalter in existenzielle Not gerät.

Absichern. Auch der liebste Hund kann einen Schaden verursachen. Eine Hundehaftpflichtversicherung ist daher unerlässlich, in einigen Bundesländern ist das sogar Pflicht. Achten Sie bei den Angeboten unter anderem darauf,

- welche Schäden übernommen werden.
- ob es Voraussetzungen oder Ausschlüsse für den Versicherungsschutz allgemein oder im einzelnen Schadensfall gibt.
- dass die Deckungssumme möglichst hoch ist.
- wie hoch die Selbstbeteiligung ist.

MIETWOHNUNGEN

Gehört ein Hund zur allgemeinen Lebensführung und damit zum vertragsmäßigen Gebrauch einer Wohnung? Die Rechtsprechung sieht das sehr uneinheitlich. In einem Verfahren wird immer der individuelle Fall bewertet, und dessen Beurteilung hängt von vielen verschiedenen Faktoren ab. Pauschale Verbote in standardisierten Formularen sind grundsätzlich unwirksam, nach einem aktuellen Urteil des Bundesgerichtshofs kann die Hundehaltung nur verboten werden, wenn eine individuelle Einzelfallprüfung vorgenommen wurde und die »Störfaktoren« überwiegen.

Soll ein Hund bei Ihnen einziehen, haben Sie nur Gewissheit, wenn die Hundehaltung eindeutig im Mietvertrag erlaubt ist oder Sie eine schriftliche Genehmigung haben – vor dem Einzug des Hundes. Ausnahmen kann es zum Beispiel bei gefährlichen Hunden geben. Fühlen sich andere Mieter durch den Hund belästigt, kann die Haltung auch später verboten werden.

EIGENTUMSWOHNUNGEN

Wenn Sie gemeinschaftliches Wohneigentum besitzen, bedeutet das noch lange nicht, dass Sie auch Herr im Haus sind. Die anderen Eigentümer haben da ein gewichtiges Wörtchen mitzureden. Bundesgerichtshof und Bundesverfassungsgericht haben geklärt, dass durch einstimmigen Beschluss aller Eigentümer ein generelles Hundehaltungsverbot erlassen werden kann. Bindend wird es, sobald es in der Teilungserklärung steht. Allerdings kann auch ein Mehrheitsbeschluss die Hundehaltung verbieten. Vor dem Kauf eines sogenannten »Miteigentumsanteils« sollte sich der Hundefreund daher unbedingt über die aktuelle Teilungserklärung, Beschlüsse und Protokolle der Eigentümerversammlung informieren.

WENN BELLEN DIE NACHBARN STÖRT

Wann ist Hundegebell Lärmbelästigung? Auch da ist sich die Rechtsprechung nicht einig. Entscheidend sind die Berücksichtigung der individuellen Wohnsituation, dazu die örtlichen Satzungen zur Regelung der Ruhezeiten. Grundsätzlich sollen die Ruhezeiten eingehalten werden. Lassen Sie Ihren Hund also nicht unbeaufsichtigt im Garten, wenn er dann viel bellt. Mieter können die Miete kürzen, wenn sie sich durch Hundegebell belästigt fühlen, und der Vermieter kann vom Halter Schadenersatz verlangen.

»Ich bin ganz brav«: Hundeverhalten ist jedoch nicht immer vorhersehbar. Aus harmlosen Situationen können große Schäden entstehen – eine Haftpflichtversicherung bietet Sicherheit. Hunde sind eben Hunde.

Interview

Streitfall Hund

Für den Hundehalter wirken die zahlreichen uneinheitlichen Gesetze und Verordnungen rund um die Hundehaltung wie ein Paragraphendschungel. Der Anwalt Reinhard Hahn bringt Licht ins Dickicht.

REINHARD HAHN, RECHTSANWALT

Reinhard Hahn ist seit 1978 selbstständiger Rechtsanwalt und führt seine Kanzlei in Biblis, Hessen, mit dem Tätigkeitsschwerpunkt »Rechtsfragen rund um das Tier«. In diesem Rahmen ist er als Mitarbeiter bei vielen Fach- und Publikumszeitschriften für das Rechtsgebiet Tier tätig, zudem berät er Redaktionen von Print-, Hörfunk- und Internetmedien zum Thema. Als Fachautor hat er auch einen Rechtsratgeber zur Haltung von Tieren verfasst.

Gibt es jahreszeitliche Einschränkungen für den Freilauf auf Wiesen und im Wald?
REINHARD HAHN: In einem Jagdbezirk dürfen Sie Ihren Hund nicht ohne Aufsicht frei laufen lassen. Das schreiben die Landesjagdgesetze zum Schutz des Wildbestandes vor. Dabei bedeutet »Aufsicht« nicht gleich »angeleint«. Hunde, die nicht angeleint sind und Wild nachstellen und verfolgen, können vom Jäger getötet werden, wenn keine Aufsichtsperson in unmittelbarer Nähe ist. Dies gilt für alle Jahreszeiten. Für als gefährlich eingestufte Hunde kann ein Leinenzwang angeordnet werden. Auch Kommunen können für ihr Stadt- und Gemeindegebiet Regelungen treffen.

Worauf muss ein Hundekäufer beim schriftlichen Kaufvertrag achten?
REINHARD HAHN: Zur zweifelsfreien Zuordnung muss die Kennzeichnung des reinrassigen Hundes im Vertrag festgehalten sein. Die Gewährleistung für einen Welpen kann im Vertrag grundsätzlich nicht ausgeschlossen werden: Achten Sie darauf, dass dubiose Vertragsklauseln den Verkäufer nicht von all solchen Pflichten freizeichnen.

Ab welchem Alter dürfen Kinder mit einem Hund spazieren gehen?
REINHARD HAHN: Spezielle Regelungen gibt es nicht. Ein Kind muss aber prinzipiell in der Lage sein, den Hund zu beaufsich-

Anhaltendes Hundegebell ist ein häufiger Grund für Streit unter Nachbarn.
Wer bekommt den Vierbeiner bei einer Scheidung? Gibt es keine Einigung, entscheidet das Gericht.

tigen. Diese Aufsichtspflicht als Tierhüter kann auch ein Kind verletzen, sodass es einem Geschädigten haftet. In jedem Fall muss das Kind mindestens 7 Jahre alt sein, um hier eine Verantwortlichkeit zu begründen. Diese Regelung kommt aber in letzter Konsequenz kaum zur Anwendung, da der Hundehalter für seinen Hund immer haftet.

Kann ein Hund erben? Wie kann der Hundehalter am besten Vorsorge treffen?

REINHARD HAHN: Ein Hund ist keine natürliche Person und kann damit niemals Erbe in unserem Rechtssystem sein. Möglich ist aber, dass man als Erbe eine Vertrauensperson einsetzt und dieser gezielte Auflagen zur Pflege des Hundes erteilt. Solche Regelungen werden in einem Testament getroffen. Dabei sollte man immer einen Rechtsanwalt oder Notar zurate ziehen.

Können sich die Nachbarn beschweren, wenn ein Hund im Einfamilienhaus bellt?

REINHARD HAHN: Hunde sind so zu halten, dass Nachbarn durch Gebell nicht übermäßig belästigt werden. Es gibt jedoch keinen Anspruch darauf, dass ein Nachbarshund nur außerhalb bestimmter Zeitspannen zu hören ist. Bei andauerndem Gebell, das Nachbarn sogar schwer gesundheitlich in ihrem Ruhebedürfnis schädigt, muss der Hundehalter aber reagieren. Andernfalls kann er über das Gericht verurteilt werden, seinen Hund abzuschaffen.

Wer bekommt den Hund bei Scheidung?

REINHARD HAHN: Können sich die Ehegatten nicht einvernehmlich einigen, entscheidet der Familienrichter über das »Sorgerecht«. Dabei spielen räumliche und zeitliche Voraussetzungen eine Rolle.

Den richtigen Hund finden

Ein vierbeiniger Gefährte, der loyal zu Ihnen steht und gemeinsam mit Ihnen durch dick und dünn geht – mit dem richtigen Hund an Ihrer Seite kann dieser Wunsch in Erfüllung gehen.

Unterschiedliche Lebensentwürfe stellen auch unterschiedliche Anforderungen an die Hunde. Der Alltag in einem Singlehaushalt ist ein ganz anderer als bei einer Familie mit Kindern oder zusammen mit einem rüstigen Pensionär. Und in der City lebt es sich ganz anders als auf dem Land oder in der Vorstadt. Das ist nichts Neues, muss aber unbedingt bei der Auswahl des Vierbeiners bedacht werden. Die meisten Probleme bei der Hundehaltung entstehen dadurch, dass Rasse oder individuelle Eigenschaften nicht zu den Menschen, ihrem Alltag oder dem Umfeld passen. Die Entscheidung für einen Vierbeiner wird Ihr Leben für die nächsten zehn, zwölf Jahre oder noch länger beeinflussen. Suchen Sie sich einen Hund aus, der sich bei Ihnen rundum wohlfühlen kann und eine Bereicherung für alle Beteiligten ist. Es liegt in Ihrer Hand.

Was soll es sein?

Der Schlüssel zum harmonischen Miteinander ist Ehrlichkeit. Besprechen Sie gemeinsam, wie Sie sich das Leben mit Hund vorstellen und welche Mitgift Sie in diese Beziehung einbringen.

GEMEINSAMKEITEN FINDEN

Ob Computer, Fernseher oder Auto, Menschen informieren sich vor jeder Anschaffung eines neuen Geräts über seine Eigenschaften.

Hunde sind keine Sachen. Denn im Unterschied zu einem technischen Gerät ist ein Hund ein empfindungsfähiges Wesen. Ist er fehl am Platz, mindert das nicht nur seine Lebensqualität, sondern meist auch die seiner Menschen. Und genau deswegen verdient die Entscheidung für einen Vierbeiner mehr Zeit und Sorgfalt – damit Mensch und Tier glücklich zusammenleben können.

Kriterien bei der Auswahl. Wenn Sie ein neues Programm für Ihren Computer kaufen, überlegen Sie, für welche Anwendung Sie es benötigen und ob es eine einfache oder eine Profiversion sein soll. Als Nächstes kommt es darauf an, ob die Programme auch auf Ihrem Computer laufen, also Hardware und Betriebssystem kompatibel sind. Im weitesten Sinne können Sie diese Kriterien auch bei der Suche nach der geeigneten Rasse und der passenden Hundepersönlichkeit nutzen:

- Die rassetypischen und individuellen Veranlagungen sowie seine Lernerfahrungen geben den Anwendungsrahmen vor, zum Beispiel als reiner Familienhund, Vierbeiner mit hoher jagdlicher Passion, Hund mit Hüteeigenschaften oder stets wachsamer und beschützender Hausgenosse.
- Es gibt hoch spezialisierte Profis, die genauso spezialisierte Menschen und auf sie zugeschnittene Arbeit brauchen. Als reine Familienhunde werden sie und die Zweibeiner unglücklich.

Was steckt drin? Nur bei wenigen Mischlingen sind die Eltern und die Veranlagungen bekannt.

INFO

Passende Eigenschaften eines Hundes zu verschiedenen Lebensmodellen

- **Für Einsteiger:** lernt leicht und gern, kein Schutzverhalten, wenig territorial, passendes Beschäftigungsbedürfnis, wenig eigenständig, kein ausgeprägtes Jagdverhalten
- **Für Familien:** anpassungsfähig, spielfreudig, durchschnittliches Beschäftigungsbedürfnis, kein Schutzverhalten, wenig territorial, robust
- **Für Singles:** anpassungsfähig, kann gut allein bleiben, andere Eigenschaften je nach Erfahrung, Lebensweise und Umfeld
- **Für Senioren:** kleine bis mittlere Größe, mäßiges Beschäftigungsbedürfnis, kein Schutzverhalten, wenig territorial, anpassungsfähig, schätzt engen Kontakt mit Menschen

- Die Hardware besteht aus Wohnsituation und Umfeld. Manche Hunde brauchen Haus und Garten, um glücklich zu sein, andere nicht.
- Das Betriebssystem sind Sie und die anderen Familienangehörigen. Wie viel Zeit haben Sie für den Vierbeiner? Wollen Sie diese mit gemütlichen Spaziergängen, Sport oder intensiver gemeinsamer Arbeit verbringen? Wie ist es um Ihre Führungsqualitäten bestellt?

Wenn Sie sich unsicher sind, ob ein Vierbeiner zu Ihnen passt, ist es sinnvoll, sich von einem guten Hundetrainer beraten zu lassen.

RASSEHUND

Was die Hunde einer Rasse eint, sind neben dem Erscheinungsbild die Fähigkeiten, die zur Erfüllung der ursprünglichen Aufgabe nötig waren.

Varianten. Typisches Aussehen und Verhalten werden im Rassestandard beschrieben. Offensichtliche Unterschiede gibt es bei den meisten Rassen durch unterschiedliche Fellfarben oder Haarstrukturen, seltener aufgrund mehrerer Größenvarianten innerhalb einer Rasse.

Auch wenn die Eigenschaften von Rassehunden vorhersagbarer sind, ist trotzdem jeder ein Individuum.

Genormte Hunde? Die tendenzielle Veranlagung für bestimmte Eigenschaften ist den Vierbeinern in die Wiege gelegt. So sind meist zum Beispiel Jack Russell Terrier taffe Typen, Greyhounds wollen rennen und Border Collies am liebsten alles Mögliche zusammentreiben. Trotzdem gibt es auch bei den Hunden innerhalb einer Rasse große individuelle Unterschiede. Nicht jeder Labrador Retriever ist von Haus aus ein begnadeter Apportierer, nicht jeder Pinscher ein talentierter Rattenfänger, und nicht jeder Irish Red Setter steht vor, wie der Jäger sich das wünscht. So gleich die Hunde einer Rasse auch scheinen, sie sind Individuen mit unterschiedlich ausgeprägten Talenten und eigener Persönlichkeit.

Umfassend informieren. Ab Seite 74 finden Sie weitere Infos zu Rassehunden und Rasseporträts. In Verbindung mit dem Rassestandard können Sie so einen ersten Abgleich der Rasseeigenschaften mit Ihren Vorstellungen vornehmen. Scheint eine Rasse zu passen, gilt es nun, weitere Informationen einzuholen.

- Rassezuchtvereine und Züchter (▸ Seite 68) sind geeignete Ansprechpartner, Adressen bekommen Sie zum Beispiel beim Verband für das Deutsche Hundewesen (VDH, ▸ Seite 284). Gibt es mehrere Vereine, sollten Sie alle kontaktieren. Auch bei Züchtern ist es ratsam, sich nicht nur auf einen zu beschränken.
- Kennen Sie Halter dieser Rasse? Dann fragen Sie direkt nach deren Erfahrungen und wie sich der Alltag tatsächlich gestaltet.
- Erkundigen Sie sich bei Tierärzten, welche Krankheiten bei dieser Rasse in der Praxis am häufigsten auftreten und worauf Sie bei der Auswahl achten sollten.

• Gute Anlaufstellen sind auch Nothilfevereine, die es für fast jede Rasse gibt. Adressen bekommt der Interessent meist bei den Rassezuchtvereinen (▸ VDH, Seite 284). Dort erfahren Sie, welche Gründe und Probleme am häufigsten zur Abgabe der Hunde führen und welche Krankheiten auffällig sind. Vielleicht finden Sie dort ja sogar Ihren Traumhund.

MISCHLING

Ein Mischling ist keine zweite Wahl, und viele Hundehalter haben sich ganz bewusst für einen Mix entschieden, übertrifft seine Einmaligkeit doch die seiner rassereinen Artgenossen.

Was steckt drin? Um den passenden Mischling zu finden, kommt man um die Kenntnis typischer Rasseeigenschaften nicht herum – denn in jedem Mix stecken mindestens zwei Rassehunde.

So hat auch ein Border-Collie-Mischling in der Regel ein überdurchschnittliches Beschäftigungsbedürfnis, ein Jagdhund-Mix kann seine gute Nase nicht verleugnen, und ein Hovawart-Mischling ist immer noch ein außerordentlich territorialer Wächter.

Sind die Elterntiere nicht bekannt, können die Rassen, die ihren Senf dazugegeben haben, nur vermutet werden. Zwar kann das Äußere Anhaltspunkte geben, führt aber auch leicht in die Irre. Eine gute Beratung ist unerlässlich, noch besser ist es, wenn Sie zusätzlich die Möglichkeit haben, die Eltern kennenzulernen, um ihre Eigenschaften und Persönlichkeiten einzuschätzen.

Gesundheit garantiert? Ist die Abstammung eines Hundes kunterbunt gemischt und wurde er sorgfältig aufgezogen, ist er wahrscheinlich gesünder als ein Rassehund mit geringer genetischer Variabilität. Trotzdem ist er vor Krankheiten nicht geschützt. Es gibt keine Garantie, dass ein Mischling immer gesünder ist.

CHECKLISTE

Was ist Ihnen wichtig?

Kreuzen Sie an, worauf es Ihnen bei Ihrem Hund ankommt, das macht den Abgleich mit den rassetypischen Eigenschaften leichter.

- ○ Angenehmer Gesellschafter, leichtführiger Gefährte, entspannter Freilauf
- ○ Partner für ausdauernden Sport
- ○ Robuster, spielfreudiger und geduldiger Kumpel für die Kinder
- ○ Spezialist für anspruchsvolle Arbeit
- ○ Guter Wachhund, der auf Familie, Haus und Hof aufpasst
- ○ Mäßiges Beschäftigungsbedürfnis

Designerhunde. Sie sind gezielte Mischungen aus zwei Rassen. Manchmal ist diese Praxis sinnvoll, um rassetypische Erkrankungen zu minimieren, oft aber auch zweifelhaft und diskussionswürdig. Besonders dann, wenn zwei an sich schon sehr anspruchsvolle Rassen vereint werden, wie Weimaraner und Dogge oder Australian Shepherd und Husky. Der Kaufpreis ist nicht selten genauso hoch wie bei einem Rassehund.

RÜDE ODER HÜNDIN?

Rüden sind in der Regel etwas größer und stattlicher, Hündinnen das zartere Geschlecht.

• Wie eng sich ein Vierbeiner seinem Menschen anschließt, hängt mehr von der Persönlichkeit des Individuums ab als vom Geschlecht.

• Hormongesteuert neigen manche Rüden dazu, bei Begegnungen mit Geschlechtsgenossen den

Macho rauszukehren. Das erfordert gute Führungsqualitäten des Menschen. Bei einigen Rassen ist das tendenziell ausgeprägter, wie bei Weimaraner, Rhodesian Ridgeback und vor allem Rassen mit ausgeprägtem Schutzverhalten.

- Rüden markieren mehr als Hündinnen, manche Hundemänner sind da sehr eifrig. Das gehört zum natürlichen Verhalten, kann durch Erziehung aber auf ein normales Maß reduziert werden, wenn es stört.
- Die Läufigkeit (▶ Seite 185) der Hündin tritt meist zweimal jährlich auf. Dabei kommt es zu Ausfluss und Blutungen aus der Scheide. Die Hormone können die Gefühle der Hundedame ganz schön durcheinanderwirbeln, was für Mensch und Hund nicht immer leicht ist. Während dieser »Hitze« kann sich ungebetener Herrenbesuch einstellen, und es gilt immer aufzupassen, dass es nicht zu ungewolltem Nachwuchs kommt.

Nach jeder Hitze tritt eine Scheinträchtigkeit/-mutterschaft (▶ Seite 183) auf, die meist unauffällig verläuft, aber auch ausgeprägt sein kann.

- Kastration (▶ Seite 187) wird oft als Mittel zur »Anpassung« eines Hundes an die Bedürfnisse des Menschen gesehen. Ohne Grund darf sie allerdings nicht vorgenommen werden. Ob eine Kastration sinnvoll ist, hängt vom Einzelfall ab.

WELPE ODER ÄLTERER HUND?

Mit ihren Kulleraugen und Stupsnasen erobern sie im Sturm die Herzen der Zweibeiner – beim Anblick eines Hundekindes ist für viele Hundehalter schnell klar, dass es ein Welpe sein muss. Manchmal ist ein erwachsener Vierbeiner aber die bessere Wahl. Beide brauchen Engagement und Zuwendung, um sich heimisch zu fühlen.

Ein Hundekind. Voller Entdeckerdrang erkunden die kleinen Tollpatsche die Welt. Wer will daran nicht teilhaben? Einen Hund von Anfang an zu begleiten, ist eine große Freude – aber auch eine große Aufgabe. Sie leiten ihn beim Erwachsenwerden an, und Ihr Einfluss trägt dazu bei, wie er sich entwickeln wird. Mit dem Besuch der Welpenstunden allein ist es nicht getan, denn die Sozialisierung (▶ Seite 34) richtet sich nicht nach der Uhr, und die Erziehung ist ein Fulltimejob.

- Familien mit kleinen Kindern oder einem turbulenten Alltag sind leicht überfordert, denn das Hundekind nimmt anfangs so viel Zeit in Anspruch wie ein Menschenkind.
- Die Lebhaftigkeit junger Vierbeiner, die oft nur Unsinn im Kopf haben, wird leicht unterschätzt. Für ältere Menschen oder solche mit körperlicher Einschränkung ist ein erwachsener und etwas ruhigerer Vierbeiner meist die bessere Wahl.
- Gerade Welpen großer Rassen sind sehr anspruchsvoll, was Ernährung und richtig dosierte Bewegung angeht.

Bereits erwachsen. Nicht nur ältere Menschen oder Hundefreunde mit wenig Zeit für die Welpenerziehung finden in einem erwachsenen oder älteren Hund oft den Wunschpartner. Gerade für Ersthundehalter kann das die richtige Entscheidung sein – sofern es der passende Gefährte ist.

- Im Tierschutz und auch bei Züchtern gibt es viele nette, unkomplizierte erwachsene Hunde.
- Ist die Vorgeschichte bekannt, sind Persönlichkeit und Verhalten meist gut einschätzbar.
- Auch ein erwachsener Hund benötigt Zeit für Eingewöhnung und Erziehung, je nach Vorgeschichte und Wesen mehr oder weniger. Holen Sie sich bei Problemhunden von Anfang an die Hilfe eines Hundetrainers.
- Je älter ein Hund ist, desto schneller stellen sich Krankheiten ein, und auch desto früher heißt es, Abschied zu nehmen. Das muss bedacht werden. Einem Hund einen schönen Lebensabend zu bereiten, ist aber trotzdem eine gute Erfahrung.

LIEBER GLEICH ZWEI?

Sie können sich nicht zwischen zwei Welpen entscheiden und überlegen, beide zu nehmen? Wenn die Wahl auch schwerfällt, nehmen Sie nur ein Hundekind bei sich auf, der Kleine wird Sie auch allein genug auf Trab halten! Ist der Racker erwachsen und gut erzogen, kann ein zweiter Vierbeiner einziehen. Der Ersthund ist dann Vorbild für den Neuzugang, der sich viel von ihm abschauen wird.

Im Duo glücklich. Sollen es doch lieber direkt zwei sein? Dann gibt es im Tierschutz viele nette erwachsene Hundeduos, die nur zusammen vermittelt werden sollen. Die beiden geben sich Halt, und die Eingewöhnung fällt leichter. Trotzdem muss man sich auch mit jedem einzeln beschäftigen, um eine gute Beziehung aufzubauen.

INFO

Schriftliche Kaufverträge bieten Sicherheit

- Stellen Sie den Züchter im Vertrag nicht generell von einer Haftung frei.
- Untersuchen Sie den Hund genau. Ist er augenscheinlich gesund, sollte das im Vertrag vermerkt sein, genau wie ein Mangel.
- Stellt sich später ein nicht im Kaufvertrag aufgeführter Mangel (etwa eine Krankheit) heraus, der schon beim Kauf bestand, können gegebenenfalls Nachbesserung, Vertragsrücktritt und Schadenersatz die Folge sein.
- Holen Sie Rat bei einem Anwalt ein, wenn der Züchter bei einem Mangel nicht kooperativ ist.

Warum nicht einen älteren Hund aufnehmen? Auch die vierbeinigen Senioren können sich meist gut in die neue Familie eingewöhnen. Gerade für Ersthundehalter kann das eine gute Alternative zum Welpen sein.

Woher kommt mein neuer Vierbeiner?

Wer einen Hund sucht, findet in Zeitschriften, Tageszeitungen und im Internet ein großes Angebot. Züchter, Tierschützer und andere Anbieter offerieren Hunde aller Rassen und Mixturen sowie jeden Alters. Da gilt es, genau hinzuschauen, um einen wirklich seriösen Anbieter (▶ Info rechts) zu finden, dem mehr an der passenden Vermittlung des Vierbeiners als an seinem Profit gelegen ist. Denn schwarze Schafe gibt es überall.

TIERSCHUTZ

Egal, welchen Hund Sie sich wünschen, bei einer der vielen Tierschutzorganisationen finden Sie ihn bestimmt: Dort gibt es Mischlinge, reinrassige, junge, erwachsene und betagte Vierbeiner sowie solche, die sowohl für Anfänger als auch für Menschen mit reichlich Hundeerfahrung und besonderen Führungsqualitäten geeignet sind. Neben den Tierheimen vor Ort, die meist einer großen Organisation angegliedert sind, gibt es zahlreiche Vereine und private Tierschützer, manche mit Spezialisierung auf bestimmte Rassen.

Umfassende Informationen und Einschätzung helfen bei Hunden aus zweiter Hand, den richtigen zu finden.

Seriöse Tierschützer erkennen Sie daran:

- Transparenz: Ziele, Struktur, Arbeitsweise und auf Nachfrage auch Finanzierung werden offengelegt. Verantwortliche und Ansprechpartner sind auf der Homepage veröffentlicht.
- Organisation: Die Hunde werden im eigenen Tierheim oder auf Pflegestellen untergebracht. Sie haben die Möglichkeit, sich direkt beim Betreuer über den Hund zu informieren.
- Vorbereitung: Mitarbeiter und Helfer versuchen im Rahmen ihrer Möglichkeiten, Erziehung und Sozialverhalten der Hunde zu verbessern.
- Beratung: Gute Tierschützer vermitteln Tiere nicht auf die Mitleidstour. Sie erhalten in einem offenen Gespräch eine realistische Einschätzung des Hundes und werden ehrlich und umfassend zu allen für die Haltung relevanten Aspekten informiert. Die Qualität des Beratungsgesprächs ist entscheidend für den Vermittlungserfolg: Je mehr Sie über den Hund, seine Vorgeschichte und Eigenschaften wissen, desto besser können Sie entscheiden. Trotzdem ist das immer nur eine Momentaufnahme (▶ Seite 119).
- Kennenlernen: Sie werden angehalten, sich mit dem Hund zu beschäftigen und mehrmals mit ihm spazieren zu gehen, bevor Sie sich entscheiden.
- Kontrolle: Bevor der Hund übergeben wird, gibt es eine Vorkontrolle bei Ihnen zu Hause.
- Vertrag: Sie bekommen den Hund mit Abgabevertrag, meist ist eine Schutzgebühr zu zahlen. Es gibt keine Verpflichtung zur Kastration des Hundes. Klappt das Zusammenleben nicht, nimmt die Organisation den Hund garantiert wieder auf.

AUS DEM AUSLAND

Vermitteln Tierschützer einen Hund aus dem Ausland, sollten Sie zusätzlich zu den vorgenannten Punkten auch die folgenden beachten:

- Kooperation: Die Tierschützer arbeiten mit Organisationen im Ausland zusammen und unterstützen diese nicht nur durch die Übernahme von Hunden, sondern auch finanziell zur Durchführung von Tierschutzprojekten vor Ort.
- Persönlich: Sie sollten sich nicht nur nach einem Bild im Internet endgültig zur Übernahme verpflichten. Warten Sie, bis der Hund hier auf einer Pflegestelle oder in einem Tierheim ist, um ihn dann persönlich kennenzulernen und zu sehen, ob der Funke zwischen Ihnen überspringt.
- Rechtmäßig: Die Organisation ist der Behörde vor Ort bekannt und hat eine »Tierheim«-Genehmigung nach § 11 Tierschutzgesetz.

Achtung, Urlaubsmitbringsel. Bringen Sie nicht einfach einen Hund mit nach Hause, der im Urlaub Anschluss sucht. Nehmen Sie dann Kontakt mit Tierschützern vor Ort auf. Ist der Hund zweifelsohne herrenlos, können diese Ihnen bei den für die Einreise nötigen Dokumenten helfen.

DAS GESCHÄFT MIT DEM MITLEID

Tierschutz ist eine ehrenwerte Aufgabe, und jeder, der ihn seriös betreibt, verdient Hochachtung. Leider gibt es Hundehändler, die unter dem Deckmantel des Tierschutzes ein lukratives Geschäft betreiben. Da werden Tierschutzhunde aus dem Ausland aus reinem Profitdenken importiert, ohne dass den Organisationen vor Ort geholfen wird. Es werden sogar gezielt Hunde »produziert« (▸ Seite 69), um sie als »Tierschutzhunde« gegen Gebühr zu verkaufen. Fallen Sie darauf nicht herein und unterstützen Sie das nicht. Wenn einen Hund aus dem Tierschutz, dann von einer seriösen Organisation. Und davon gibt es viele.

INFO

Ob Tierschutz, Züchter oder sonstwo – seriös ist es nur dann, wenn diese Punkte erfüllt sind:

- Sie werden eingehend zu Ihrer Lebenssituation und Hundeerfahrung befragt. Gemeinsam wird besprochen, ob der Hund zu Ihnen passt, vielleicht wird ein besser geeigneter empfohlen.
- Sie werden nicht unter Druck gesetzt, weder zeitlich noch emotional.
- Nach der Tierschutz-Hundeverordnung darf ein Welpe erst im Alter von über acht Wochen vom Muttertier getrennt werden.
- Die Unterbringung der Hunde ist sauber, die Tiere haben ausreichend Platz und Decken oder Körbchen zur Verfügung.
- Sie bekommen alle notwendigen Papiere, zumindest aber den Impfpass bzw. bei Hunden aus dem Ausland den EU-Heimtierausweis.
- Es liegen glaubwürdige medizinische Zeugnisse vor. Hunde aus Südeuropa haben den Mittelmeer-Check (▸ Info, Seite 177).
- Alle Tiere sind entwurmt und geimpft.
- Soweit bekannt, werden Sie über die Vorgeschichte des Hundes informiert. Sie erhalten in jedem Fall eine Einschätzung zu seinem Charakter und Verhalten. Gibt es Besonderheiten, werden Sie darauf hingewiesen, was dies für die Hundehaltung bedeutet.
- Benötigt ein Tier aufgrund einer Erkrankung besondere Pflege, Ernährung, Medikamente oder tierärztliche Behandlung, bekommen Sie alle vorhandenen Informationen zu Aufwand, Kosten und möglichen Spätfolgen.
- Sie können sich auch nach der Übernahme an den Anbieter wenden und bekommen Unterstützung bei Fragen und Problemen.

Ein Hund vom Züchter

Es gibt sie, die richtig guten Züchter, die sich ganz ihrer Rasse verschrieben haben und sich mit Leib und Seele sowie hohem Zeitaufwand und Hundeverstand für ihre Vierbeiner engagieren. Diese Züchter haben nichts zu verbergen, gewähren gerne Einblicke hinter die Kulissen und freuen sich über Ihr Interesse, auch wenn Sie sich nur unverbindlich informieren möchten. Ihr Ziel ist es, gesunden und sozialverträglichen Hundenachwuchs heranzuziehen, der optimal auf sein Leben vorbereitet ist. Genau so einen Züchter müssen Sie finden, und Sie sollten sich auch nicht mit weniger zufriedengeben.

VERANTWORTUNGSVOLL GEZÜCHTET

Ist ein Züchter einem Rassehundezuchtverein angeschlossen, gibt der Standard den Idealtyp eines Rassehundes im Aussehen und Verhalten vor. In Deutschland federführend ist der Verband für das Deutsche Hundewesen (VDH, ▸ Seite 284), dem über 150 Rassehundezuchtvereine angehören. Der Verein stellt Auflagen für die Zucht, wie räumliche Voraussetzungen. Die Zuchthunde müssen gesund und geimpft sein und auf Ausstel-

TEST: EIN GUTER ZÜCHTER

Die Chemie zwischen Ihnen und dem Züchter und seinen Hunden muss stimmen. Testen Sie, ob ihm daran gelegen ist, dass seine Schützlinge gut vermittelt werden.

	JA	NEIN
1. Sie können den Züchter ohne Kaufabsicht besuchen, er nimmt sich Zeit und berät Sie freundlich und kompetent über die Rasse und seine Vierbeiner.	☐	☐
2. Er zeigt Ihnen seine Hunde und kann deren Charakter beschreiben. Die Hunde sind gesund und gepflegt, offen und freundlich – nicht scheu oder aggressiv.	☐	☐
3. Der Kaufpreis liegt im üblichen Rahmen, ist weder zu hoch noch sehr niedrig.	☐	☐
4. Die Hunde haben Familienanschluss. Zusätzlich zu Spaziergängen bietet ein interessant gestalteter Garten viel Abwechslung und Bewegungsspielraum.	☐	☐
5. Der Züchter will Sie kennenlernen, bevor er entscheidet, Ihnen einen Hund zu überlassen. Ihm ist daran gelegen, dass Sie den Welpen oft besuchen.	☐	☐

Auflösung: Alle Fragen müssen mit »Ja« beantwortet werden. Trifft nur ein Punkt der Checkliste nicht zu, sollten Sie dort keinen Hund kaufen.

lungen Mindestnoten bekommen haben. Je nach Rasse sind zusätzlich jagdliche oder andere Leistungsnachweise, bestimmte gesundheitliche Untersuchungen und/oder ein Wesenstest Voraussetzungen zur Zuchtzulassung. Ein Zuchtwart begutachtet jeden Wurf und kontrolliert, ob die Welpen alle entwurmt, geimpft, gekennzeichnet (▸ Mikrochip, Seite 275) und ohne Fehler sind.

Tipp: Erkundigen Sie sich möglichst bei mehreren Zuchtvereinen nach den erforderlichen Zuchtvoraussetzungen, Gesundheitsnachweisen und der üblichen Kaufpreisspanne für einen Hund der gewünschten Rasse.

Zusätzlich erfüllt der Züchter alle gesetzlichen Vorschriften, zum Beispiel benötigt er in der Regel eine Zuchterlaubnis, wenn er drei oder mehr fortpflanzungsfähige Hündinnen hält oder mehr als drei oder vier Würfe pro Jahr züchtet.

HALTUNG DER HUNDE

Die Frage nach der richtigen Haltung lässt sich am besten mit einer Gegenfrage beantworten: Wollen Sie da Hund sein? Sauber und gepflegt muss es sein. Ideal ist es, wenn die Welpen das Haus und in einem sicheren Areal auch den strukturreichen Garten erobern und dabei ausgelassen spielen können. Dazu gehören viel Kontakt zu Menschen und der Umgang mit Artgenossen, um die Grundlagen des Sozialverhaltens zu erlernen.

ZIELE DES ZÜCHTERS

Fragen Sie den Züchter, wonach er bei der Zucht seiner Hunde strebt. Denn danach wird er die Eltern des geplanten Wurfs auswählen. Für Sie ist unter anderem wichtig, ob es sich um eine Arbeitslinie oder eine Showlinie (▸ Seite 76) handelt, sofern es diese Unterscheidung bei der Wunschrasse gibt. Und vor allem: Sie müssen die Leidenschaft des Züchters für seine Rasse spüren. Daher wird er Sie auch über alles informieren, worauf Sie künftig achten müssen, Fütterungsempfehlungen geben und anbieten, sich bei Fragen und Problemen jederzeit an ihn zu wenden.

Papiere. Zumindest muss Ihnen der Impfpass bzw. EU-Heimtierausweis (▸ Seite 266) ausgehändigt werden. Schließen Sie einen Kaufvertrag ab, bekommen Sie diesen sofort. Die Ahnentafel eines Rassehundes (▸ Seite 272) wird Ihnen vielleicht erst später nachgeschickt.

VORSICHT: UNSERIÖS!

Ein wohlklingender Zwingername oder Papiere sind keine Garantien für eine gute Zucht. Denn neben den Vorzeigezüchtern gibt es auch solche, die das Image der Hundezucht schwer ramponiert haben. Unter erbärmlichen Zuständen aufgewachsen, viel zu früh von der lediglich zur Zuchtmaschine degradierten Mutter getrennt, nicht ausreichend geimpft (▸ Seite 166), meist krank und emotional gestört, das sind die Welpen der Massenzüchter und Hundehändler.

Unterstützen Sie diese skrupellosen Geschäfte nicht, auch wenn ein niedriger Kaufpreis lockt oder Sie Mitleid haben. Oft sind Verhaltensprobleme und horrende Tierarztkosten die Folge, die Belastung für die Familie ist groß, und es werden noch mehr Hunde produziert. Viele dieser Anbieter bewerben ihre »Ware Hund« mit blumigen Worten, stellen Fantasiepapiere aus und erzählen dem Käufer, was er hören möchte. Seriöse Züchter haben nicht ständig »Modewelpen« parat.

Tipp: Informieren Sie sich vor dem Kauf über den Züchter, vor allem, wenn er Welpen in Zeitungen oder im Internet anbietet. Und wollen Sie einen Welpen aus einem Geschäft? Das gibt es leider wieder und ist auch legal. Doch hundgerecht ist es keinesfalls! Achten Sie auch beim Hundekauf auf Ihren gesunden Menschenverstand.

Keine leichte Entscheidung, sich aus der Bande einen der Racker auszusuchen. Ein guter Züchter oder Welpenbetreuer des Tierschutzvereins gibt Ihnen eine Einschätzung der Kleinen und berät Sie bei der Auswahl.

Einen Welpen aussuchen

Die passende Rasse ist gefunden und ein guter Züchter auch. Vielleicht mussten Sie sogar einige Monate warten, bis es endlich Hundenachwuchs gegeben hat, denn ein guter Züchter hat nicht immer Welpen im abgabefähigen Alter. Nun stehen Sie vor der Welpenschar, und alle sind süß, putzig und einfach zum Verlieben. Wie soll man da den richtigen aussuchen?

JEDER WELPE EINE PERSÖNLICHKEIT

Besuchen Sie die Kleinen möglichst oft, um sich ein Bild von der ganzen Bande zu machen. Bei genauem Hinschauen wird Ihnen bald auffallen, dass jeder eine eigene Persönlichkeit ist. Hören Sie auf Ihr Bauchgefühl, doch nehmen Sie nicht unbedingt den Welpen, der beim ersten Besuch stürmisch auf Sie zurennt und ins Hosenbein beißt, er ist vielleicht nicht der einfachste.

Kleine Draufgänger. Sie gehen forsch auf neue Situationen zu und zeigen mehr Eigeninitiative. Als Welpen stürzen sie sich in der Regel zuerst auf die neuen Besucher und nehmen Hosenbeine ins Visier. Als Junghunde und erwachsene Vierbeiner neigen sie dazu auszutesten, wie weit sie gehen können. Sie lassen sich nur ungern in ihrem Erkundungsverhalten einschränken, müssen eher gebremst werden und handeln oft, bevor sie nachdenken. Kleine Draufgänger sind am besten für konsequente Menschen mit Erfahrung, Hundeverstand und guten Führungsqualitäten geeignet.

Gesellig und aufgeschlossen. Für sie gibt es nichts Schöneres, als mit ihren Geschwistern zu spielen und zu kuscheln. Sie sind an ihrer Umgebung interessiert, lassen sich leicht motivieren und tauschen im Spiel miteinander häufig die Rollen. Gesellige Hunde passen sich gut an, sind die besten Vierbeiner für Anfänger und Familien und begeisterte Kumpels für allerlei Spiel, Spaß, Sport und Freizeit.

Zurückhaltend. Die scheinbar schüchternen Hunde halten sich lieber erst im Hintergrund auf. Neue Situationen werden mit gebührendem Respekt und sicherem Abstand erforscht. Sie zeigen wenig Eigeninitiative, sind sensibel und selten mitten im Getümmel anzutreffen. Sie passen gut zu einfühlsamen, hundeerfahrenen Menschen, die auf sie eingehen, ohne sie zu verhätscheln, und die ihnen die nötige Sicherheit geben, damit sie aufblühen können.

PASSEND AUSSUCHEN

Lassen Sie sich vom Züchter oder vom Betreuer der Tierschutzorganisation beraten. Wie schätzt er den Charakter der Hunde ein. Rät er Ihnen von einem Welpen ab, oder empfiehlt er Ihnen einen anderen? Welche Gründe führt er dafür an?

WELPEN ENTWICKELN SICH

Die Grundpersönlichkeit eines Hundes steht schon früh fest. Doch Erziehung und Führung tragen nicht nur bei Welpen viel dazu bei, wie sich das im Verhalten und in der Entwicklung äußert. Wird ein schüchterner Hund nur verhätschelt und bekommt keinen Rahmen vorgegeben, kann er genau wie jeder andere Vierbeiner mit falscher Erziehung und Führung anstrengend, aufsässig und sogar aggressiv werden. Und die richtige Anleitung kann aus einem wilden Draufgänger einen angenehmen, kooperativen Gefährten machen. Das Zusammenleben mit Hund kann so einfach sein, wenn Sie den passenden wählen.

CHECKLISTE

Gut ausgesucht

Lassen Sie sich Zeit bei der Auswahl Ihres neuen Welpen, es ist eine Entscheidung für viele Jahre.

- ○ Der Züchter ist sympathisch, hat nichts zu verbergen, berät kompetent und interessiert sich für Ihre Lebensverhältnisse.
- ○ Er drängt Sie nicht zum Kauf.
- ○ Die Unterbringung der Hunde und das Grundstück sind sauber und gepflegt und bieten den Hunden Abwechslung.
- ○ Alle seine Hunde sind gepflegt und fit.
- ○ Sie können alle notwendigen Gesundheitszeugnisse und Zuchtzulassungen der Elterntiere und das Wurfabnahmeprotokoll des Zuchtwarts einsehen.
- ○ Sie können Mutter und Wurf sehen.
- ○ Die Welpen werden frühestens mit acht Wochen abgegeben.
- ○ Die Welpen sind entwurmt und bei der Abgabe tierärztlich untersucht, geimpft und mit Mikrochip gekennzeichnet.
- ○ Die Kleinen sind munter und gesund. Keiner zeigt z. B. einen verklebten After, einen aufgetriebenen Bauch oder lahmt.
- ○ Die Welpen sind lebhaft, verspielt und an ihrer Umgebung interessiert.
- ○ Die Welpen nehmen freudig und offen Kontakt zu Ihnen auf und gehen gerne auf Ihre Spielaufforderung ein.

Interview

Einen Hund aussuchen

Einen Hund auszusuchen, ist eine Entscheidung, die Ihr Leben für viele Jahre beeinflussen wird. Der Verhaltensforscher Dr. Udo Gansloßer gibt Antworten auf wichtige Fragen und Praxistipps.

PD DR. UDO GANSLOSSER, ZOOLOGE

Udo Gansloßer ist Privatdozent für Zoologie an der Universität Greifswald, Lehrbeauftragter der Universität Jena, Mitglied der Europäischen Zoo Assoziation EAZA und betreut Forschungsprojekte über Wild- und Haushunde vor allem zu Fragen rund um Sozialbeziehungen und soziale Mechanismen. Er berät Zoos, hält Seminare vorwiegend über Verhaltensbiologie, hat mit »Einzelfelle« eine verhaltensmedizinische Beratung für Hundehalter und ist Autor vieler Bücher und Zeitschriftenartikel.

Gibt es Rassen, die sich besonders für Familien mit Kindern empfehlen?

UDO GANSLOSSER: Ein Hund ist nicht wegen seiner Rasse kinderfreundlich, dieses Verhalten wird nicht vererbt. Wichtiger als die Rasse ist die Sozialisation, der Hund sollte stresstolerant sein. Workaholic-Hütehunde hüten oft die Familie, ausgesprochene Hof- oder Herdenschutz-Wachrassen sind sehr oft territorial, was bei Kinderbesuch etc. problematisch werden kann.

Wie stark beeinflusst das Verhalten der Mutterhündin die Welpen?

UDO GANSLOSSER: Die Mutter beeinflusst schon durch ihr Verhalten, ihre Stressresistenz oder -anfälligkeit vorgeburtlich das Verhalten der Welpen durch Hormone im Mutterleib. Nach der Geburt wirkt sich ruhiges, souveränes mütterliches Verhalten ebenfalls verhaltensstabilisierend auf die Welpen aus. Später lernen die Welpen sehr viel durch Beobachtung der Mutter, deren Stimmung beeinflusst die Emotionen der Welpen etc. Eine gute und souveräne Mutterhündin ist daher Gold wert.

Ist es sinnvoll, wenn sich Familien den aktivsten Welpen des Wurfs aussuchen?

UDO GANSLOSSER: Nein, besser einen, der weitgehend vom Besuch unbekümmert viel und intensiv mit seinen Geschwistern spielt.

Jeder Welpe ist süß. Bei der Auswahl sollte auch die Persönlichkeit des Kleinen eine Rolle spielen. Hundekinder, die viel spielen, sind gesellige und anpassungsfähige Typen.

Haben Sie einen Tipp, worauf ein Hundekäufer bei einem Züchter achten sollte?

UDO GANSLOSSER: Vieles wurde im Buch schon genannt. Der Züchter sollte die Rücknahme im Fall einer Krisensituation anbieten. Am besten ist es, wenn man Gelegenheit hat, den Züchter bei einem Treffen mit ehemaligen Welpen zu sehen – wie freudig und positiv fällt die Begrüßung aus?

Worauf muss ein Anfänger bei einem Hund aus dem Tierschutz achten?

UDO GANSLOSSER: Gerade bei Hunden mit Migrationshintergrund sind Herkunftsland, Ursache des Imports etc. von großer Bedeutung. Ein »Straßenhund« hat ganz andere Probleme als ein im dortigen Tierheim aufgefundener Hund, der Scheidungswaise ist oder vom Jäger oder Schäfer wegen mangelnder Tauglichkeit abgegeben wurde. Ehemalige Laborhunde sind bei vielen Rassen eine gute Alternative: Man tut etwas für den Tierschutz und bekommt doch Tiere mit planbaren Rasseeigenschaften, vollständiger Dokumentation, medizinischer Unbedenklichkeit und meistens auch guter Hunde- und Menschenverträglichkeit.

Ändert sich das Verhalten eines Tierschutzhundes im neuen Zuhause?

UDO GANSLOSSER: Hormon- und Stresssystem passen sich erst im Lauf einiger Wochen an, daher beschreiben viele Halter/-innen erstmals auftretende Probleme nach etwa drei bis vier Wochen. Auch die territoriale Ortsbindung entsteht erst in dieser Zeit oder noch später. Bis sich soziale Beziehungen stabil ausbilden, kann es etliche Monate dauern, bei Hunden mit sehr problematischer Vergangenheit noch länger.

Hunderassen im Überblick

Weltweit gibt es Hunderte von Hunderassen. Dadurch haben Sie die Auswahl zwischen vielen verschiedenen Hundetypen, andererseits die Qual der Wahl. Lassen Sie sich Zeit bei der Entscheidung und informieren Sie sich gründlich.

Natürlich fällt Ihr Blick zuerst auf das Äußere eines Hundes, und ganz schnell ist klar, ob er Ihnen gefällt oder nicht. Das muss auch so sein, schließlich ist es wichtig, dass Sie sich zu dem Hund hingezogen fühlen.

Noch viel wichtiger sind aber die inneren Werte: rassetypische und individuelle Eigenschaften und Verhaltensweisen. Entsprechend dem ursprünglichen Job werden jeder Rasse Veranlagungen zugeschrieben, die Grundlagen für die Bedürfnisse und das Verhalten der ihr zugehörigen Vierbeiner sind. Je besser Sie sich darüber schlaumachen und die Informationen mit dem abgleichen, was Sie bieten können, desto harmonischer wird das Zusammenleben. Fragen Sie sich bei der Entscheidung für eine Rasse oder einen Hundetyp nicht nur, was der Hund Ihnen bieten kann, sondern auch, was Sie für den Vierbeiner tun können.

Der richtige Partner

Vom reinen Arbeitshund zum Familienmitglied war es ein langer Weg. Durch Selektion auf bestimmte Eigenschaften entstanden Vierbeiner, die Spezialisten auf ihrem Gebiet sind. Viele Hunde haben auch heute noch Jobs und beweisen täglich, zu welchen Leistungen sie fähig sind. Doch in jedem Vierbeiner schlummert noch mehr oder weniger ausgeprägt sein altes Erbe. Allein bei der Fédération Cynologique Internationale (FCI, ▸ Seite 273) sind über 340 Rassen registriert. Zählt man noch die Rassen ohne offizielle Anerkennung dazu, gibt es über 400. Und welche davon ist nun die richtige Rasse für Sie?

GIBT ES DIE RICHTIGE RASSE?

Jede Rasse ist richtig, es gibt keine falschen. Es gibt aber Hunde am falschen Platz. Damit ein Hund sich von seiner besten Seite zeigen kann, braucht er Menschen und ein Umfeld, die seinen Veranlagungen und seiner Persönlichkeit gerecht werden. Spezielle Rassen haben auch spezielle Anforderungen.

- Gesellschaftshunde sind in der Regel unkomplizierte Vierbeiner. Viele sind seit Jahrhunderten darauf gezüchtet, dem Menschen ein angenehmer Begleiter zu sein.
- Nur weil ein Hund klein ist, heißt das noch nicht, dass er anspruchslos und einfach zu führen ist. Bestes Beispiel sind die häufig unterschätzten Terrier. Auch hier kommt es auf die Rasse und die ursprüngliche Verwendung an.
- Rassen mit Schutzverhalten, oft auch als »Schutztrieb« bezeichnet, müssen konsequent erzogen und sicher geführt werden. Manche sind dazu sehr sensibel – Hunde für echte Spezialisten.
- Bei vielen Jagdhunden sind die Jagdpassion und der Arbeitswille so hoch ausgeprägt, dass nicht nur die passende Beschäftigung kaum zu leisten ist, sondern auch sicherer Freilauf beim Spaziergang unmöglich sein kann.
- Ein leistungsstarker Hütehund ist dazu gezüchtet, täglich stundenlang in Bewegung zu sein. Dabei ist auch sein Grips gefordert, um die Herde in Eigeninitiative zu lenken oder die Signale seines Menschen punktgenau umzusetzen. Spaziergänge und zwei- oder dreimal die Woche Sport zu treiben, lasten ihn nicht aus.
- Je engagierter eine Rasse beim Bewachen des Grundstücks ist (territorial), desto leichter gibt es Ärger mit Artgenossen aus der Nachbarschaft.
- Viele der ursprünglichen Rassen oder solche, die eher selbstständig arbeiten, haben oft ganz eigene Vorstellungen davon, was gerade zu tun ist. Sie treffen eigenständig Entscheidungen und sind bei der Erziehung sehr anspruchsvoll.

INFO

Augen auf bei Modehunden, Extremen und Vierbeinern zu Schnäppchenpreisen

- ➔ Achten Sie besonders bei Moderassen darauf, einen wirklich guten Züchter zu finden.
- ➔ Jedes Merkmal, das auffällig vom Durchschnitt einer Rasse abweicht, wie übermäßige Falten, überzogen runde Köpfe, superflache Nasen, extreme Größe oder Superzwerg, steigert die Krankheitsanfälligkeit.
- ➔ Kaufen Sie keinen Hund, der zum Beispiel als exotisch, extravagante Mischung, riesig, mini (Teacup-Hunde), direkt als Weihnachtsgeschenk oder als Schnäppchen angeboten wird.
- ➔ Gute Züchter verhökern ihre Hunde nicht zu Spottpreisen, informieren sachlich und wollen, dass sie zu den passenden Menschen kommen.

Von Arbeits- und Familienhunden

Unterschiede zeigen sich nicht nur zwischen den Rassen, sondern auch bei verschiedenen Zuchtlinien innerhalb einer Rasse. Biologisch gesehen ist der genetische Spielraum innerhalb einer Rasse nicht sehr groß, praktisch gesehen haben aber auch kleine Unterschiede große Auswirkungen.

FAMILIENSACHE

Bei mehreren Rassen gibt es »Showlinien« und »Arbeitslinien«. Achten Sie bei der Hundewahl nicht nur auf die Rasse, sondern genauso auf die Eigenschaften, auf die seine Vorfahren – seine Zuchtlinie – selektiert wurden. So können Sie Ansprüche besser abschätzen. Gerade Anfänger sollten den Züchter in Begleitung eines Hundetrainers besuchen. Er weiß, worauf es zu achten gilt.
Arbeitslinien. Hunde aus Linien, die seit Generationen auf maximale Arbeitsleistung selektiert werden, zeigen diese Veranlagung in der Regel entsprechend ausgeprägt. Als reine Familienhunde sind sie oft ungeeignet, da sie ausdauernd arbeiten müssen, um ausgeglichen zu sein. Ihr rassetypisches Verhalten kann derart ausgeprägt sein, dass ihre Haltung spezialisierte Kenntnisse oder überdurchschnittliche Führungsqualitäten benötigt. Sogar Hunde, die wegen mangelhafter Leistung für ihren Job ungeeignet sind, haben meist überdurchschnittlich hohe Ansprüche.
Showlinien. Wurden die Hunde der Zuchtlinie ausschließlich nach äußeren Merkmalen und Erfolgschancen auf Ausstellungen ausgewählt, zeigt sich die Arbeitsleistung meist weniger ausgeprägt. Durch diese Selektion können aber auch zum Beispiel Stress- und Angstanfälligkeit zunehmen – und Trainierbarkeit und Neugier abnehmen. Hunde aus reinen Showlinien sind also nicht zwangsläufig bessere Familienhunde. Auch bei ihnen kann es Ausnahmetalente geben, die denen aus Arbeitslinien in nichts nachstehen. Alle Hunde wollen entsprechend ihrer Veranlagung arbeiten, die einen mehr, die anderen weniger.
Familienhunde. Der Idealfall: Gibt ein Züchter Hunde als Familienhunde ab, muss er seine Zuchttiere nach familientauglichem Verhalten auswählen – und nicht nur nach Leistung oder Schönheit. Und er sorgt durch die Aufzucht für beste Voraussetzungen.

RASSEPORTRÄTS

Die FCI teilt die Rassen entsprechend ihrer ursprünglichen Verwendung in zehn Gruppen ein. Auf den folgenden Seiten finden Sie zu jeder Gruppe einige beispielhafte Rassen mit Angaben zu Größe, Gewicht, Historie, typischen Eigenschaften und Verhaltenstendenzen.
Bei fast jeder Rasse gibt es Krankheiten, die gehäuft vorkommen. Das heißt nicht, dass jeder Hund erkrankt: Ein guter Züchter setzt alles daran, dass seine Hunde möglichst gesund sind. In den Porträts sind diese Krankheiten teilweise mit Abkürzungen aufgeführt. Die Beschreibungen stehen ab Seite 178 (MDR1-Defekt, ▸ Seite 275).
Viele der Hunde eignen sich auch für Einsteiger in die Hundehaltung, andere brauchen Menschen mit Erfahrung und überdurchschnittlichem Engagement. Wenn Sie bei einer Eigenschaft ins Grübeln kommen, ob Sie dieser gerecht werden können, ist wahrscheinlich eine andere Rasse die bessere Wahl – für ein entspannteres Miteinander.

Für welche Aufgabe wurde eine Rasse gezüchtet? Die rassetypische Veranlagung eines Hundes wird oft unterschätzt und führt dann später zu Problemen. Rechtzeitiges Informieren beugt Problemen vor.

Hüte- und Treibhunde

Die Herde zusammenhalten, lenken und bewachen – dies sind die Jobs der meisten Hunde dieser Gruppe. Alle sind Helfer der Hirten, doch die verschiedenen Aufgaben erfordern auch unterschiedliche Vierbeiner.

Zu den Hüte- und Schäferhunden zählen die Koppelgebrauchshunde, die Schafe von einer Weide zur nächsten treiben. Die klassischen Schäferhunde begleiten den Schäfer auf seiner Wanderung und achten durch Patrouillieren an der Herde darauf, dass die Schafe nicht auf verbotenen Flächen grasen. Treibhunde treiben das Vieh über lange Strecken zum Zielort. Sie arbeiten oft mit Rindern, die sie beim Treiben in die Fesseln kneifen, und sind dabei nicht zimperlich. Schäfer- und Hütehunde lernen leicht und reagieren auf feinste Signale. Genau wie Treibhunde zeigen manche Schutzverhalten. Ihnen sind eine große Arbeitsfreude und Ausdauer gemein – sie benötigen viel Beschäftigung. Nicht alle eignen sich als reine Familienhunde. Herdenschutzhunde bewachen das Vieh eigenständig. Allein ihre Präsenz hält Raubtiere meist fern. Sie sind unabhängig und nicht leicht zu führen. Ihre Haltung setzt besondere Kenntnisse und das passende Umfeld voraus.

AUSTRALIAN SHEPHERD

- **Größe:** Ideal Rüde 51–58 cm, Hündin 46–53 cm.
- **Gewicht:** 15–30 kg.
- **Fell:** Mittellang, üppig, wetterfest. Bluemerle, redmerle, schwarz, rot, auch weiße und/oder kupferfarbene Abzeichen.
- **Historie:** Trotz seines Namens ist er in Amerika aus den Hunden eingewanderter Schafzüchter entstanden. Koppelgebrauchshund. Zunehmend als Familienhund beliebt.
- **Charakter und Eigenschaften:** Familienorientiert, wachsam, Schutzverhalten. Manche hüten alles, von Kindern bis Autos, und kneifen dabei. Sehr temperamentvoll, aktiv und intelligent. Nicht ausgelastet, kann es Probleme geben.
- **Gesundheit:** Augen- und Schilddrüsenerkrankungen, ED, HD, Epilepsie, MDR1-Defekt, Taubheit bei merlefarbigen.
- **Lebenserwartung:** 12 Jahre und mehr.
- **Besonderheiten:** Natürliche Stummelrute ist möglich.
- **Geeignet für:** Sportliche Menschen, die Grenzen setzen und ihn richtig auslasten können, z. B. im Hundesport.

BERGER DE BRIE (BRIARD)

› **Größe:** Rüde 62–68 cm, Hündin 56–64 cm.

› **Gewicht:** 25–30 kg.

› **Fell:** Deckhaar lang und gedreht (Ziegenhaarstruktur), leichte Unterwolle. Schwarz, grau, fauve, ohne weiße Abzeichen. Pflegeintensiv.

› **Historie:** Eine alte Schäferhundrasse aus Frankreich, die die Schafherden bewachte und durch Umkreisen zusammenhielt. In den Weltkriegen als Meldehund eingesetzt, auch Wach- und Polizeihund.

› **Charakter und Eigenschaften:** Sehr agil und arbeitsfreudig. Hat Schutzverhalten, ist wachsam, bei Fremden misstrauisch, »behütet« seine Familie. Konsequente Erziehung und sorgsame Sozialisierung sind unerlässlich. Braucht viel Beschäftigung, etwa im Hundesport oder als Rettungshund. Bei richtiger Haltung ein treuer Gefährte.

› **Gesundheit:** Verletzung der Afterkrallen, selten HD, Magendrehung.

› **Lebenserwartung:** Ca. 10 Jahre.

› **Besonderheiten:** Er hat an den Hinterläufen doppelte Afterkrallen.

› **Geeignet für:** Durchsetzungsfähige, einfühlsame und aktive Menschen, die diesen stattlichen Vierbeiner sicher führen können.

BEARDED COLLIE

› **Größe:** Ideal Rüde 53–56 cm, Hündin 51–53 cm.

› **Gewicht:** Rüde 23–27 kg, Hündin 18–22 kg.

› **Fell:** Lang, üppig. Hartes Deckhaar, pelzige, dichte Unterwolle. Schiefergrau, rehfarben, schwarz, blau, grau, braun, sandfarben, auch mit weißen Abzeichen. Pflegeintensiv.

› **Historie:** Vielseitige, zottige Hüte- und Treibhunde des schottischen Hochlands, die im weitläufigen Gelände selbstständig Schafe und Rinder sammelten und nach Hause trieben. Heute ist er beliebter Familien- und Ausstellungshund.

› **Charakter und Eigenschaften:** Freundlicher, fröhlicher Hund, am liebsten immer dabei. Wachsam und bellfreudig. Lebhaft und sehr bewegungsfreudig. Sensibel.

› **Gesundheit:** Robust. Selten Augen- und Ohrenprobleme.

› **Lebenserwartung:** 13 Jahre und mehr.

› **Besonderheiten:** Neigt zu Geräuschempfindlichkeit.

› **Geeignet für:** Sportliche und aktive Menschen, die ihn einfühlsam und konsequent erziehen, auch für Anfänger.

BORDER COLLIE

› **Größe:** Ideal Rüde 53 cm, Hündin weniger.

› **Gewicht:** 15–20 kg.

› **Fell:** Mäßig lang oder Stockhaar. Wetterfest. Dichtes Deckhaar, weiche, dichte Unterwolle. Es ist eine Vielfalt an Farben erlaubt, jedoch sollte Weiß nicht vorherrschen. Regelmäßig bürsten. Mittlerer Pflegeaufwand.

› **Historie:** Obwohl der Border Collie erst seit relativ kurzer Zeit offiziell als Rasse anerkannt ist, finden sich bereits aus dem Mittelalter Beschreibungen von Hunden, die mit der für ihn typischen Art hüteten. Entstanden in England an der Grenze zu Schottland, ist er ein Koppelgebrauchshund, der auch selbstständig arbeitet und das Vieh zuverlässig hütet und treibt.

› **Charakter und Eigenschaften:** Das Hütetalent ist dem Border Collie angeboren. Typisch für ihn ist die geduckte Haltung und das Anstarren (das »Eye«) der zu hütenden Tiere, um sie zu lenken. Er braucht eine anspruchsvolle Aufgabe, ist voller Energie, ausdauernd und lernt bemerkenswert schnell, ein Arbeitstier! Ausgelastet ist er ein leichtführiger und liebenswerter Hund, der es seinen Menschen recht machen möchte. Ohne ausreichende Beschäftigung wird er hektisch, nervös, sogar aggressiv und treibt zusammen, was ihm vor die Füße kommt. Verhaltensstörungen sind dann vorprogrammiert. Als reiner Familienhund eignet er sich nicht. Sein Arbeitseifer wird immer wieder unterschätzt, selbst im Hundesport findet er nur selten den Ausgleich, den er benötigt. Hüteseminare zur Freizeitbeschäftigung von Familienhunden sind tierschutzwidrig, da die Schafe dabei leiden.

› **Gesundheit:** HD, PPA, MDR1-Defekt, Epilepsie.

› **Lebenserwartung:** 10 Jahre und mehr.

› **Besonderheiten:** Der Border Collie ist eine der Rassen mit der höchsten Arbeitsintelligenz.

› **Geeignet für:** Sehr sportliche und aktive Menschen, die diesen Hund sicher führen und ihm die anspruchsvolle Beschäftigung in dem Rahmen bieten, den er benötigt. Kein Hund für Anfänger, sondern nur für erfahrene und überdurchschnittlich engagierte Hundefreunde.

DEUTSCHER SCHÄFERHUND

› **Größe:** Rüde 60–65 cm, Hündin 55–60 cm.
› **Gewicht:** Rüde 30–40 kg, Hündin 22–32 kg.
› **Fell:** Stock- und Langstockhaar, jeweils mit Unterwolle. Schwarz mit rotbraunen, braunen, gelben bis hellgrauen Abzeichen, einfarbig schwarz, grau mit dunkler Wolkung, schwarzem Sattel und Maske.
› **Historie:** Rittmeister Max von Stephanitz züchtete aus verschiedenen deutschen Hütehundschlägen den Urahn der heutigen Deutschen Schäferhunde und war 1899 Mitbegründer des ersten Rassevereins.
› **Charakter und Eigenschaften:** Treu, lernbegierig, arbeitsfreudig, temperamentvoll, starkes Schutzverhalten. Vielseitig einsetzbar, etwa als Hüte-, Begleit-, Wach-, Schutz-, Dienst- oder Rettungshund.
› **Gesundheit:** Gelenk-, Wirbelsäulen-, Bauchspeicheldrüsen-, Augenerkrankungen, Allergien, Polyneuropathie, MDR1-Defekt, Magendrehung.
› **Lebenserwartung:** Aus gesunder Zucht 12 Jahre und mehr.
› **Besonderheiten:** Beim Kauf auf nachweislich gesunde Zucht achten.
› **Geeignet für:** Erfahrene, einfühlsame, konsequente und sportliche Menschen, die ihn genug beschäftigen und sicher führen können.

SHETLAND SHEEPDOG (SHELTIE)

› **Größe:** Ideal Rüde 37 +/– 2,5 cm, Hündin 35,5 +/– 2,5 cm.
› **Gewicht:** Rüde ca. 9 kg, Hündin ca. 6,5 kg.
› **Fell:** Langes, hartes Deckhaar, dichte, weiche Unterwolle. Zobelfarben, tricolour, bluemerle, schwarz-weiß, schwarz-loh.
› **Historie:** Der Sheltie stammt von Hüte- und Bauernhunden der Shetland-Inseln ab, vermutlich wurden Zwergspaniels und andere Kleinrassen eingezüchtet.
› **Charakter und Eigenschaften:** Anhänglicher, freundlicher und fröhlicher Hund. Fremden Menschen gegenüber erst zurückhaltend. Wachsam und bellfreudig. Sensibel, lernt leicht und schnell bei einfühlsamer Erziehung ohne Härte. Quirlig und aktiv, braucht viel Beschäftigung, z. B. Hundesport.
› **Gesundheit:** Augenerkrankungen, MDR1-Defekt, Epilepsie.
› **Lebenserwartung:** 12 Jahre und mehr.
› **Besonderheiten:** Eine der beliebtesten Rassen in den USA.
› **Geeignet für:** Sportliche Menschen, die ihn feinfühlig erziehen. Guter Anfängerhund. Nicht für Hektiker geeignet.

Pinscher und Molosser

Zu dieser Gruppe gehören neben Pinschern und Molossern auch die Schnauzer und Schweizer Sennenhunde. Sie vereinigt viele Hunderassen, deren Job früher das Bewachen und Beschützen war.

So zählt der Dobermann mit seinen ausgeprägten Schutzhundeigenschaften zu den Pinschern – die Ähnlichkeit ist nicht zu übersehen.
Bei den Molossern finden sich überwiegend die großen und kräftigen Hunde. So bringt der aus Großbritannien stammende Mastiff bis zu 90 Kilogramm auf die Waage und der Rottweiler bis zu 50 Kilogramm. Molosser wirken schon allein durch ihre stattliche Erscheinung einschüchternd, und manche in dieser Sektion geführten Hunde gelten in einigen Bundesländern als potenziell gefährlich. Zu den sogenannten Berghunden zählen unter anderem Neufundländer, Bernhardiner, der Hovawart als klassischer Hofwächter und einige Herdenschutzhunde wie Pyrenäen-Berghund und Kaukasischer Owtscharka.
Die Schweizer Sennenhunde hatten die Aufgabe, Hof und Tiere zu bewachen, zudem trieben sie das Vieh auf die Weiden und zogen Karren. Fast ausgestorben, erleben sie heute eine Renaissance.

BERNER SENNENHUND

› **Größe:** Rüde 64–70 cm, Hündin 58–66 cm.
› **Gewicht:** 36–48 kg.
› **Fell:** Lang und glänzend, schlicht oder leicht gewellt. Schwarz mit braunrotem Brand und weißen Abzeichen.
› **Historie:** Gehört zu den alten Bauernhunden der Schweiz, die früher als Wach- und Treibhunde arbeiteten und die Milchkarren zogen. Heute ein beliebter Begleithund.
› **Charakter und Eigenschaften:** Wachsamer, kräftiger und eigenständiger Hund. Bei seinen Menschen anhänglich. Braucht einfühlsame und konsequente Erziehung, dann ist er freundlich und gutmütig. Gute Sozialisierung ist wichtig.
› **Gesundheit:** HD, ED, PRA, Maligne Histiozytose (Krebs), Magendrehung, ist hitzeempfindlich.
› **Lebenserwartung:** Aus gesunder Zucht 8 Jahre und mehr.
› **Besonderheiten:** Für Hundesport weniger geeignet.
› **Geeignet für:** Hundeerfahrene und souveräne Menschen, möglichst mit Haus und Garten, die gerne spazieren gehen.

DEUTSCHE DOGGE

› **Größe:** Rüde mindestens 80 cm, Hündin mindestens 72 cm.
› **Gewicht:** 50–90 kg.
› **Fell:** Kurz, dicht und glatt. Gelb, gestromt, schwarz-weiß gefleckt, schwarz, blau. Pflegeleicht.
› **Historie:** Bereits die Germanen jagten mit doggenähnlichen Hunden Wildschweine, später war dies dem Adel vorbehalten. Im 19. Jh. war die Dogge beliebt bei reichen Bürgern. Der erste Standard entstand 1880.
› **Charakter und Eigenschaften:** Aus guter Zucht ruhig, gelassen, sanft, freundlich, menschenbezogen. Feinfühlig, aber durchaus eigensinnig, was eine einfühlsame, bei einem Hund dieser Größe aber konsequente Erziehung erfordert. Durchschnittliches Bewegungsbedürfnis.
› **Gesundheit:** Herz-, Knochen-, Gelenk-, Augen- und Hauterkrankungen, Magendrehung.
› **Lebenserwartung:** Aus gesunder Zucht 8 Jahre und mehr.
› **Besonderheiten:** Angepasste Ernährung und Bewegung im Wachstum.
› **Geeignet für:** Souveräne Menschen mit Haus und Garten, die diesen Riesen sicher und souverän führen können. Nicht für Anfänger.

DEUTSCHER BOXER

› **Größe:** Rüde 57–63 cm, Hündin 53–59 cm.
› **Gewicht:** Rüde über 30 kg, Hündin bis 25 kg.
› **Fell:** Kurz, hart, anliegend. Gelb oder gestromt, schwarze Maske, auch mit weißen Abzeichen. Pflegeleicht.
› **Historie:** Stammt von Bullenbeißern ab, die das von Hetzhunden getriebene Wild mit ihrem breiten Maul packten und festhielten, bis der Jäger kam; später auch Helfer der Metzger beim Viehtreiben. Erster Rassestandard von 1904.
› **Charakter und Eigenschaften:** Kräftig, lebhaft, verspielt, lernfreudig, loyal, liebt seine Menschen. Braucht feinfühlige, konsequente Erziehung und Auslastung, z. B. Hundesport.
› **Gesundheit:** Tumoren, Spondylose, Gelenk- und Augenerkrankungen, Magendrehung.
› **Lebenserwartung:** Aus gesunder Zucht 8 Jahre und mehr.
› **Besonderheiten:** Seit 1924 anerkannte Diensthunderasse.
› **Geeignet für:** Souveräne, sportliche Menschen, die körperliche und mentale Stärke für diesen kräftigen Hund haben.

ZWERGSCHNAUZER, SCHNAUZER, RIESENSCHNAUZER

› **Größe Zwergschnauzer (ZS):** 30–35 cm (Foto rechts).
› **Gewicht Zwergschnauzer:** 4–8 kg.
› **Größe Schnauzer:** 45–50 cm (Foto links).
› **Gewicht Schnauzer:** 14–20 kg.
› **Größe Riesenschnauzer (RS):** 60–70 cm.
› **Gewicht Riesenschnauzer:** 35–47 kg.
› **Fell:** Drahtig, hart und dicht. Deckhaar mit Unterwolle. Schwarz, Pfeffer und Salz, Zwergschnauzer auch schwarz-silber und weiß. Wird dreimal pro Jahr getrimmt.
› **Historie:** Noch bei der Gründung des Pinscher-Schnauzer-Klubs 1895 wurde der Schnauzer als »rauhaariger Pinscher« bezeichnet. Vorwiegend im Süddeutschen wurde er früher in Pferdeställen gehalten, wo er sich als Wachhund, Ratten- und Mäusefänger bewies und Begleiter der Fuhrleute war. Die kleine Variante gibt es schon lange, früher als »rauhaariger Zwergpinscher« bezeichnet. Der Ursprung liegt vermutlich im Frankfurter Raum. Der Riesenschnauzer war einst Treiber der Viehherden im süddeutschen Raum. Wegen seiner Schutzhundeigenschaften wurde er 1925 als Diensthund anerkannt.
› **Charakter und Eigenschaften:** Schneidig, mutig, unerschrocken und wachsam. Er liebt seine Familie und braucht engen Kontakt. Obwohl lebhaft und unternehmungslustig, kann er auch ruhig sein. Lernfreudig und loyal, manchmal aber auch ein bisschen eigenwillig. Riesenschnauzer besitzen starkes Schutzverhalten.
› **Gesundheit:** ZS: Augen-, Harnblasenprobleme, Patellaluxation, Kongenitale Myotonie (Muskelstörung). Schnauzer: PRA, Herzprobleme. RS: Knochen- und Gelenkerkrankungen.
› **Lebenserwartung:** Schnauzer und ZS 14 Jahre und mehr, Riesenschnauzer 12 Jahre.
› **Besonderheiten:** Riesenschnauzer sind beschäftigungsintensiv, ideal ist z. B. Hundesport.
› **Geeignet für:** Durchsetzungsfähige Menschen, die starke Hundepersönlichkeiten schätzen und ausreichend Beschäftigung bieten. Ausgelastet, kann sich der Zwergschnauzer auch in einer Etagenwohnung wohlfühlen.

DOBERMANN

› **Größe:** Rüde 68–72 cm, Hündin 63–68 cm.
› **Gewicht:** Rüde 40–45 kg, Hündin 32–35 kg.
› **Fell:** Kurz, ohne Unterwolle. Schwarz oder braun mit rostrotem Brand.
› **Historie:** Gezüchtet vom Steuereintreiber Friedrich Louis Dobermann im 19. Jh. aus verschiedenen Hunden mit starkem Schutzverhalten. Verwendung zur Jagd auf Raubwild, als Hüte- und Polizeihund.
› **Charakter und Eigenschaften:** Hochsensibel, lernfreudig, starkes Schutz- und teils Jagdverhalten. Aus schlechter Zucht oft nervös. Gewaltfreie, feinfühlige, aber äußerst konsequente Erziehung. Temperamentvoll, vielseitig einsetzbar, z. B. Obedience. Braucht Auslastung.
› **Gesundheit:** HD, Spondylose, Herzerkrankungen, Wobbler-Syndrom (Bewegungs- und Koordinationsstörung), Magendrehung.
› **Lebenserwartung:** Aus gesunder Zucht 10 Jahre und mehr.
› **Besonderheiten:** In einigen Bundesländern als potenziell gefährlicher Hund eingestuft, dort besondere Anforderungen für die Haltung.
› **Geeignet für:** Erfahrene, sportliche, ruhige, konsequente Menschen, die Spaß an lebhaften und beschäftigungsintensiven Hunden haben.

NEUFUNDLÄNDER

› **Größe:** Rüde ca. 71 cm, Hündin ca. 66 cm.
› **Gewicht:** Rüde ca. 68 kg, Hündin ca. 54 kg.
› **Fell:** Wasserundurchlässiges Stockhaar, weiche, dichte Unterwolle. Schwarz, schwarz-weiß, braun. Intensive Pflege.
› **Historie:** Er stammt von der Insel Neufundland, wo er für die Fischer Boote, Netze und Karren zog und Menschen aus Seenot rettete. Kam im 19. Jh. mit Seefahrern nach Europa.
› **Charakter und Eigenschaften:** Freundlich, umgänglich, gemütlich, zuweilen dickköpfig. Menschenfreundlich, passt auf seine Familie auf. Ist gern im Freien und ausgesprochen wasserfreudig. Ein Hund dieser Größe muss sicher erzogen werden. Angepasste Ernährung und Bewegung im Wachstum.
› **Gesundheit:** Gelenk- und Herzerkrankungen, Magendrehung.
› **Lebenserwartung:** Ca. 10 Jahre.
› **Besonderheiten:** Hervorragender Wasserrettungshund.
› **Geeignet für:** Haus- und Gartenbesitzer, die die Möglichkeit zum Schwimmen bieten. Keine Reinlichkeitsfanatiker.

Terrier

Einst vorwiegend für die Jagd gezüchtet, sind die bis auf wenige Ausnahmen kleinen bis mittelgroßen Vierbeiner heute beliebte Begleithunde. Allerdings werden die quirligen Gesellen häufig unterschätzt.

Sie sind selbstbewusst und lassen sich nur selten den Schneid abkaufen. Gerne kommen sie als kleine Draufgänger daher, die einer guten Rauferei nicht aus dem Weg gehen. Dabei nehmen sie es durchaus auch mit größeren Artgenossen auf. Doch Terrier haben auch eine andere Seite und lieben es, nach einem spannenden Spaziergang mit ihren Menschen zu kuscheln, und sind diesen innig zugetan. Mit einem Terrier an seiner Seite kann ein Hundefreund sehr glücklich werden. Der Zweibeiner muss sich jedoch vorher im Klaren darüber sein, dass die meisten auch heute noch eine ordentliche Jagdpassion besitzen, eigensinnig sind und ihre Ziele ausdauernd und energisch verfolgen, so wie ihre frühere Aufgabe dies forderte. Um sich von ihrer guten Seite zu zeigen, brauchen die lebhaften Hunde die richtige Erziehung, viel Bewegung und Beschäftigung. Und damit sie sich mit Artgenossen gut verstehen, ist eine sorgsame Sozialisierung unerlässlich.

AIREDALE TERRIER

› **Größe:** Rüde 58–61 cm, Hündin 56–59 cm. Hochläufig.
› **Gewicht:** 22–30 kg.
› **Fell:** Drahtiges, dichtes Deckhaar mit Unterwolle. Lohfarben mit schwarzem oder grauem Fell auf Rücken, Nacken und Rute. Wird ca. alle 3 Monate getrimmt, pflegeleicht.
› **Historie:** Entstand im 19. Jh. in Yorkshire/England. Wurde ursprünglich für die Jagd auf Wassergeflügel eingesetzt, später als Gebrauchshund beim Militär und bei der Polizei.
› **Charakter und Eigenschaften:** Wachsam, unerschrocken und reaktionsschnell, Schutzverhalten. Lebhaft und bewegungsfreudig. In der Familie freundlich und aufgeweckt.
› **Gesundheit:** Robust. Muskelzittern, gelegentlich HD.
› **Lebenserwartung:** 12 Jahre und mehr.
› **Besonderheiten:** Geeignet für viele Beschäftigungsmöglichkeiten, von Hundesport bis zur Rettungshundearbeit.
› **Geeignet für:** Fortgeschrittene mit Führungsqualitäten, die ihn seinen Fähigkeiten entsprechend auslasten.

BORDER TERRIER

› **Größe:** 33–34 cm. Hochläufig.
› **Gewicht:** Rüde 5,9–7,1 kg, Hündin 5,1–6,4 kg.
› **Fell:** Harsches, dichtes Deckhaar, anliegende Unterwolle. Rot, weizenfarben, meliert und lohfarben, blau und lohfarben. Pflegeleicht. Abgestorbenes Haar muss regelmäßig ausgezupft werden.
› **Historie:** Gezüchtet im englisch-schottischen Grenzgebiet, begleitete er die Fuchsjagdmeute, um den Fuchs aus dem Bau zu treiben.
› **Charakter und Eigenschaften:** Seine Jagdleidenschaft (Raubzeugschärfe) muss gemanagt werden. Wachsam, mutig und robust. Lernt leicht und gern bei passender Erziehung. Lebhaft, schnell und quirlig. Er will gefordert werden und braucht eine Aufgabe. Wenig rauflustig, mit Artgenossen oft verträglich, in der Familie fröhlich und liebevoll.
› **Gesundheit:** Robust. Herzprobleme, HD, PRA.
› **Lebenserwartung:** 14 Jahre und mehr.
› **Besonderheiten:** Ist häufig Reitbegleithund, braucht viel Bewegung.
› **Geeignet für:** Konsequente Menschen, die ihn sicher führen, ihm Grenzen aufzeigen und ihn auslasten, dann auch für Anfänger.

CAIRN TERRIER

› **Größe:** 28–31 cm. Niederläufig.
› **Gewicht:** 6–7,5 kg.
› **Fell:** Wetterfest. Üppiges, harsches Deckhaar, dichte und weiche Unterwolle. Cremefarben, weizenfarben, rot, grau, fast schwarz. Pflegeleicht, regelmäßig bürsten und zupfen.
› **Historie:** Stammt von alten schottischen Jagdterriern ab. Sein Name bezieht sich auf das gälische Wort für Steinhaufen. Seine Aufgabe war es, die sich in Steinhaufen verbergenden Füchse, Dachse und Otter zu jagen und zu töten.
› **Charakter und Eigenschaften:** Selbstständig, mutig und wachsam. Lebhaft, aber nicht hektisch. Lernt bei konsequenter Erziehung gern und schnell. Treu und anhänglich.
› **Gesundheit:** Augenerkrankungen.
› **Lebenserwartung:** 13 Jahre und mehr.
› **Besonderheiten:** Wurde früher als Meutehund eingesetzt.
› **Geeignet für:** Menschen, die ihn sicher führen, ihm Grenzen aufzeigen und ihn auslasten, dann auch für Anfänger.

JACK RUSSELL TERRIER & PARSON RUSSELL TERRIER

› **Größe JRT:** Ideal 25–30 cm (Foto links). Niederläufig.

› **Gewicht JRT:** 5–6 kg. Rechteckiger Körper.

› **Fell JRT:** Rau-, glatt- oder stichelhaarig. Vorherrschend weiß mit schwarzen und/oder lohfarbenen Abzeichen in allen Schattierungen. Wetterfest. Pflegeleicht. Sollte nicht gezupft werden, damit es rau- oder stichelhaarig wirkt.

› **Größe PRT:** Ideal Rüde 36 cm, Hündin 33 cm (Foto rechts). Hochläufig.

› **Gewicht PRT:** 4–7 kg. Körper quadratisch.

› **Fell PRT:** Rau- oder glatthaarig. Deckhaar harsch und dicht, gute Unterwolle. Ganz weiß oder vorwiegend weiß mit lohfarbenen, gelben oder schwarzen Abzeichen oder einer Kombination dieser Farben. Wetterfest. Pflegeleicht. Rauhaarige PRT werden getrimmt.

› **Historie:** Mitte des 19. Jh. züchtete der englische Reverend und Jäger John (Jack) Russell aus Foxterriern eine neue Arbeitslinie weißbunter Terrier. Ihre Aufgabe war es, bei der Fuchsjagd mit den Foxhoundmeuten zu laufen und Füchse aus dem Bau zu sprengen, aber nicht zu töten. In dieser Linie kamen zwei im Körperbau unterschiedliche Typen vor, die später rein gezüchtet wurden. Der Parson Russell wurde 1990 als Rasse anerkannt, der Jack Russell im Jahr 2000.

› **Charakter und Eigenschaften:** Eigenständig, jagdlich passioniert, energisch, hartnäckig und draufgängerisch. Clever, aber nicht immer kooperativ. Quirlig und sehr bewegungsfreudig. Brauchen viel Beschäftigung, z. B. im jagdlichen Einsatz oder Hundesport. Viele Menschen unterliegen wegen der geringen Größe und des sympathischen Äußeren dem Irrtum, dass sie leicht zu erziehen sind, doch die Erziehung ist sehr anspruchsvoll. Gute Sozialisierung und konsequente Erziehung sind äußerst wichtig.

› **Gesundheit:** Augenerkrankungen, Taubheit.

› **Lebenserwartung:** 12 Jahre und mehr.

› **Besonderheiten:** Bei Reitern sehr beliebt.

› **Geeignet für:** Naturliebende, hundeerfahrene und aktive Menschen, die diesen Terriern Grenzen setzen und viel Beschäftigung bieten.

WEST HIGHLAND WHITE TERRIER

› Größe: Ca. 28 cm. Niederläufig.
› Gewicht: 7–9 kg.
› Fell: Harsches, ca. 5 cm langes Deckhaar, dichte Unterwolle. Weiß. Täglich bürsten wird empfohlen, zudem alle 8–12 Wochen trimmen.
› Historie: Gezüchtet aus schottischen Jagdterriern des 18. und 19. Jh. zur Jagd auf Fuchs, Dachs und Otter.
› Charakter und Eigenschaften: In der Familie charmant, liebevoll und fröhlich. Mutig, selbstbewusst und hartnäckig, oft jagdlich passioniert. Lernt leicht, braucht aber kompetente Erziehung, viel Bewegung und Beschäftigung. Gut erzogen, ein angenehmer Begleithund.
› Gesundheit: Patellaluxation, Allergien und Hautprobleme, Kiefermissbildungen, Lebererkrankungen.
› Lebenserwartung: 12–15 Jahre.
› Besonderheiten: Bei angemessener Bewegung ist auch die Haltung in einer Etagenwohnung möglich.
› Geeignet für: Menschen, die temperamentvolle Hundepersönlichkeiten schätzen, Grenzen und Beschäftigung bieten, auch Anfänger.

YORKSHIRE TERRIER

› Größe: Ca. 24 cm. Zwerg-Terrier.
› Gewicht: Bis 3,1 kg.
› Fell: Lang und seidig. Keine Unterwolle. Haart nicht. Dunkles Stahlblau mit hellem Tan. Intensive Fellpflege.
› Historie: Entstanden in der englischen Grafschaft Yorkshire, jagte der Zwerg früher in den Kohleminen Ratten. Heute ist er eher Begleit- und beliebter Ausstellungshund.
› Charakter und Eigenschaften: In ihm steckt ein echter Terrier, mutig, energisch und wachsam. Er ist verspielt, bewegungsfreudig und schätzt Schmuseeinheiten. Bekommt er genug Beschäftigung, reicht ihm auch eine Etagenwohnung.
› Gesundheit: Augenerkrankungen, Patella- und Ellenbogenluxation, Kollaps der Luftröhre, offene Schädeldecke.
› Lebenserwartung: 13 Jahre und mehr.
› Besonderheiten: Sozialisierung mit Artgenossen ist wichtig.
› Geeignet für: Menschen, die diesen Zwerg als Hund behandeln, ihn beschäftigen und erziehen, auch für Anfänger.

Dachshunde

Dackel, Teckel, Dachshund – drei Namen für den kleinen Vierbeiner mit der großen Persönlichkeit. Mit seinem legendären Dackelblick ist er ein echter Charmeur, der aber auch kernig zur Sache gehen kann.

Dackel gehen auf die kurzbeinigen Dachshunde (Tachs-Schlieffer oder Tachs-Krieger) des Mittelalters zurück. Diese aus Bracken gezüchteten und bis zum 18. Jh. noch uneinheitlichen Hunde wurden zur Baujagd auf Dachs, Fuchs und Kaninchen eingesetzt.
Der Kurzhaardackel ist der ursprüngliche Typ. Beim Langhaarteckel wurden Wachtelhunde, Spaniel und Setter eingekreuzt, beim rauhaarigen Dachshund Schnauzer und Terrier. Die kleineren Zwerg- und Kaninchenteckel entstanden schon frühzeitig durch die Einkreuzung von Pinschern. Entscheidend für die Größeneinteilung ist der Brustumfang. Die Rassekennzeichen wurden 1879 aufgestellt, die Gründung des Deutschen Teckelklubs erfolgte 1888. Heute gibt es neun Dackelrassen: jede Größe in jeweils drei Haararten. Als kleinste Jagdgebrauchshunde werden die Vierbeiner nach wie vor zur Jagd eingesetzt, sind aber auch als Familienhunde sehr beliebt.

DACKEL, TECKEL, DACHSHUND

› **Brustumfang:** Teckel (T) über 35 cm, Zwergteckel (ZW) über 30–35 cm, Kaninchenteckel (KT) bis 30 cm.
› **Gewicht:** T max. 10 kg, ZW bis ca. 5,5 kg, KT bis ca. 4 kg.
› **Fell:** Kurz-, lang- und rauhaarig (RT, Foto). Rot, rotgelb und gelb, schwarz oder braun mit rostbraunen oder gelben Abzeichen. Getigert und gestromt. RT auch saufarben und dürrlaubfarben. Pflegeleicht, RT ggf. regelmäßig trimmen.
› **Charakter und Eigenschaften:** Leidenschaftlicher Jäger und liebevoller Familienhund. Eigensinnig und energisch. Weiß, was er will. Gute Sozialisierung ist wichtig. Lernt bei einfühlsamer, konsequenter Erziehung leicht und schnell. Wachsam, vielseitig, lebenslustig und anpassungsfähig.
› **Gesundheit:** Rückenprobleme, Harnsteine, Epilepsie, PRA.
› **Lebenserwartung:** 15 Jahre und mehr.
› **Besonderheiten:** Freilauftraining gelingt nicht immer.
› **Geeignet für:** Menschen, die dieser Hundepersönlichkeit die notwendige Führung und Beschäftigung bieten können.

HUNDERASSEN VON A BIS F

Welcher Hund passt zu mir? Hier gibt es eine erste Übersicht. Haben Sie eine Rasse entdeckt, die Sie interessiert? Dann informieren Sie sich weiter bei Rassezuchtvereinen, Züchtern, Haltern dieser Rasse und bei Nothilfevereinen. Die Rassen von G bis Z finden Sie auf Seite 100.

RASSE	PORTRÄT auf Seite	HUNDEERFAHRUNG	AUSLAUF + AKTION	ERZIEHUNG	PFLEGE	HUNDESPORT	STADT
Afghanischer Windhund	108	•••	••	•••	•••	••	••
Airedale Terrier	86	•••	•••	••	••	•••	•
Australian Shepherd	78	••	•••	••	••	•••	•
Beagle	94	••	•••	•••	•	••	•
Bearded Collie	79	••	••	•	•••	•••	••
Berner Sennenhund	82	••	••	••	••	•	•
Bichon Frisé	102	•	••	•	••	••	•••
Border Collie	80	•••	•••	••	••	•••	•
Border Terrier	87	••	••	••	••	•••	••
Briard	79	•••	••	•••	•••	•••	•
Cairn Terrier	87	••	••	••	••	•	••
Cavalier King Charles Spaniel	103	•	••	•	••	•••	•••
Chesapeake Bay Retriever	99	•••	•••	•••	•	••	•
Chihuahua	103	•	•	••	•	••	•
Cocker Spaniel	101	•	••	••	••	••	••
Dachshund	90	••	••	•••	•	•	••
Dalmatiner	95	••	•••	••	•	•••	•
Deutsche Dogge	83	••	••	••	•	•	•
Deutscher Boxer	83	••	•••	••	•	••	•
Deutscher Schäferhund	81	••	•••	••	•	••	•
Dobermann	85	•••	•••	•••	•	•••	•
Epagneul Breton	97	••	•••	••	••	••	•
Französische Bulldogge	105	•	••	••	••	•	•••

Hundeerfahrung: • für Anfänger, •• durchschnittlich, ••• für Fortgeschrittene; Aufwand für Bewegung + Beschäftigung, Erziehung, Pflege sowie Eignung für Hundesport und Stadt: • gering, •• durchschnittlich, ••• hoch

Spitze und Urtyphunde

Wenn Sie einen Ausflug in die Welt der urtümlichen, exotischen und zumeist unbekannten Hunderassen machen möchten, sind Sie hier genau richtig. Oder kennen Sie den Xoloitzcuintle?

Dahinter verbirgt sich der Mexikanische Nackthund, den es in drei Größenvarietäten gibt. Tatsächlich hat diese alte, schon mit den Azteken lebende Rasse kaum Fell. Fast genauso fremd mutet der afrikanische »jodelnde« Basenji an.

So attraktiv manche der in dieser Gruppe zusammengefassten Rassen auf den ersten Blick auch scheinen, wahre Hundeliebe erkennt man oft daran, dass man sich eher für eine passendere Rasse entscheidet. Viele dieser Vierbeiner stammen von halbdomestizierten Hunden (Pariahunde) ab, und nur wenige sind zum Beispiel wegen ihrer mit Jagdpassion gepaarten Freiheitsliebe für ein Leben in unserem kultivierten, engen Umfeld geeignet. Auch die bekannteren Rassen, neben den beschriebenen etwa Shiba und Akita aus Japan und der chinesische Chow Chow, bringen viele Hundehalter an ihre Grenzen. Eine der Ausnahmen ist der Spitz, der sich als angenehmer und wachsamer Begleithund zeigt.

DEUTSCHER SPITZ

› **Größe:** Wolfsspitz (WS) 49 cm +/– 6 cm (Foto), Großspitz (GS) 46 cm +/– 4 cm, Mittelspitz (MS) 34 cm +/– 4 cm, Kleinspitz (KS) 26 cm +/– 3 cm, Zwergspitz (ZS) 20 cm +/– 2 cm.
› **Gewicht:** WS ca. 16–25 kg, GS ca. 15–22 kg, MS ca. 6–10 kg, KS ca. 3,5–5 kg, ZS ca. 2–3 kg.
› **Fell:** Lang, dicht. Schwarz, Braun, Weiß. WS grau gewolkt. MS, KS und ZS auch orange, grau gewolkt, andersfarbig.
› **Historie:** Alte Rasse. Bauern- und Hofhund, vor allem Wachhund. KS und ZS waren als Begleithunde beliebt.
› **Charakter und Eigenschaften:** Bellfreudig, bei Fremden misstrauisch. Gelehrig, selbstbewusst, keine Jagdpassion, anhänglich, durchschnittlicher Bewegungsbedarf.
› **Gesundheit:** ZS u. a. PRA, Patellaluxation, Wasserkopf.
› **Lebenserwartung:** 12 Jahre und mehr; KS, ZS noch höher.
› **Besonderheiten:** Besonders der GS droht auszusterben.
› **Geeignet für:** Menschen, die wachsame Hundepersönlichkeiten schätzen, KS und ZS auch für das Leben in der Stadt.

PODENCO IBICENCO

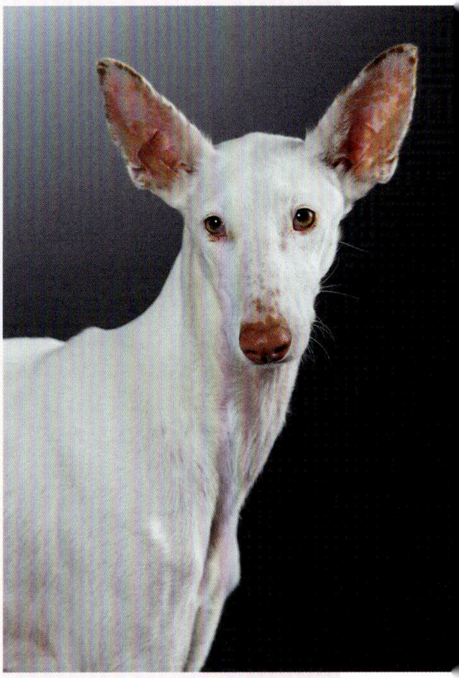

› Größe: Rüde 66–72 cm, Hündin 60–67 cm.

› Gewicht: 20–25 kg.

› Fell: Glatt-, Rau- und Langhaar. Zweifarbig weiß und rot, einfarbig weiß und rot, Rau- und Langhaar in Ausnahmen auch falbfarben.

› Historie: Windhundähnlicher Jagdhund der Bauern der Balearen und des spanischen Festlands, stammt vermutlich von Pariahunden ab. Traditionell wird in Gruppen gejagt, meist Hasen und Kaninchen.

› Charakter und Eigenschaften: Feinfühlig, im Haus ruhig, seinen Menschen zugetan, bei Fremden distanziert. Trotzdem ein robuster, temperamentvoller Hund mit extremer, häufig unterschätzter Jagdpassion. Freilauf ist oft lebenslang nicht möglich. Eigensinnig, selten leicht zu motivieren. Beschäftigung am besten über Nasenarbeit.

› Gesundheit: Auf Mittelmeerkrankheiten testen lassen (▸ Seite 177).

› Lebenserwartung: 12–14 Jahre.

› Besonderheiten: Kommt meist über den Tierschutz nach Deutschland.

› Geeignet für: Rasseliebhaber, die keinen zackigen Befehlsempfänger wünschen, das Jagdverhalten managen und ihn auslasten können.

SIBERIAN HUSKY

› Größe: Rüde 53,5–60 cm, Hündin 50,5–56 cm.

› Gewicht: Rüde 20,5–28 kg, Hündin 15,5–23 kg.

› Fell: Pelzartig und mittellang, hartes Deckhaar, dichte Unterwolle. Alle Farben und Zeichnungen sind zulässig.

› Historie: Alte nordische Rasse aus Sibirien. Traditioneller Schlittenhund, der es liebt, durch Eis und Schnee zu rasen.

› Charakter und Eigenschaften: Sehr ausdauernd, selbstständig und freiheitsliebend, hohe Jagdpassion. Er lernt leicht, ist aber nicht immer kooperativ. Benötigt anspruchsvolle Sozialisation, Erziehung und laufintensive Beschäftigung, z. B. Schlitten ziehen. Ausgelastet liebevoll und ausgeglichen. Ist gern im Freien, kein Hund für die Stadt!

› Gesundheit: Hitzeempfindlich, HD, PRA, Hauterkrankungen.

› Lebenserwartung: 10 Jahre und mehr.

› Besonderheiten: Ausbruchskünstler – hoher Gartenzaun!

› Geeignet für: Hundeerfahrene Naturliebhaber mit Haus und Garten, extremer Sportfreude und Führungsqualitäten.

Lauf- und Schweißhunde

Als Helfer des Jägers das Wild zu suchen, zu finden und zu melden, beschreibt den ursprünglichen Job vieler Rassen dieser Gruppe. Einige davon sind ausgesprochene Spezialisten.

Ursprüngliche Aufgabe der Laufhunde war es, das Wild in der Meute zu verfolgen, dabei ständig Laut zu geben und es so lange zu hetzen, bis der Jäger »zum Schuss« kommt (Parforcejagd). In Deutschland ist diese Jagd verboten, die Hunde werden heute auf künstlichen Fährten geführt.

Schweißhunde werden nach dem Schuss bei der Nachsuche des angeschossenen Wilds eingesetzt (Schweiß bedeutet Blut). Sie haben eine hervorragende Nase und sind auch heute noch unentbehrliche Jagdhelfer. Da Lauf- und Schweißhunde meist eigenständig arbeiten, verhalten sich viele sehr selbstständig. So gilt der für seine gute Nase berühmte Bloodhound als schwer zu erziehen. Die meisten sind besser im regelmäßigen Jagdeinsatz mit Familienanschluss statt als reine Familienhunde aufgehoben.

Rhodesian Ridgeback und Dalmatiner zählen zu den verwandten Rassen, doch selbst der gefleckte Vierbeiner hat seinen Ursprung als Jagdhund.

BEAGLE

- **Größe:** 33–40 cm.
- **Gewicht:** 10–18 kg.
- **Fell:** Kurz und dicht. Dreifarbig (schwarz, braun, weiß oder blau, weiß, braun), gefleckt, zweifarbig, weiß. Pflegeleicht.
- **Historie:** Alte Jagdhundrasse aus England zur Meutejagd auf Hasen und Kaninchen. Erster Rassestandard von 1890.
- **Charakter und Eigenschaften:** Freundlicher, lustiger und verträglicher Hund. Selbstständig, bellfreudig, lernt leicht. Hat hohe Jagdpassion und kann dickköpfig sein, was die Erziehung erschwert. Sehr agil und bewegungsfreudig. Stöbert gern, zur Beschäftigung eignet sich Nasenarbeit.
- **Gesundheit:** Augen-, Bandscheibenerkrankungen, Epilepsie, Hormonstörungen.
- **Lebenserwartung:** 12 Jahre und mehr.
- **Besonderheiten:** Freilauf selten möglich. Oft verfressen.
- **Geeignet für:** Sportliche Menschen, die seine Jagdpassion managen können und seine Lebensfreude schätzen.

DALMATINER

› **Größe:** Rüde 56–62 cm, Hündin 54–60 cm.
› **Gewicht:** Rüde 27–32 kg, Hündin 24–29 kg.
› **Fell:** Kurz, hart, dicht. Grundfarbe weiß mit schwarzen oder braunen Tupfen. Pflegeleicht, haart aber ganzjährig.
› **Historie:** Aus Kroatien stammende Laufhundrasse, die sich bis ins späte Mittelalter zurückverfolgen lässt. War häufig Begleiter von Kutschen. Im 20. Jh. sehr beliebt als Begleithund.
› **Charakter und Eigenschaften:** Lebhafter, sehr bewegungsintensiver Hund. Er ist lernfreudig, zeigt manchmal Schutzverhalten und benötigt einfühlsame, aber konsequente Erziehung. Sind die Strukturen in der Familie klar geregelt, fügt er sich gut ein. Am liebsten ist er immer dabei. Gut ausgelastet, ist er im Haus ruhig und ausgeglichen.
› **Gesundheit:** HD, Taubheit (beim Welpenkauf darauf achten), Harnsteine, Augen-, Haut- und Nierenerkrankungen, Allergien.
› **Lebenserwartung:** 10 Jahre und mehr.
› **Besonderheiten:** Dalmatiner sind bekannt dafür, dass sie lachen.
› **Geeignet für:** Erfahrene Menschen, die viel joggen oder Rad fahren.

RHODESIAN RIDGEBACK

› **Größe:** Rüde 63–69 cm, Hündin 61–66 cm.
› **Gewicht:** Rüde 36,5 kg, Hündin 32 kg.
› **Fell:** Hell weizenfarben bis rot weizenfarben. Pflegeleicht.
› **Historie:** Gezüchtet im südlichen Afrika aus einheimischen Hunden mit Rückenkamm (Ridgeback) und Siedlerhunden, um Löwen und Großwild aufzuspüren und zu stellen.
› **Charakter und Eigenschaften:** Intelligent, reaktionsschnell, kräftig, äußerst bewegungsfreudig, oft jagdlich passioniert. Er ist hochsensibel, eigenwillig, ernsthaft, anhänglich und beschützt Haus und Familie. Sozialisierung, Erziehung und Beschäftigung (z. B. Fährtenarbeit) sind sehr anspruchsvoll.
› **Gesundheit:** HD, Magendrehung, Dermoid Sinus (Hautmissbildung im Rückenbereich, kann Nerven schädigen).
› **Lebenserwartung:** 12 Jahre und mehr.
› **Besonderheiten:** Rückenkamm. Wird spät erwachsen.
› **Geeignet für:** Erfahrene, feinfühlige Menschen, die ihm die nötige Führung bieten und seiner Kraft gewachsen sind.

Vorstehhunde

Suchen, lautlos anzeigen, zum Schuss aufscheuchen und bringen sind die Kernaufgaben der zahlreichen Vorstehhunde. Sie sind ausnahmslos schöne und edle Hunde, doch für ein Leben als reine Sofahunde meist ungeeignet.

Sie sind aus Vogel- und Stöberhunden gezüchtete Hochleistungshunde, die noch heute auf Gebrauch gezüchtet und jagdlich geführt werden und arbeiten wollen. Hat ein Vorstehhund Wild aufgespürt, verharrt er regungslos, meist mit angehobenem und angewinkeltem Vorderlauf, um dem Jäger die Richtung zu weisen. So bleibt dem Waidmann genug Zeit, sich in Schussposition zu bringen. Erst dann soll der Hund das Wild aufscheuchen. Setter und Pointer (point = anzeigen) zählen zu den Englischen und Irischen Vorstehhunden. Bei Kontinentalen finden sich neben Bracken auch Weimaraner und Deutsch Drahthaar. Der Kontinentale Typ »Spaniel« hat wie Bretone und Kleiner Münsterländer längeres Fell. Rauhaarige Vorsteher wie die alte Rasse des Spinone Italiano gehören zum Typ »Griffon«. Obwohl viele Vorstehhunde zur Jagd auf Federwild eingesetzt werden, gibt es auch einige Allrounder, die vielseitige Jagdtalente haben.

IRISH RED SETTER

› **Größe:** Rüde 58–67 cm, Hündin 55–62 cm.
› **Gewicht:** 26–32 kg.
› **Fell:** Mäßig lang und seidig. Sattes Kastanienbraun ohne Schwarz. Mehrmals pro Woche bürsten.
› **Historie:** Alte Setterrasse, die sich bis ins 18. Jh. zurückverfolgen lässt und laut Rassestandard von rot-weißen Settern sowie unbekannten roten Hunden abstammt.
› **Charakter und Eigenschaften:** Jagdgebrauchshund mit hohem Lerneifer, Bewegungsbedürfnis und Jagdpassion. Ausgelastet ist er freundlich, ausgeglichen und verträglich. Unausgelastet oder aus schlechter Zucht neigt er zur Nervosität. Sehr sensibel, braucht einfühlsame Erziehung.
› **Gesundheit:** HD, ED, PRA, CLAD (Immunstörung).
› **Lebenserwartung:** 12 Jahre und mehr.
› **Besonderheiten:** Sehr ausdauernder Vorstehhund.
› **Geeignet für:** Erfahrene, ruhige Naturliebhaber, die ihren Hund jagdlich und sportlich angemessen beschäftigen.

EPAGNEUL BRETON (BRETONISCHER VORSTEHHUND)

› **Größe:** Rüde 47–52 cm, Hündin 46–51 cm.

› **Gewicht:** 17–20 kg.

› **Fell:** Dicht und fein. Weiß-orange, weiß-schwarz, weiß-braun oder dreifarbig mit Abzeichen. Pflegeleicht.

› **Historie:** Alter Vorstehhund vom Typ »Spaniel«, gezüchtet aus regionalen kleinen Jagdhunden, Spanieln und Settern. Erster Standard von 1908. Dank seiner Vielseitigkeit und Zuverlässigkeit gehört er zu den weltweit am häufigsten geführten Vorstehhunden, auch bei Falknern.

› **Charakter und Eigenschaften:** Der kleinste Vorstehhund ist liebenswürdig, freundlich und umgänglich. Er hat unglaubliche Power, ist schnell, wendig, lernbegierig und lechzt nach Arbeit. Jagdlich ausgelastet, ist er ausgeglichen, anpassungsfähig und anhänglich.

› **Gesundheit:** Robuste Rasse, gelegentlich HD.

› **Lebenserwartung:** 13 Jahre und mehr.

› **Besonderheiten:** Wird oft mit Stummelrute oder rutenlos geboren.

› **Geeignet für:** Aktive, einfühlsame Naturliebhaber, die den energiegeladenen Bretonen nicht nur am Wochenende richtig auslasten.

WEIMARANER

› **Größe:** Rüde 59–70 cm, Hündin 57–65 cm.

› **Gewicht:** Rüde 30–40 kg, Hündin 25–30 kg.

› **Fell:** Kurzhaar oder Langhaar. Silber-, reh- oder mausgrau.

› **Historie:** Aus der Region Weimar stammende, seit dem Ende des 19. Jh. rein gezüchtete Vorstehhundrasse.

› **Charakter und Eigenschaften:** Vielseitiger, ausdauernder, hochpassionierter, kraftvoller, selbstsicherer Jagdhund mit Schutzverhalten, der sich vor und nach dem Schuss beweist. Schließt sich seinem Menschen eng an. Unerlässlich sind gute Sozialisierung, einfühlsame, aber stets souveräne, konsequente Erziehung und Führung. Falsch geführt oder unausgelastet, kann seine Schärfe gefährlich werden.

› **Gesundheit:** HD, Epilepsie.

› **Lebenserwartung:** 12 Jahre und mehr.

› **Besonderheiten:** Leider zum Modehund avanciert.

› **Geeignet für:** Hundeerfahrene, konsequente und souveräne Naturliebhaber, die ihn jagdlich voll auslasten.

Apportier- und Stöberhunde

Die meisten Hunde dieser Gruppe zeichnen sich durch ihre Schwimm- und ihre Apportierfreude aus, finden sich hier neben den Retrievern und Stöberhunden doch auch die Wasserhunde.

Wasserhunde sind Helfer der Jäger oder Fischer. So holte der Portugiesische Wasserhund Netze ein und tauchte nach über Bord gegangenen Gegenständen. Als Jagdgefährten apportierten sie wie die Retriever Wasservögel nach dem Schuss.
Retriever gehen auf neufundländische St.-John's-Hunde zurück: mittelgroße Fischerhunde mit guter Nase, hoher Schwimm- und Apportierfreude. Aus Einkreuzungen mit englischen Jagdhunden entstand der frühere Wavy-Coated Retriever. Wird ein Retriever nicht jagdlich geführt, ist Dummy-Arbeit ein sinnvoller Ausgleich. Labrador und Golden sind gute Blindenbegleit- und Behinderten-Assistenzhunde. Arbeits- und Showlinien unterscheiden sich bei beiden Rassen stark.
Stöberhunde sind vielseitige, ausdauernde, raubzeugscharfe und meist wasserfreudige Jäger, die spurlaut, weiträumig und selbstständig im Gelände arbeiten. Aufgabe war es zum Beispiel, das Flugwild in die Fangnetze der Jäger zu treiben.

GOLDEN RETRIEVER

- **Größe:** Rüde 56–61 cm, Hündin 51–56 cm.
- **Gewicht:** Rüde 34–40 kg, Hündin 30–36 kg.
- **Fell:** Glatt oder wellig, dichte, wasserabstoßende Unterwolle. Jede Schattierung von Gold oder Cremefarben.
- **Historie:** Im 19. Jh. gezüchtet aus Wavy-Coated Retriever, Tweed-Water-Spaniel, Irish Setter und in einer Linie sogar Bloodhound für die Wasserarbeit und Jagd auf Niederwild.
- **Charakter und Eigenschaften:** Aus guter Zucht sowie körperlich und geistig ausgelastet, ist er ein freundlicher, liebenswerter, leichtführiger und anpassungsfähiger Begleit- und Familienhund, der aber dennoch erzogen werden muss. Manche Goldies sind sehr sensibel.
- **Gesundheit:** HD, ED, Augenerkrankungen, Epilepsie.
- **Lebenserwartung:** 12 Jahre und mehr.
- **Besonderheiten:** Unbedingt auf gesunde Zucht achten.
- **Geeignet für:** Aktive Menschen, die Spaß an Hundeausbildung und -beschäftigung haben, auch Anfänger.

LABRADOR RETRIEVER

› **Größe:** Rüde 56–57 cm, Hündin 54–56 cm.
› **Gewicht:** 30–40 kg.
› **Fell:** Kurz, dicht, hart, wasserbeständige Unterwolle. Einfarbig schwarz, gelb, leber- oder schokoladenbraun.
› **Historie:** Seine Vorfahren sind die St.-John's-Hunde aus Neufundland, die in England weitergezüchtet wurden. Er wird bei der Jagd für Flugwild-Wasserapport und andere Suchaufgaben eingesetzt.
› **Charakter und Eigenschaften:** Lernfreudiger Jagdhund. Gut erzogen und ausgelastet, ein idealer, freundlicher und liebenswerter Familienhund. Es ist eine oft unterschätzte Herausforderung, sein jugendliches Ungestüm, seinen Bewegungsdrang und sein grobes Spiel zu managen. Er muss früh lernen, mit kleinen Hunden umzugehen.
› **Gesundheit:** HD, ED, Augenerkrankungen, Epilepsie.
› **Lebenserwartung:** Aus gesunder Zucht 12 Jahre und mehr.
› **Besonderheiten:** Als reiner Sofahund ist er fehl am Platz.
› **Geeignet für:** Aktive Naturliebhaber, die viel mit ihrem Hund arbeiten und ihm Grenzen setzen können, dann auch für Anfänger.

CHESAPEAKE BAY RETRIEVER

› **Größe:** Rüde 58–66 cm, Hündin 53–61 cm.
› **Gewicht:** Rüde 29,5–36,5 kg, Hündin 25–32 kg.
› **Fell:** Dicht, kurz, wasserfest. Fettiges Deckhaar. Teilweise gewellt. Jede Farbe von Braun, »Binse« oder »totem Gras«.
› **Historie:** Der Retriever aus den USA wurde im 19. Jh. aus St.-John's-Hunden und vermutlich Curley-Coated und Flat-Coated Retrievern, Settern und Water-Spaniels zur Jagd auf Flug- und Niederwild und zum Bewachen gezüchtet.
› **Charakter und Eigenschaften:** Agiler, robuster und ausdauernder Hochleistungsjagdhund mit einer guten Portion Schutzverhalten. Er muss lernen, arbeiten und diszipliniert geführt werden, dann ist er ruhig, freundlich und loyal.
› **Gesundheit:** HD, PRA.
› **Lebenserwartung:** 10 Jahre und mehr.
› **Besonderheiten:** Apportiert sogar im Eiswasser.
› **Geeignet für:** Erfahrene, sehr souveräne Naturliebhaber, die viel mit dem Hund arbeiten und ihn sicher führen.

HUNDERASSEN VON G BIS Z

Welcher Hund passt zu mir? Hier gibt es eine erste Übersicht. Haben Sie eine Rasse entdeckt, die Sie interessiert? Dann informieren Sie sich weiter bei Rassezuchtvereinen, Züchtern, Haltern dieser Rasse und bei Nothilfevereinen. Die Rassen von A bis F finden Sie auf Seite 91.

RASSE	PORTRÄT auf Seite	HUNDEERFAHRUNG	AUSLAUF + AKTION	ERZIEHUNG	PFLEGE	HUNDESPORT	STADT
Golden Retriever	98	•	••	•	••	••	••
Großpudel	104	•	•••	•	••	•••	••
Havaneser	105	•	••	•	•••	••	•••
Irish Red Setter	96	••	•••	••	••	•••	•
Irish Wolfhound	109	••	••	••	••	•	•
Jack Russell Terrier	88	•••	•••	•••	•	•••	•
Kleinpudel	104	•	••	•	••	•••	•••
Labrador Retriever	99	••	•••	••	•	••	•
Lagotto Romagnolo	101	•	••	••	••	••	••
Mops	106	•	••	••	••	•	•••
Neufundländer	85	••	•	••	•••	•	•
Papillon	106	•	••	•	••	•••	•••
Podenco Ibicenco	93	•••	•••	•••	•	••	•
Rhodesian Ridgeback	95	•••	•••	•••	•	••	•
Riesenschnauzer	84	•••	•••	•••	••	••	•
Schnauzer	84	••	••	••	••	•••	••
Shetland Sheepdog	81	•	••	•	•••	•••	•
Siberian Husky	93	•••	•••	•••	•••	••	•
Spitz	92	••	••	••	••	••	•
Weimaraner	97	•••	•••	•••	•	••	•
West Highland White Terrier	89	••	••	••	••	•	••
Whippet	109	•	•••	••	•	•••	••
Yorkshire Terrier	89	••	•	••	•••	••	•••
Zwergpudel	104	•	••	•	••	•••	•••
Zwergschnauzer	84	••	••	••	••	••	•
Zwergspitz	92	••	•	••	••	••	•••

Hundeerfahrung: • für Anfänger, •• durchschnittlich, ••• für Fortgeschrittene; Aufwand für Bewegung + Beschäftigung, Erziehung, Pflege sowie Eignung für Hundesport und Stadt: • gering, •• durchschnittlich, ••• hoch

ENGLISH COCKER SPANIEL

› **Größe:** Rüde 39–41 cm, Hündin 38–39 cm.

› **Gewicht:** 12,5–14,5 kg.

› **Fell:** Mittellang, glatt und seidig. Verschiedene Farben.

› **Historie:** Er stammt von alten spanischen Vogelhunden ab und jagte vorwiegend Waldschnepfen (= woodcock). Der erste Standard wurde 1892 erstellt. Heute ist der Cocker ein beliebter Familienhund und ein vielseitiger Jagdhund.

› **Charakter und Eigenschaften:** Freundlicher, agiler, lustiger, manchmal eigenwilliger Hund. Er ist anhänglich, benötigt viel Beschäftigung und lernt leicht bei feinfühliger Erziehung.

› **Gesundheit:** Ohren- und Augenerkrankungen, HD, Epilepsie, Cockerwut (Anfälle gesteigerter Aggression), Familiäre Nephropathie (ererbte Nierenerkrankung), Ekzeme.

› **Lebenserwartung:** 12 Jahre und mehr.

› **Besonderheiten:** Guter Apportier- und Suchhund.

› **Geeignet für:** Aktive und einfühlsame Menschen, die Spaß an der Arbeit mit ihrem Hund haben, auch Anfänger.

LAGOTTO ROMAGNOLO

› **Größe:** Rüde 42–49 cm, Hündin 40–47 cm.

› **Gewicht:** Rüde 13–16 kg, Hündin 11–14 kg.

› **Fell:** Wollig, gelockt, wasserfest. Weiß einfarbig, weiß mit braunen oder orangen Flecken, braunschimmel, braun oder orange einfarbig oder mit Weiß. Regelmäßig scheren.

› **Historie:** Alter italienischer Wasser-Apportierhund. Seit Ende 19. Jh. rund um Romagna zur Trüffelsuche eingesetzt.

› **Charakter und Eigenschaften:** Gut erzogen, ist der fröhliche, lebhafte, verspielte und anhängliche Lagotto ein idealer und leichtführiger Begleithund. Er ist wachsam, lernfreudig und sehr arbeitseifrig. Er braucht viel Beschäftigung, z. B. im Hundesport oder jede Art von Nasenarbeit.

› **Gesundheit:** HD, Katarakt (grauer Star), Epilepsie.

› **Lebenserwartung:** 13 Jahre und mehr.

› **Besonderheiten:** Alternative für Allergiker, da er nicht haart.

› **Geeignet für:** Aktive Naturliebhaber, die ihn einfühlsam erziehen und viel mit ihm arbeiten, auch Anfänger.

Gesellschaftshunde

Freude zu bereiten und einfach ein angenehmer Gefährte zu sein, ist die Aufgabe der Vierbeiner dieser Gruppe. Wer einen anpassungsfähigen und fröhlichen Begleithund sucht, ist hier genau richtig.

Ihr Job ist einer der schwierigsten: Familienhund. Und das machen sie mit Bravour. Obwohl manche dieser Rassen ihr Können einst bei der Jagd, beim Hüten oder Bewachen unter Beweis gestellt haben, werden viele schon seit Jahrhunderten als reine Gesellschaftshunde gezüchtet, die in kalten Gemäuern die Füße gewärmt und Unterhaltung geboten haben. Sie alle sind Hunde mit Persönlichkeit und manche sogar Individualisten, wie Pekingese und Lhasa Apso.

Der natürliche Lebensraum eines Gesellschaftshundes ist nicht die Tragetasche. Diese Vierbeiner wollen mittendrin sein und aktiv am Alltag ihrer Menschen teilhaben. Sie sind richtige Hunde, die spazieren gehen und toben wollen, Führung und Grenzen brauchen. Sie machen es ihren Zweibeinern leicht. Gut sozialisiert, einfühlsam erzogen und ausreichend beschäftigt, sind sie mit ihrem Charme und ihrer Lebensfreude für jeden hundeliebenden Menschen eine Bereicherung.

BICHON À POIL FRISÉ (BICHON FRISÉ)

- **Größe:** Nicht über 30 cm.
- **Gewicht:** 3–6 kg.
- **Fell:** Dünn, seidig, korkenzieherartig. Weiß. Pflegeintensiv.
- **Historie:** Als Gesellschaftshund lässt er sich bis ins Mittelalter zurückverfolgen. Er lebte an Königshäusern und war in der Renaissance der Liebling feiner Damen.
- **Charakter und Eigenschaften:** Idealer Begleithund, der gute Laune macht. Er ist anpassungsfähig, anhänglich, verschmust, verträglich und wachsam, aber kein Kläffer. Ein guter und lebhafter Begleiter, der auch ausdauernd spazieren geht, sich für Hundesport eignet und gern Tricks lernt.
- **Gesundheit:** Aus guter Zucht robuste Rasse, vereinzelt Patellaluxation, Epilepsie und Augenprobleme.
- **Lebenserwartung:** 15 Jahre und mehr.
- **Besonderheiten:** Haart nicht – Alternative für Allergiker.
- **Geeignet für:** Menschen, die verspielte Hundepersönlichkeiten schätzen, auch Anfänger, Familien oder in der Stadt.

CAVALIER KING CHARLES SPANIEL

› **Größe:** 30–33 cm.
› **Gewicht:** 5,5–8 kg.
› **Fell:** Seidig und lang. Schwarz mit lohfarbenen Abzeichen, einfarbig tiefrot, kastanienrote Abzeichen auf perlweißer Grundfarbe, schwarzweiß mit lohfarbenen Abzeichen. Mittlerer Pflegeaufwand.
› **Historie:** Bereits im 16. Jh. war der Zwergspaniel ein beliebter Gesellschaftshund des Adels und Liebling in Königshäusern.
› **Charakter und Eigenschaften:** Idealer Begleithund, der freundlich, lebenslustig, anhänglich und verträglich ist. Er lernt gern und leicht bei liebevoller, konsequenter Erziehung. Der Cavalier eignet sich auch für Hundesport und liebt Spaziergänge bei jedem Wetter.
› **Gesundheit:** Augen- und Herzerkrankungen, vererbte neurologische Erkrankungen (Syringomyelie, Arnold-Chiarie-ähnliche Missbildung).
› **Lebenserwartung:** 12 Jahre und mehr.
› **Besonderheiten:** Er will mehr, als nur auf dem Sofa zu liegen.
› **Geeignet für:** Menschen, die einen anpassungsfähigen, sportlichen Gefährten wünschen, auch Anfänger, Familien oder in der Stadt.

CHIHUAHUA

› **Größe:** Ca. 13 cm.
› **Gewicht:** Ideal 2–3 kg.
› **Fell:** Kurzhaar und Langhaar. Alle Farben außer Merle.
› **Historie:** In Mexiko entdeckt, ist die genaue Herkunft des kleinsten Hundes der Welt nicht abschließend geklärt. Vermutlich gab es die kurzhaarige Variante schon bei den Tolteken und Azteken, die langhaarige entstand erst später.
› **Charakter und Eigenschaften:** Aus guter Zucht selbstbewusst, wachsam, mutig, temperamentvoll, lebhaft und lernfreudig. Nicht selten frech zu anderen Hunden. Sehr anhänglich, verschmust und treu. Wird zu Unrecht unterschätzt.
› **Gesundheit:** Patellaluxation, Augen-, Harnwegs- und Rachenerkrankungen, Geburtsprobleme, offene Schädeldecke.
› **Lebenserwartung:** 15 Jahre und mehr.
› **Besonderheiten:** Je kleiner, desto krankheitsanfälliger.
› **Geeignet für:** Menschen, die einen großen Charakter im Kleinformat mögen, auch Anfänger oder in der Stadt.

PUDEL

› **Größe Toypudel:** Unter 28 cm, 2 cm Toleranz.
› **Gewicht Toypudel:** Unter 5 kg.
› **Größe Zwergpudel:** 28–35 cm (Foto links).
› **Gewicht Zwergpudel:** Ca. 7 kg.
› **Größe Kleinpudel:** 35–45 cm.
› **Gewicht Kleinpudel:** Ca. 12 kg.
› **Größe Großpudel:** 45–60 cm (Foto rechts).
› **Gewicht Großpudel:** Ca. 22 kg.
› **Fell:** Üppig, wollig, gekräuselt. Schwarz, weiß, braun, silbergrau, apricot, rot. Wird geschoren.
› **Historie:** Der Pudel ist eine alte Rasse, die vom Barbet (Französischer Wasserhund) abstammt und bei der Jagd auf Wasservögel zum Apportieren nach dem Schuss eingesetzt wurde. Neben einer Karriere als Zirkushund wurde er auch bald ein beliebter Hund edler Damen und bei Hofe. Mitte des 20. Jh. war er einer der häufigsten Begleithunde in Europa und den USA. Wegen seiner Schur aus der Mode gekommen, entdecken heute immer mehr Hundefreunde den Pudel wieder für sich – seine vier Größen und die vielen Farben bieten eine große Auswahl.
› **Charakter und Eigenschaften:** Lange Zeit hatte er wegen der auffälligen Schuren ein Imageproblem. Zum Glück ändert sich das. Der Pudel ist ein verspielter, lebhafter, fröhlicher und sehr intelligenter Hund. Mit reichlich Energie ausgestattet, lernt er gern und schnell und beweist sich im Hundesport und als Suchhund. Er ist ein idealer, anpassungsfähiger, wachsamer und mit moderater Schur sehr attraktiver Familienhund, benötigt aber feinfühlige Erziehung, damit er nicht übermütig wird.
› **Gesundheit:** Augenerkrankungen. Toypudel z.B. Patellaluxation, Anfallsleiden, Ohren-, Harnwegs- und Bandscheibenerkrankungen. Zwerg- und Kleinpudel Epilepsie, Hauterkrankungen. Großpudel HD, Magendrehung.
› **Lebenserwartung:** Toy- und Großpudel über 10 Jahre, Zwerg- und Kleinpudel über 14 Jahre.
› **Besonderheiten:** Sein Fell haart nicht, daher ist der Pudel eine Alternative für Allergiker.
› **Geeignet für:** Aktive Menschen, die ihn auslasten und als Hund behandeln, auch Anfänger.

FRANZÖSISCHE BULLDOGGE

› **Größe:** Ca. 30 cm.
› **Gewicht:** 8–14 kg.
› **Fell:** Kurz, falbfarben (fauve), gestromt oder mit Scheckung, weiß.
› **Historie:** Ab Mitte des 19. Jh. vermutlich in Paris u.a. aus kleinen Bulldoggen, Griffons und Terriern gezüchtet, wurde sie bald in der feinen Gesellschaft und in Künstlerkreisen als Begleithund beliebt.
› **Charakter und Eigenschaften:** Liebevoll, fröhlich und anhänglich, spielfreudig und unternehmungslustig. Wachsam, nicht allzu bellfreudig. Mäßiges bis durchschnittliches Bewegungsbedürfnis. Lernt leicht, hat aber auch oft ihren eigenen Kopf.
› **Gesundheit:** Probleme z.B. mit Atmung und Augen. Patellaluxation, Wirbelsäulen- und Herzerkrankungen. Geburten oft per Kaiserschnitt.
› **Lebenserwartung:** 10 Jahre und mehr.
› **Besonderheiten:** Oft laute Atmung mit Röcheln und Schnarchen. Sehr hitzeempfindlich. Darf bei Hitze kaum belastet werden.
› **Geeignet für:** Menschen, die engen Kontakt mit einem Hund schätzen und ihn wie einen Hund führen, auch Anfänger oder in der Stadt.

HAVANESER

› **Größe:** 21–27 cm.
› **Gewicht:** 3,5–6 kg.
› **Fell:** Lang, seidig, wenig oder keine Unterwolle. Weiß, falbfarben, schwarz, verschiedene Brauntöne, mit oder ohne Flecken und Brand. Pflegeintensiv.
› **Historie:** Stammt von in Kuba eingeführten spanischen und italienischen Bichons ab. Dort beliebter Hund der feinen Gesellschaft. Mit Exil-Kubanern kam er in die USA.
› **Charakter und Eigenschaften:** Idealer Begleithund, der durch seine Fröhlichkeit, Lebhaftigkeit und Verspieltheit besticht. Er ist wachsam, anhänglich, aktiv, lernt leicht und gern und macht einfach gute Laune. Lernt gerne Tricks.
› **Gesundheit:** Keine Rasseauffälligkeiten bekannt.
› **Lebenserwartung:** 12 Jahre und mehr.
› **Besonderheiten:** Wurde auch als Hütehund verwendet.
› **Geeignet für:** Familien mit Kindern bis zu Senioren, die einen lebenslustigen, agilen Hund wünschen, auch Anfänger.

MOPS

› **Größe:** 25–32 cm.

› **Gewicht:** 6,3–8,1 kg.

› **Fell:** Kurz, fein, weich. Silber, apricot, hellfalbfarben mit Maske, Aalstrich und Abzeichen, schwarz. Pflegeleicht.

› **Historie:** Vermutlich im 17. Jh. aus China nach Europa eingeführt, wo er beim Adel beliebt war. Seit ein paar Jahren Modehund und von einigen Züchtern zur kranken Karikatur seiner selbst gezüchtet.

› **Charakter und Eigenschaften:** Lustiger, anhänglicher und lernfreudiger Hund mit eigenem Kopf. Seine Bewegungsfreude wird oft unterschätzt, er ist aber meist sehr hitzeempfindlich. Aus guter Zucht ein idealer Begleithund, der wie ein Hund behandelt werden möchte.

› **Gesundheit:** Probleme z. B. mit Atmung und Augen. Patellaluxation, Wirbelsäulen- und Herzerkrankungen. Geburten oft per Kaiserschnitt.

› **Lebenserwartung:** 12 Jahre und mehr.

› **Besonderheiten:** Unbedingt auf eine gesunde Zucht achten.

› **Geeignet für:** Menschen, die agile, lebenslustige Hunde mit Persönlichkeit schätzen, auch für Anfänger, Familien oder in der Stadt.

PAPILLON (KONTINENTALER ZWERGSPANIEL)

› **Größe:** Ca. 28 cm.

› **Gewicht:** Rüde 1,5–4,5 kg, Hündin 1,5–5 kg.

› **Fell:** Üppig, fein, ohne Unterwolle. Auf weißem Grund alle Farben zugelassen, Weiß überwiegt. Regelmäßig bürsten.

› **Historie:** Der Phalène (»Nachtfalter«), die hängeohrige Variante des Kontinentalen Zwergspaniels, war bereits im Mittelalter beliebter Gesellschaftshund in Adels- und Künstlerkreisen. Der stehohrige Papillon (»Schmetterling«) entstand durch die Einkreuzung von Chihuahua und Spitz.

› **Charakter und Eigenschaften:** Idealer Gefährte und weit mehr als ein Schoßhund. Er ist wachsam, lebhaft, intelligent, zärtlich und anhänglich und will gefordert werden.

› **Gesundheit:** Patellaluxation, Epilepsie.

› **Lebenserwartung:** 12 Jahre und mehr.

› **Besonderheiten:** Hundesport ist eine ideale Beschäftigung.

› **Geeignet für:** Aktive Menschen, die agile, clevere Hunde mögen, auch für Anfänger, Familien oder in der Stadt.

Forschung & Praxis

Über die Vererbung

› Aus welchen Rassen besteht ein Mischling? Gentests sollen diese Frage klären.
Bei diesen Tests wird das Mischlingserbgut mit dem verschiedener Hunderassen verglichen und die Wahrscheinlichkeit der Übereinstimmung ermittelt. Die Aussagekraft hängt auch davon ab, wie viele Vergleichsrassen vorliegen und woher diese kommen: Hunde einer Rasse aus Europa haben oft andere DNA-Muster als die aus Amerika. Stimmt das Erbgut des Mischlings mit keiner der in der Vergleichsdatenbank gelisteten Rassen überein, gibt es nur geringe Übereinstimmungen, oder es wird die nächstverwandte, gelistete Rasse angegeben. Je nach Test ist zur Analyse eine Speichel- oder Blutprobe nötig.

› Die Grundpersönlichkeit eines Hundes hängt wesentlich von seinem Hormonsystem ab.
Draufgänger reagieren bei Anspannung und Stress vorwiegend mit den Kampf- und Fluchthormonen Adrenalin und Noradrenalin, zurückhaltende Typen mit dem Kontrollverlusthormon Cortisol. Zu welchem Typ ein Hund gehört, ist zu einem Drittel ererbt. Der Rest wird durch Einflüsse bestimmt, die schon im Mutterleib und in früher Welpenphase auf ihn einwirken. Ist die Mutter gestresst, wirkt sich das auf den Welpen aus.

› Die Farbe kann das Verhalten beeinflussen
Gene, die die Fellfarbe bestimmen, wirken sich auf Stoffwechselvorgänge aus, die das Verhalten beeinflussen. Danach sind Hunde mit dunklem Fell gelassener und haben eine höhere Reizschwelle, Hunde mit rötlichem und hellrötlichem Haarkleid neigen eher zu Unsicherheit und Ängstlichkeit. Nur von der Fellfarbe lässt sich aber nicht auf die Persönlichkeit schließen. Genetischer Grundtyp und Umweltfaktoren haben ebenso große Einflüsse auf das Verhalten.

Windhunde

Hochbeinig, schlank und aristokratisch: Die faszinierende Erscheinung eines Windhundes fällt sofort ins Auge. Der Charakter ist ebenso markant: ruhig und angenehm im Haus – draußen temperamentvoll und leidenschaftlich.

Keine Bewegung am Horizont bleibt ihnen verborgen – einmal losgespurtet, sind die Hetzjäger kaum zu stoppen. Windhunde jagen vorwiegend auf Sicht statt mit der Nase – eine wichtige Eigenschaft für einen Hundetyp, der in den Wüsten- und Steppengebieten Asiens entstanden ist.
Erste Abbildungen von Windhundartigen sind über 4.000 Jahre alt. Sie wurden von jeher hoch geschätzt, waren kostbar und wurden nicht verkauft, sondern nur verschenkt. Afghane, Saluki, Sloughi und Azawakh sind als Orientalische Windhunde ursprünglich. Sie zeigen sich Fremden gegenüber oft distanziert, ihre Erziehung ist sehr anspruchsvoll. Die westlichen Rassen Greyhound, Whippet, Italienisches Windspiel, Barsoi, Irish Wolfhound, Deerhound, Galgo Español, Chart Polski und Magyar Agár sind nicht so alt, dafür bei der Erziehung häufig kooperativer. Ist Freilauf nicht möglich, sind Alternativen in eingezäuntem Gelände, bei Rennen oder Coursings wichtig.

AFGHANISCHER WINDHUND

› **Größe:** Ideal Rüde 68–74 cm, Hündin 63–69 cm.
› **Gewicht:** Rüde 20–25 kg, Hündin 15–20 kg.
› **Fell:** Am Körper lang. Alle Farben. Täglich bürsten.
› **Historie:** Eine der Rassen, die dem Wolf am nächsten stehen. Jagte u. a. Gazellen und Steinböcke. Erste Tiere kamen Ende des 19. Jh. aus Afghanistan nach England.
› **Charakter und Eigenschaften:** Bei den richtigen Menschen liebevoll und aufgeschlossen. Lernt gern bei einfühlsamer, zeitaufwendiger Erziehung. Eigenständig, macht bei Druck »dicht«. Durchschnittlicher Bewegungsbedarf, zusätzlich will er täglich einmal richtig rennen können. Freilauf ist nur selten möglich. Sozialisierung mit Artgenossen ist wichtig.
› **Gesundheit:** Herz-, Augen-, Ohren-, Gelenkerkrankungen.
› **Lebenserwartung:** 10 Jahre und mehr.
› **Besonderheit:** Kaum Eigengeruch. Federnder Gang.
› **Geeignet für:** Rassekenner, die unabhängige Hunde schätzen, Freude an Fellpflege haben und gerne putzen.

IRISH WOLFHOUND

› **Größe:** Rüde mindestens 79 cm, Hündin mindestens 71 cm.
› **Gewicht:** Rüde mindestens 54,4 kg, Hündin mindestens 40,5 kg.
› **Fell:** Rau und drahtig. Grau, gestromt, rot, schwarz, reinweiß, rehbraun oder jede andere Farbe des Deerhounds. Regelmäßig trimmen.
› **Historie:** Der frühe Wolfshund aus Irland hat eine lange Geschichte, er jagte u. a. Wolf, Hirsch und Elch. Mitte des 19. Jh. fast ausgestorben, wurde die Rasse durch Einkreuzung von Deerhound, Barsoi und Dogge wiederbelebt. Heute ist er der größte Hund der Welt.
› **Charakter und Eigenschaften:** »Zu Hause ein Schäfchen, aber ein Löwe bei der Jagd.« Einfühlsame, aber konsequente Erziehung ist unerlässlich, um einen Hund dieser Größe sicher führen zu können.
› **Gesundheit:** Magendrehung, Epilepsie, Herz-, Knochen- und Gelenkerkrankungen, Knochenkrebs.
› **Lebenserwartung:** 6–8 Jahre und mehr.
› **Besonderheit:** Angepasste Ernährung und Bewegung im Wachstum.
› **Geeignet für:** Menschen, die diesem Hund das passende Umfeld und Führung bieten können und über die finanziellen Mittel verfügen.

WHIPPET

› **Größe:** Rüde 47–51 cm, Hündin 44–47 cm.
› **Gewicht:** 11–15 kg.
› **Fell:** Fein und kurz. Jede Farbe. Pflegeleicht.
› **Historie:** Im 19. Jh. in England für die Hasenjagd aus kleinen Greyhounds und Terriern gezüchtet. Der blitzschnelle und wendige Whippet war der Rennhund der Arbeiterklasse.
› **Charakter und Eigenschaften:** Freundlich und anpassungsfähig, kuschelt gern und braucht Nähe. Extrem bewegungsfreudig. Lernt leicht und gern bei einfühlsamer und konsequenter Erziehung. Gutes Sozialverhalten mit Artgenossen. Neigt manchmal dazu, andere zu kontrollieren. Vielseitige Beschäftigungsmöglichkeiten, von Agility bis Therapiehund.
› **Gesundheit:** Herzerkrankungen, Epilepsie.
› **Lebenserwartung:** 15 Jahre und mehr.
› **Besonderheit:** Braucht bei Kälte einen Mantel.
› **Geeignet für:** Sportliche Menschen, auch Anfänger, die sich einen anschmiegsamen und agilen Hund wünschen.

Mein Hund zieht ein

Mit Geduld und Verständnis wird sich Ihr neuer vierbeiniger Freund schnell bei Ihnen eingewöhnen und einen festen Platz in Ihrem Herzen erobern. Genießen Sie die Zeit des gegenseitigen Beschnupperns.

Ob kleiner Racker oder erwachsener Hund, der neue Hausgenosse wird Ihren Alltag erst einmal ganz schön auf den Kopf stellen. Sie werden in der ersten Zeit Ihren Tagesrhythmus anpassen, um ihm die Eingewöhnung zu erleichtern, und auch nachts auf dem Sprung sein, damit er schnell stubenrein wird. Vielleicht werden Ihnen manchmal auch Zweifel kommen, ob ein neuer Hund eine so gute Idee war. Doch keine Sorge, wenn Sie sich den Hundewunsch vorher gut überlegt und den passenden Hund ausgewählt haben, kommt schnell der Moment, an dem Sie sich das Leben ohne ihn nicht mehr vorstellen können – und Sie werden es keine Sekunde mehr bereuen. Denn mit dem Vierbeiner zieht ein Freund bei Ihnen ein, ein Partner in allen Lebenslagen. Er braucht nun Ihre Zuwendung und Nähe, damit er sich bei Ihnen zu Hause und geborgen fühlt.

Grundausstattung

Damit der neue Mitbewohner bei Ihnen sein eigenes Reich hat, benötigt er eine Basisausstattung. Achten Sie beim Kauf von Körbchen, Napf und Co. auf robuste und wertige Verarbeitung, dass alles leicht zu säubern ist, sich keine Teile ablösen, die verschluckt werden können, keine gefährlichen Splitter, Kanten und Spitzen abstehen und Kunststoff keine Weichmacher, Textilien keine Schadstoffe enthalten.

RUND UMS FUTTERN

Robust, standfest, leicht zu reinigen und groß genug müssen die Näpfe sein, damit die Mahlzeit nicht zur Wackelpartie wird. Da bieten sich Hundeschüsseln aus Keramik, lebensmittelechtem Kunststoff oder Edelstahl an. Gummifüße oder ein Gestell sorgen dafür, dass nichts verrutscht. Ist ein Hund älter oder leidet etwa an Rückenproblemen, erleichtern erhöht auf einem Podest oder Gestell stehende Näpfe das Fressen und Trinken.
Für Langohren. Lange Ohren verirren sich beim Fressen gern in den Napf und werden schmutzig. Eine Fressmütze schafft Abhilfe. Alternativ sorgt ein hoher und nach oben schmal zulaufender Napf dafür, dass die Lauscher draußen bleiben.
Für ganz Hastige. Hunde schlingen ihre Nahrung. Frisst ein Vierbeiner allerdings so hastig, dass die Mahlzeit zur Futterorgie wird, verlangsamen spezielle Näpfe mit Rillen oder Erhebungen auf dem Boden die Fressgeschwindigkeit.
Da schmeckt's. Jeder Vierbeiner braucht seinen eigenen Futternapf, auch wenn mehrere im Haus leben. Die Wasserschüssel wird meist gern geteilt. Überall dort, wo der Hund sich längere Zeit aufhält, braucht er jederzeit Zugang zu frischem Wasser. Die Näpfe sollten in einer ruhigen Ecke stehen – niemand wird gern beim Futtern gestört.

Die Hundebox gehört zur Grundausstattung zu Hause und auf Reisen mit Hund.

CHECKLISTE

Alles erledigt?

Wenn ein neuer Vierbeiner einzieht, gibt es eine Menge zu tun. Haben Sie auch wirklich nichts vergessen?

- Grundausstattung steht parat
- Hundehaftpflichtversicherung, Seite 56
- Anmeldung bei der Stadt- oder Gemeindeverwaltung, Hundesteuer, Seite 55
- Termin für den Tierarztbesuch, Seite 178
- Termin für die Welpengruppe oder den Hundetrainer steht, Seite 226
- Wenn gewünscht: Krankenversicherung für den Hund abgeschlossen, Seite 163

Für drunter. Stehen die Näpfe auf Fliesenboden, einer Kunststoff- oder Gummimatte, erleichtert das die Reinigung der Umgebung.

Saubere Sache. Hygiene ist auch für das Hundegeschirr ein Muss. Der Wassernapf wird mindestens einmal täglich gereinigt, die Futterschüssel nach jeder Mahlzeit, am besten mit Wasser und Spülmittel. Reinigungsmittelreste gut abspülen.

Auf Vorrat. Klären Sie vor Abholung des Hundes, welches Futter er bekommt, und besorgen Sie sich einen Vorrat für die ersten Tage.

ALLES FÜRS GASSIGEHEN

Halsband oder Geschirr? Daran scheiden sich die Geister. Wichtig ist vor allem, dass es gut sitzt und der Verschluss einfach zu bedienen und sicher ist. Reflektoren oder zusätzliche Leuchthalsbänder bieten im Dunkeln mehr Sicherheit.

Halsband. Es sollte so breit sein, dass zwei Halswirbel abdeckt werden, und so weit, dass als Faustregel zwei Fingerbreit darunterpassen. Es darf nicht so eng sein, dass es den Hals einschnürt, und nicht so weit, dass es über den Kopf gezogen werden kann. Das Gewicht darf den Hund nicht belasten. Weiches Leder, Filz und Stoff sind angenehm für ihn. Nicht nur empfindliche Vierbeiner schätzen es, wenn das Halsband weich unterfüttert ist. Nylon, Neopren und spezielle Kunststoffe sind ideal für Wasserratten. Das ist tierschutzrelevant und gehört nicht in den Einkaufskorb: Stachel- und Würgehalsbänder, Zughalsbänder ohne Stopp, die sich zuziehen, und solche aus dünnen Schnüren, die einschneiden.

Geschirr. Nicht nur für Hunde mit Kehlkopf- oder Wirbelsäulenerkrankungen ist es eine Alternative. Eine Unterpolsterung ist ein Muss, damit es nicht reibt. Kaufen Sie Geschirre im guten Fachhandel, wo Anprobe und ausführliche Beratung selbstverständlich sind. Es muss gut passen!

Leine. Mit einer in der Länge verstellbaren Leine sind Sie für alle Fälle gerüstet. Gute Leinen halten lange, etwa aus Leder oder Kunststoff. Aus Stoff sind sie nicht immer leicht zu reinigen. Für Welpen eignen sich anfangs leichte Nylonleinen.

Als Befestigung sind Karabiner üblich. Achten Sie darauf, dass Größe und Gewicht zum Hund passen und er bequem zu handhaben ist, sich aber nicht zu leicht öffnet. Schleppleinen (▸ Seite 217) dienen der Erziehung. Sie können aber Hunden auch zusätzlichen Bewegungsspielraum bieten, wenn Freilauf nicht möglich ist, genau wie Abrollleinen. Diese Automatikleinen eignen sich nur für Hunde, die bereits leinenführig sind. Die Handhabung muss sicher sein, sonst können sich Hund und Mensch verletzen, wenn sich die Schnur um die Beine wickelt oder zurückschnellt.

Mantel. Ein Schutz vor Nässe und Kälte ist für Vierbeiner sinnvoll, wenn sie kein Unterfell haben, älter sind, leicht frieren oder an bestimmten Erkrankungen wie Bandscheiben- oder Nierenproblemen leiden. Fragen Sie den Tierarzt oder Züchter, ob Ihr Vierbeiner einen Mantel braucht.

ALLES FÜRS RELAXEN & TRÄUMEN

Das Körbchen ist der Rückzugsort des Hundes. Dort wird er nicht gestört und kann in Ruhe träumen, dorthin kann er aber auch geschickt werden, wenn eine Auszeit verordnet wird (▸ Seite 221).

Luxus oder spartanisch? Hunde sind Individualisten. Manche mögen es, sich warm und kuschelig in tiefen Polstern einzurollen, andere liegen gern kühl und ausgestreckt. Beliebt ist ein erhabener Rand, um den Kopf darauf zu betten.

Basis-Modell. Bis Sie wissen, welcher Körbchen-Typ Ihr Hund ist, reicht ein ganz einfaches Modell aus. Für Welpen, die gerne alles anknabbern, kann es sogar ein Karton sein, passend zurechtgeschnitten und mit weichen Decken ausgelegt.

Das braucht ein Hund

Mit der Basisausstattung sind Sie und Ihr Hund gut gerüstet. Achten Sie beim Einkaufsbummel darauf, dass Halsband, Leine, Näpfe und Co. zur Größe des Vierbeiners passen.

Hundebett Körbchen und Kissen sollen gemütlich und leicht zu reinigen sein.

Halsband Es muss angenehm am Hals sitzen und darf nicht einschneiden.

Leine Eine verstellbare Leine lässt sich vielen Situationen anpassen. Lederleinen sind langlebig.

Geschirr Anprobe im guten Fachhandel ist wichtig, damit es perfekt sitzt.

Näpfe Aus Keramik sind sie standsicher und lassen sich gut reinigen.

Kauartikel Die Kauwurzel aus splitterfreiem Holz ist ideal für Welpen.

Spielzeug Gibt es in vielen Ausführungen, auch speziell für Welpen.

Bürste Für Welpen bietet sich eine Bürste mit weichen Borsten an.

Hundeapotheke Sollte immer griffbereit sein: im Haus und im Auto.

Praktisch. Hundebetten aus Textilien sollten in der Maschine gewaschen werden können, zumindest die abnehmbaren Bezüge. Modelle mit Kunstlederbezug und Kunststoffwannen mit Polstern sind robust, leicht zu reinigen und langlebig.

Groß genug. Hunde rollen sich beim Schlafen gern zusammen. Trotzdem muss das Bett so groß sein, dass alle vier Beine bequem ausgestreckt werden können. Achten Sie beim Kauf des Bettes darauf, dass es der Größe des erwachsenen Tieres entspricht.

Ruhezonen. Zwei Körbchen braucht Ihr Hund mindestens. Eines steht dort, wo er nachts schläft, am besten neben Ihrem Bett. Das andere findet seinen Platz im Wohnzimmer, also da, wo er Familienanschluss hat. Und wenn er mit ins Büro darf, steht auch dort ein Hundebett für ihn bereit. Überall dort, wo sich Ihr Vierbeiner häufig aufhält, sollte er einen Liegeplatz haben. Leben bei Ihnen zwei oder mehr Hunde, hat jeder eigene Körbchen. Getauscht oder gemeinsam gekuschelt wird nur, wenn den Kumpanen danach ist, danach schläft jeder in seinem eigenen Bett.

Nachts ist der beste Platz für das Hundebett im Schlafzimmer. Gerade Welpen sollten dann nicht allein sein.

Gut aufgestellt. Suchen Sie einen zugfreien Platz für das Körbchen, am besten mit einer Ecke oder Wand im Rücken, das gibt Sicherheit. Kleine oder kurzhaarige Hunde bevorzugen meist warme Plätze in der Nähe der Heizung. Große oder üppig behaarte Vierbeiner mögen es oft kühler. Hunde lieben strategisch gute Plätze wie Haustür und Flur, wo sie alles gut im Blick haben, was wichtig ist. Neigt Ihr Vierbeiner dazu, seinen Wächterjob sehr ernst zu nehmen, sollte er allerdings nicht den vollen Überblick haben.

MOBILES HEIM – DIE TRANSPORTBOX

Zur Grundausstattung gehört auch eine kuschelig ausgepolsterte Transportbox aus Kunststoff oder Metallgitter. Sie bietet dem Vierbeiner nicht nur ein Bett mit Höhlenfeeling, sondern leistet gute Dienste bei der Stubenreinheit (► Seite 219), gibt im Auto Sicherheit (► Seite 225) und ist im Hotel ein Stück Heimat (► Seite 266). Varianten aus Stoff lassen sich falten, leicht verstauen und transportieren, eignen sich aber nicht für Rabauken, die gerne Dinge anknabbern. Die Box muss so groß sein, dass der Hund darin ausgestreckt liegen und bequem stehen kann.

WAS SONST NOCH?

Zur Grundausstattung gehört natürlich noch mehr, damit Ihr Hund alles hat, was er braucht:

- Spielzeug (► Seite 244) zum Ziehen, Suchen, Anknabbern und mehr;
- Knabberkram (► Seite 144), wie Kauknochen, Kauwurzel, Rinderohren und Ochsenziemer;
- Pflegeartikel (► Seite 153), wie Kamm, Bürste, Zeckenzange und Tücher zum Abtrocknen;
- Hundeapotheke (► Seite 185).

AKTION »SICHERES HAUS«

Welpen erproben gerne ihre Zähnchen – nicht nur da, wo sie sollen. Und ihre Neugier kann die kleinen Racker sogar in Gefahr bringen. Alles, was nicht ins Hundemaul darf, gehört daher unter Verschluss, und Gefahrenquellen in Haus und Garten müssen gesichert werden.

GEFAHR	WIE SICHERN?
Einklemmen	Schlägt eine Tür bei Zugluft zu, kann ein Hund schwer verletzt werden. Türstopper sorgen für Sicherheit. Welpen sind neugierig und schnell hinter der Schrankwand oder in engen Spalten verschwunden. Sind gefährliche Spalten sicher versperrt, kann nichts passieren.
Ertrinken	Wenn Sie einen Gartenteich oder Swimmingpool haben, sollte sich der Welpe nicht ohne Aufsicht im Garten aufhalten dürfen. Ohne hundgerechte Ausstiegshilfe kann das auch für erwachsene Hunde gefährlich werden. Ein Gitter oder Zaun gibt Sicherheit.
Innere Verletzung, Darmverschluss	Welpen nehmen alles ins Maul, kauen Stücke ab und verschlucken Kleinteile, was lebensgefährlich sein kann. Heftklammern, Schrauben, Nägel, Reißzwecken, Sicherheitsnadeln, Gummiringe, Plastikdeckel, Flaschenverschlüsse, Stifte, Kinderspielzeug, Schnuller, kleine Bälle u. Ä. gehören außer Reichweite des Hundes und der Mülleimer sicher verschlossen.
Stromschlag	Kabel sind besonders für Welpen eine Knabber-Versuchung. Kabel daher immer durch sicheres Hochlegen oder Abdecken schützen, z. B. in Kabelschächten.
Sturz	Sturzgefahr besteht vor allem bei Welpen und unsicheren älteren Hunden bei Treppen, offenen Galerien, Podesten oder Lücken im Balkongeländer. Zudem schadet sehr häufiges Treppenlaufen den Gelenken des Hundekindes. Sperren und Schutzgitter sorgen für Sicherheit. Achten Sie auch darauf, dass es am Balkongeländer oder vor geöffneten Fenstern keine Kletterhilfen wie Hocker, Bänke oder Stühle gibt.
Vergiftung	Vieles ist giftig für Hunde. So gehören Medikamente, Zigaretten, Bleistifte, Reinigungsmittel, Entkalker, Farben, Lacke, Verdünner, Insektenspray u. Ä. immer unter Verschluss und für Hunde giftige Lebensmittel wie Schokolade außer Reichweite. Giftige Pflanzen in Haus und Garten sind nicht nur für erkundungsfreudige Welpen eine Gefahr und dürfen für den Hund nicht erreichbar oder müssen gut gesichert sein. Zu den Giftpflanzen in Haus und Garten gehören z. B. Adonisröschen, Alpenveilchen, Amaryllis, Aronstab, Azaleen, Becherprimel, Belladonna-Lilie, Blauregen, Buchsbaum, Christrose, Dieffenbachie, Eibe, Fingerhut, Goldregen, Herbstzeitlose, Kakaobaum, Kirschlorbeer, Kolbenfaden, Lupine, Maiglöckchen, Mistel, Nachtschattengewächse wie Tomaten, Narzisse, Oleander, Osterglocke, Pfaffenhütchen, Prachtlilie, Rhododendron, Rittersporn, Rizinus, Schierling, Seidelbast, Stechapfel, Thuja, Tollkirsche, Weihnachtsstern.
Verletzung	Dornen, Stacheln und spitze Blätter von Pflanzen sowie spitze oder scharfkantige Dekorationsobjekte können den Hund verletzen, wenn er daran kaut oder mit einem Auge zu nahe kommt. Diese müssen immer außer Reichweite des Hundes stehen. Große Hunde können beim Wedeln Couchtische, niedrige Regale und Kommoden leer fegen. Fallen zerbrechliche Gegenstände herunter, kann sich der Hund an den Splittern die Pfoten verletzen.
Weglaufen	Überprüfen Sie den Zaun und schließen Sie alle Löcher, damit sich der Vierbeiner nicht unbemerkt vom Grundstück entfernen kann. Ist der Zaun hoch genug für den erwachsenen Hund? Für Sprungtalente oder Kletterkünstler sind 1,60 Meter nicht immer ein Hindernis. Machen Sie es sich zur Gewohnheit, das Gartentor immer verschlossen zu halten.

Denken Sie an die Sicherheit Ihres Hundes, aber auch an die Ihrer Wohnung. Bringen Sie Dinge, die Ihnen lieb und teuer sind, vor der Knabberfreude des Kleinen in Sicherheit, damit Sie noch lange daran Freude haben.

Die ersten Tage

Das Warten hat sich gelohnt, und der Tag ist gekommen, an dem der Welpe bei Ihnen einzieht. Verständlich, dass Sie aufgeregt sind. Doch halten Sie vorher kurz inne, um sich zu überlegen, was Sie den Züchter, den Tierheimmitarbeiter oder Vorbesitzer noch alles fragen wollen – am besten schreiben Sie sich das auf.

NACH HAUSE KOMMEN

Sicher holen Sie den neuen Hausgenossen mit dem Auto ab. Gerade bei längeren Autofahrten sollte seine Mahlzeit zwei Stunden zurückliegen, dann ist das Risiko geringer, dass er reisekrank wird und sich übergibt. Trotzdem ist es sinnvoll, Küchentücher und Decken griffbereit zu halten. Wenn möglich, sollten Sie den Hund nicht allein abholen, sondern sich einen Fahrer organisieren. Starten Sie morgens, damit Sie zeitig wieder nach Hause kommen, meiden Sie aber Mittagshitze. Nehmen Sie sich Zeit für das Übergabegespräch und klären Sie, was Ihnen wichtig ist. Ein guter Züchter wird Sie umfassend über Fütterung und Pflege informieren und Ihnen vielleicht sogar ein Startpaket mit dem gewohnten Futter mitgeben. Scheuen Sie sich aber auch später nicht, sich bei Fragen an den Züchter oder bisherigen Betreuer zu wenden. Gerade für Welpen ist Zuwendung wichtig. Setzen Sie sich auf dem Heimweg auf den Rücksitz und halten Sie den Kleinen auf dem Schoß. Diese Nähe erleichtert ihm die Reise in sein neues Leben und setzt den Grundstein für eine vertrauensvolle Beziehung.

Helfen Sie Ihrem Welpen bei der Eingewöhnung und schenken Sie ihm viel Zuwendung. Ruhezeiten sind aber genauso wichtig, denn das Hundekind braucht noch sehr viel Schlaf.

IM NEUEN HEIM

Sicher sind Freunde und Verwandte neugierig auf den neuen Hund. Zu viel Trubel schadet jedoch der Eingewöhnung, besonders Welpen können davon leicht überfordert werden. Lassen Sie dem Neuzugang erst einmal Zeit, seine neue Familie und das Umfeld kennenzulernen. Nach etwa einer Woche kann er nach und nach auch die ersten Besucher begrüßen.

Schritt für Schritt. Zu Hause angekommen, bekommt der Vierbeiner erst einmal Gelegenheit, sich draußen zu lösen. Bei einem erfolgreichen Geschäft wird er direkt gelobt. In der Wohnung zeigen Sie ihm, wo der Wassernapf, sein Körbchen bzw. die Transportbox stehen. Zieht ein Welpe bei Ihnen ein, setzen Sie sich am besten auf den Boden, damit er leicht Kontakt aufnehmen kann: Sie sind von Beginn an der sichere Hafen, den er ansteuern kann. Für den Anfang reicht es aus, wenn er erst einmal ein Zimmer erkundet. Schritt für Schritt folgen in den nächsten Tagen dann die anderen Räume, in denen er sich später üblicherweise aufhalten wird. Ist der Hund entspannt, geben Sie ihm seine erste Mahlzeit.

Ohne Malheur. Danach geht es wieder raus, damit er Urin oder Kot absetzen kann. Wann immer der Hund unruhig wird, auffällig am Boden schnuppert, geschlafen oder gefressen hat, wird er zügig, aber ohne Hektik nach draußen gebracht (Stubenreinheit, ▸ Seite 219).

NACHTS, WENN ES DUNKEL WIRD

Dieser Tag war für den Hund sehr anstrengend: Er hat eine Reise gemacht und findet sich in einem fremden Umfeld wieder. Nicht nur für ein Hundekind ist dies eine einschneidende Erfahrung. Doch die Kleinen wurden von der Mutter, den Geschwistern und allem, was ihnen vertraut ist, getrennt. Muss ein Welpe die Nacht allein und isoliert verbringen, kann das für ihn traumatisch sein. Egal, ob erwachsener Hund oder Welpe, lassen Sie ihn nachts nicht allein. Hunde sind soziale Tiere, und die Nähe zu ihren Sozialpartnern – ihrer Familie – ist sehr wichtig für sie. Und wie wollen Sie eine gute Beziehung aufbauen und Geborgenheit vermitteln, wenn Sie nicht bei ihm sind? Der beste Platz ist daher in Ihrem Schlafzimmer. Für den Welpen sogar neben Ihrem Bett, damit Sie die Hand in die Box legen und ihm so zeigen können, dass Sie für ihn da sind. Guter Nebeneffekt: Sie merken dann schnell, wenn er wegen eines dringenden Bedürfnisses unruhig wird.

Ausquartiert. Soll der Hund nachts nicht in Ihrem Schlafzimmer sein, ziehen Sie für eine Weile um und schlafen dort, wo der Vierbeiner sein Nachtlager hat. Und zwar so lange, bis er entspannt allein durchschläft.

INFO

Gewöhnung an Halsband und Leine

- Ziehen Sie dem Welpen das Halsband vor dem Füttern und vor dem Spielen an, dann vergisst er schnell, dass er es trägt.
- Warten Sie mit der Zeit immer länger, bis Sie es wieder abnehmen.
- Es ist ganz normal, wenn sich der Welpe am Halsband kratzt. Bedauern Sie ihn nicht, sondern lenken Sie ihn mit einem Spiel ab.
- Loben Sie den Welpen, wenn er sich ohne zu sträuben das Halsband anlegen lässt.
- Legen Sie dem Hundekind draußen die Leine an, aber ziehen Sie nicht daran. Sie soll ihm jetzt nur gesicherten Bewegungsspielraum bieten. Der Kleine muss die Leinenführigkeit erst noch lernen.

Der Hund entdeckt seine neue Welt

Die neugierige Hundenase wird nun erforschen, was die für sie unbekannte Welt zu bieten hat. Je nach Typ und Temperament braucht der Hund dabei mehr Unterstützung oder muss bei seinem Forscherdrang gebremst werden, damit er nicht in eine missliche Lage gerät. Da gilt es, das richtige Maß zu finden, ihn nicht zu überfordern, ihn aber auch nicht in Watte zu packen. Das Wichtigste ist jetzt, dass der Vierbeiner bei Ihnen die nötige Geborgenheit erfährt, sich seiner neuen Familie zugehörig fühlt und weiß, dass er sich auf Sie verlassen kann (▸ Seite 202).

Wenn Sie den Welpen mit acht oder zehn Wochen übernehmen, ist die Sozialisierung noch nicht abgeschlossen. Kontakt mit Artgenossen, Menschen und Tieren anderer Arten sowie verschiedene Umwelterfahrungen gehören zu seinem weiteren Lernprogramm.

Lassen Sie dem Welpen Zeit, Ihre Wohnung, den Garten oder den Löseplatz vor dem Haus kennenzulernen. Führen Sie den Kleinen nicht zu weit vom heimischen Umfeld weg – zum Hundeplatz der Welpengruppe wird er mit dem Auto gefahren. Erst wenn er sich sicher und heimisch fühlt, können Sie behutsam den Radius erweitern.

DER REST DER WELT

Die Erkundungsphase beginnt ab der 13. bis 14. Lebenswoche. Umwelterfahrungen zu sammeln ist kein Wettbewerb, und es geht nicht darum, möglichst viele in kurzer Zeit abzuhaken. Jedes Hundekind sollte eine gut geführte Welpengruppe (▸ Seite 226) besuchen. Dort bekommen Sie die notwendige Anleitung. Nutzen Sie ansonsten sich bietende Gelegenheiten, zum Beispiel:

- Besuchen Sie mit dem Welpen Freunde auf eine Tasse Kaffee.
- Gehen Sie beim Spaziergang an einer Weide mit Schafen, Rindern oder Pferden vorbei oder spielen Sie in der Nähe mit ihm, damit er die anderen Tiere ganz nebenbei wahrnimmt.
- Machen Sie einen Ausflug in die Stadt, zum Busbahnhof oder vor ein Geschäft. Setzen Sie sich auf eine Bank, der Welpe sitzt vor Ihnen auf dem Boden oder auf Ihrem Schoß. Schauen Sie dem Treiben etwa zehn Minuten zu und achten Sie darauf, dass er nicht von Passanten bedrängt wird.
- Gehen Sie ein- oder zweimal mit dem Welpen in die Tierarztpraxis. Statt eines Piksers gibt es dort Leckerchen und Streicheleinheiten.
- Auf den Spaziergängen kann der Welpe viel erleben. Die Bewegung muss aber gut dosiert werden (▸ Seite 246).
- Fahren Sie den Welpen mit dem Auto dorthin, wo es lustig ist, etwa zum Spielen mit Gleichaltrigen oder zum Spiel mit Ihnen auf einer Wiese.
- Lassen Sie Ihren Welpen nicht einfach zu jedem halbwüchsigen oder erwachsenen Hund rennen.

WELPENSCHUTZ?

Vertrauen Sie bei Begegnungen mit anderen Hunden nicht dem Welpenschutz – den gibt es nicht! Wenn, dann wird Welpenschutz nur beim Nachwuchs der eigenen Familie gezeigt. Es gibt viele Vierbeiner, die äußerst geduldig mit fremden Welpen umgehen – angemessenes Disziplinieren gehört dazu. Doch andere können auf Annäherung oder aufdringliches Verhalten des Kleinen sehr heftig reagieren oder ihn sogar als Beute ansehen. Schätzen Sie immer im Einzelfall ab, ob es für den Knirps ungefährlich ist, wenn er Kontakt aufnimmt. Haben Sie Zweifel daran, dass die Begegnung für ihn ein positives Erlebnis wird, lassen Sie es lieber sein.

KEIN STRESS

Der Umzug und all die Erlebnisse sind aufregend für das Hundekind. Es muss nicht jeden Tag volles Programm haben und Neues kennenlernen, Kommandos wie »Sitz!« und »Platz!« stehen jetzt noch nicht auf dem Stundenplan. Überforderung stresst den Kleinen, er kann nervös und sogar krank werden. Achten Sie deswegen auf einen ausgeglichenen Tagesrhythmus, der ihm viel Zeit für Ruhe bietet, denn Welpen müssen noch viel schlafen. Die frühzeitige Gewöhnung an die Transportbox (▸ Seite 221) hilft Ihnen dabei, ihm die notwendigen Auszeiten und ungestörte Träume zu sichern.

DER ERWACHSENE VIERBEINER

Zieht ein erwachsener Hund bei Ihnen ein, sollte auch er vorerst Gelegenheit haben, in Ruhe bei Ihnen anzukommen und sich mit der Familie anzufreunden. Er hat natürlich einen höheren Bewegungsbedarf als ein Welpe und lernt dadurch schneller sein neues Umfeld kennen. Nehmen Sie dabei Rücksicht auf seine Persönlichkeit und seine Vorerfahrungen.

- Hat er eine schwierige Vorgeschichte, helfen Sie ihm am besten, wenn Sie Zuversicht und Souveränität ausstrahlen. Hunde haben die wunderbare Eigenschaft, das Beste aus der Gegenwart zu machen, sie denken nicht an die Vergangenheit. Ihr Verhalten wird zwar durch frühere Erlebnisse beeinflusst, doch neue Bezugspersonen und ein neues Umfeld sind die Chance des Neuanfangs.
- Mitleid oder der Versuch, vormalige schlechte Erfahrungen durch besonders viele Freiheiten wieder wettzumachen, sind kontraproduktiv. Denn so fehlt dem Hund ein verbindlicher Handlungsrahmen, er muss Verantwortung übernehmen, die er gar nicht haben will – und meist ist unerwünschtes Verhalten die Folge.
- Nicht jeder Vierbeiner mit Vorleben ist ein schwieriger Fall, viele sind sogar unkomplizierter als ein Welpe und ideale Gefährten für Anfänger. Ist jedoch zu erwarten, dass es Probleme geben kann, oder treten diese nach dem Einzug auf, sollten Sie sich die Unterstützung eines guten Hundetrainers holen. Das garantiert Ihnen den besten Start in ein gemeinsames Leben.

INFO

Feste Regeln – so weiß jeder genau, was erlaubt ist und was nicht

- Gibt es Zimmer, die der Hund nicht betreten darf, wie die Küche? Gerade bei futterneidischen Hunden ist diese Maßnahme sinnvoll.
- Soll der Hund in seinem Körbchen liegen, während Sie essen? So unterbinden Sie von Anfang an, dass er bei Tisch bettelt.
- Darf der Hund mit zur Haustür, um Besuch zu begrüßen? Wenn nicht, bleibt er solange in seinem Körbchen liegen. Wenn ja, darf er Besucher natürlich nicht anspringen.
- Ist es ihm erlaubt, auf dem Sofa zu liegen? Wenn ja, kann ihm dort eine bestimmte Decke als Unterlage seinen Platz zuweisen.
- Die Spielzeuge der Kinder sind tabu.

KLARE REGELN VON ANFANG AN

Mit Verständnis, Geduld, Hundeverstand und Konsequenz werden Sie und Ihr Vierbeiner die besten Freunde. Dulden Sie von Anfang an kein Verhalten, das Sie auch später nicht wünschen. So bieten Sie einen klaren Orientierungsrahmen. Machen Sie sich eine Liste, was erlaubt ist und was nicht – und achten Sie darauf, dass sich alle Familienmitglieder daran halten.

Hunde und Kinder

Es gibt kaum ein Kind, das nicht davon träumt, einen Hund an seiner Seite zu haben. Tatsächlich hat die Wissenschaft längst bewiesen, dass Kinder vom vierbeinigen Kumpel profitieren: Der Umgang fördert Einfühlungsvermögen, Mitteilungsfähigkeit und Rücksichtnahme, er gibt Sicherheit, vertreibt Einsamkeit und verbessert die Motorik. Dazu gibt es noch jede Menge Spaß.

EIN HUND FÜR DAS KIND?

Hund gekauft und alles gut? So einfach ist das nicht. Den positiven Effekt gibt es nur, wenn die Eltern den Vierbeiner nicht für das Kind anschaffen, sondern gerne selbst haben wollen. Denn sie müssen mit gutem Beispiel vorangehen und dem Nachwuchs vorleben, was es bedeutet, einen Hund zu halten, auf seine Bedürfnisse einzugehen und ihn in die Familie zu integrieren. Die Eltern sind in allen Belangen für den Hund verantwortlich, das Kind kann je nach Alter und Reife an der Versorgung teilhaben.

KIND- UND HUNDGERECHT

Hunde müssen erzogen werden, Kinder auch. Konfliktsituationen entstehen oft dadurch, dass der Hund vom Kind bedrängt wird. Der Hund muss richtiges Verhalten lernen und korrigiert werden, wenn er sich unangemessen verhält. Und nur, wenn sich auch das Kind rücksichtsvoll verhält, wird das Zusammenleben harmonisch:

- Das Kind muss lernen, sich zurückzunehmen. Der Hund wird nicht ständig umarmt und schon gar nicht getragen! Döst, schläft, frisst oder kaut der Vierbeiner, darf er nicht gestört werden.
- Das Kind darf dem Hund nur das füttern, was von den Eltern erlaubt wurde: keine Kekse, keine Schokolade etc.
- Sein Futter, seine Kauknochen und seine Spielzeuge sind für das Kind tabu.
- Den Hund am Schwanz, an den Ohren oder am Fell zu ziehen und jegliches Ärgern sind verboten.
- Kinder sind Spielkameraden, für den Hund aber keine Erziehungsberechtigten. Die Ausführung von Kommandos durchzusetzen, ist immer Sache der Erwachsenen.
- Wird der Hund im Spiel zu wild, muss das Kind lernen, sich ruhig zu verhalten und einen Erwachsenen um Hilfe zu bitten.
- Das Kind muss lernen, dass bestimmte Türen, wie Haustür oder Gartentor, nicht offen stehen dürfen, damit der Hund nicht wegläuft.

Trotzdem können Kinder und Hunde unerwartet reagieren. Auch in einem kurzen unbeaufsichtigten Moment kann es zum Missverständnis und dadurch zu einer gefährlichen Situation kommen. Lassen Sie beide nicht allein zusammen, auch nicht für nur wenige Minuten. Mit dem richtigen Vorbild durch die Eltern wird der Vierbeiner zum unvergesslichen Freund des Kindes.

Hunde und andere Tiere

Welpen können sich mit vielen Tieren anfreunden. Trotzdem sollten Kaninchen, Meerschweinchen und andere Nager im Gehege unerreichbar für den Hund sein, denn jede schnelle Bewegung kann Jagdverhalten auslösen. Auch Vogelkäfige und Terrarien stehen außer Reichweite. Gemeinsamer Freilauf bzw. Freiflug im Zimmer ist keine gute Idee, denn viele Vögel, Nager und andere Tiere sind schon im Hundemaul gelandet. Dies gilt natürlich umso mehr bei erwachsenen Hunden und erst recht bei passionierten Jägern.

HUND UND KATZE

Die sprichwörtliche Feindschaft muss nicht sein. Hund und Katze sprechen zwar unterschiedliche Sprachen, können aber lernen, sich zu verstehen. Kommt ein Welpe zu einer Katze, können sie dicke Freunde werden. Selbst viele erwachsene Hunde gewöhnen sich noch an eine Katze, sofern Mieze offen für Freundschaft ist. Bei fremden Katzen im Garten oder auf der Straße gibt es aber meist trotzdem kein Pardon. Jagdhunde tun sich oft schwer mit einer Samtpfote im Haushalt und können sie zeitlebens als Beute ansehen.

HUND UND HUND

Welche Kombination am besten passt, kommt immer auf die jeweiligen Persönlichkeiten an. Hunde gleicher Rassen teilen sich meist Interessen und Spielverhalten, können sich tendenziell also gut miteinander beschäftigen. Doch auch ganz unterschiedliche Hunde können Freunde werden.

- Rüde und Hündin finden meist schnell einen Draht zueinander. Die Zeit der Läufigkeit kann aber sehr anstrengend werden (▸ Seite 185).
- Gleichgeschlechtliche Freundschaften sind gar nicht selten, zwei Rüden oder zwei Hündinnen können glücklich miteinander werden. Sind sich beide von der Persönlichkeit und ihrem Status sehr ähnlich, kann es leicht zu Konflikten kommen: Hündinnen kämpfen dann unerbittlicher.
- Ein Welpe sollte nur zu einem erwachsenen Hund kommen, der sich zu Hundekindern angemessen verhält. Dazu gehört aber auch, dass der Kleine vom Großen diszipliniert wird, wenn er frech oder zu aufdringlich ist.

Glücklich und behutsam hält das Mädchen den kleinen Hund im Arm. Mit der richtigen Anleitung durch die Eltern werden die beiden sicher dicke Freunde und unvergessliche Erlebnisse miteinander teilen.

Fragen und Antworten

Auswahl & Eingewöhnung

1

Wir bekommen bald einen Welpen. Gibt es Empfehlungen für die Namensgebung?
Kurze Namen mit ein oder zwei Silben eignen sich am besten. Mit einem »i« oder »y« am Ende ist der Name besonders eingängig, wie Henry, Toni, Willi, Heidi, Penny und Ruby. Wählen Sie einen Namen, der auch später zum erwachsenen Hund passt und der Ihnen leicht von den Lippen geht. Tipp: Stöbern Sie doch einmal in einem Namensbuch oder entsprechenden Seiten im Internet, da gibt es viele Anregungen.

Leben großer und kleiner Vierbeiner zusammen, muss der Mensch die Regeln vorgeben.

2

Wir haben einen Malteser. Können wir noch einen großen Hund dazunehmen?
Groß und Klein können sich prima verstehen. Wenn Sie den Welpen aussuchen, sollten Sie nicht den rauflustigsten wählen. Ihre Aufgabe ist es, darauf zu achten, dass Ihr Malteser nicht unter dem altersentsprechend lebhaften Welpen zu leiden hat, der ihm bald an Körpergröße und Kraft überlegen sein wird. Bringen Sie dem Welpen bei, sich rücksichtsvoll zu verhalten. Er darf den Malteser zum Beispiel nicht umrennen und nicht mit der Pfote nach ihm schlagen. Beenden Sie ein Spiel, wenn Sie den Eindruck haben, dass Ihr Malteser dazu nicht in der Lage ist. So können beide dicke Freunde werden.

3

Wie gewöhne ich unseren Welpen am besten an seinen Namen?
Sprechen Sie den Kleinen nicht mit Namen an, wenn Sie ihn schimpfen, sondern nur in angenehmen Situationen, zum Beispiel vor der Fütterung und wenn Sie ihm ein Spielzeug geben.

4

Kann ich unseren zehn Wochen alten Welpen schon längere Zeit allein lassen?
Nein, der Kleine muss erst noch lernen, allein zu bleiben. Wird das jetzt übertrieben, kann das zu Trennungsangst führen. Außerdem lernt der Welpe dann, sich in der Wohnung zu lösen, was das Stubenreinheitstraining erschwert.

5

Können wir für unseren Welpen Halsband und Leine kaufen, die ihm noch passen, wenn er erwachsen ist?

Das ist nicht zu empfehlen. Für den Welpen sollten Halsband und Leine aus leichtem Material bestehen, zum Beispiel Nylon. Halsbänder für erwachsene Hunde sind viel zu schwer und sitzen nicht richtig. Außerdem wird der Kleine sicher öfter in die Leine beißen, da muss es kein teures Modell sein. Später ist eine Lederleine ideal und haltbar.

6

Wir wohnen im vierten Stock eines Mietshauses und wünschen uns einen Dackel. Ist das die richtige Rasse?

Unabhängig davon, ob die rassetypischen Eigenschaften zu Ihnen passen, kommt es darauf an, ob das Haus einen Fahrstuhl hat. Wenn nicht, müssten Sie ihn auf den Treppen immer tragen. Alle Rassen, deren Rücken im Vergleich zur Größe sehr lang ist, wie Dackel, Basset und Corgi, neigen zu Bandscheibenproblemen – häufiges Treppenlaufen erhöht das Risiko.

7

Wie hebe ich einen Welpen richtig hoch?

Ein Welpe muss beim Hochheben gut gestützt werden. Eine Hand umfasst die Brust, am besten mit dem Zeigefinger zwischen den Vorderbeinen. Die andere Hand stützt und sichert das Hinterteil. Dann drücken Sie den Welpen behutsam an Ihre Brust. Ganz wichtig: Einen Welpen auf dem Arm immer sicher fixieren, damit er sich nicht aus dem Griff herauswinden und herunterfallen kann.

8

Wie alt sollte der Welpe sein, wenn ich ihn übernehme?

Das Gesetz schreibt ein Mindestalter von acht Wochen vor. Studien haben belegt, dass sich eine zu frühe Trennung von Mutter und Geschwistern negativ auf das Immunsystem und die Stressanfälligkeit auswirkt. Für Hunde großer Rassen empfehlen Verhaltensforscher ein Abgabealter von zwölf Wochen, viele werden aber auch früher abgegeben.

9

Wir wollen mit unserem Jack Russell Terrier Freunde mit Hund besuchen. Wie gehen wir da am besten vor?

Wenn sich die Hunde noch nicht kennen, sollte die erste Begegnung auf neutralem Gebiet sein – weder direkt vor dem Haus noch auf der täglichen Gassirunde. Treffen Sie sich außerhalb zu einem Spaziergang. Am Verhalten der Hunde werden Sie bald merken, ob es sinnvoll ist, Ihren Hund mit ins Haus zu nehmen.

3

HUNDE GESUND ERNÄHREN

Die Ernährung des Vierbeiners ist ein Thema, das den Halter ein Hundeleben lang begleitet. Womit ist der kleine Freund am besten versorgt – mit Fertigfutter oder selbst zubereiteten Mahlzeiten? Was braucht er, um gesund und fit alles das tun zu können, was ein Hund tun muss? Die richtige Wahl zu treffen, wird schon dadurch erschwert, dass die Deklaration der Produkte nicht immer auf Anhieb nachvollziehbar ist. Wer sich auskennt, ist klar im Vorteil und kann besser entscheiden, was in den Napf kommt, und damit die Grundlage für die Gesundheit seines Hundes legen.

Grundlagen der Ernährung

Es ist für Hundehalter immer wieder eine Freude zu sehen, wie sich ihr kleiner Freund laut schmatzend über seinen gefüllten Napf hermacht. Ihm schmeckt's. Doch bekommt er auch alles, was er braucht?

Richtige Ernährung ist unerlässliche Voraussetzung für die Gesundheit des Hundes – in jedem Lebensalter. Das beginnt schon im Mutterleib, denn über die Nabelschnur nimmt der ungeborene Welpe an dem teil, was seine Mutter frisst. Wird die Hündin mangelhaft ernährt, wirkt sich das direkt und nachteilig auf ihren Nachwuchs aus. Ein Grund mehr, Welpen nur dort zu kaufen, wo in allen Bereichen auf eine optimale Aufzucht geachtet wird. Gerade geboren, bekommt der Kleine dann mit der Muttermilch eine Extraportion Fitmacher geliefert. Diese erste Mahlzeit (Kolostralmilch) ist nicht nur reich an Energie, sie liefert dem Körper auch wichtige Stoffe für ein starkes Immunsystem. So kann das neugierige Hundekind die Welt entdecken, bis es mit fester Nahrung selbst auf den Geschmack kommt. Gut ernährt, wird es sich dann prächtig entwickeln.

So funktioniert die Verdauung

Hunde werden oft für Fleischfresser gehalten, genau wie ihre wild lebenden wölfischen Urahnen. Doch der Wolf lebt nicht von Fleisch allein – er frisst vor allem kleine Beutetiere mit Haut und Haaren, lässt sich bei großen den Darm samt vorverdautem pflanzlichem Inhalt schmecken und bedient sich an Obst, Beeren, Abfällen, Exkrementen und Aas. Was seine Ernährung angeht, ist der stattliche Beutegreifer also sehr pragmatisch und nutzt das, was zur Verfügung steht. Der Hund ist da nicht anders. Im Gegenteil: Die Nähe zum Menschen hat seinen Speiseplan erweitert, seine Verdauung verändert und ihn zu einem Allesfresser mit der Vorliebe für Fleischanteile gemacht.

SCHLINGEN STATT KAUEN

Hunde sind »Schlinger«, die ihre Nahrung in einem Stück schlucken. Was zu groß ist, wird mit den kräftigen Zähnen und mit Unterstützung der starken Muskulatur des Kiefers zerkleinert, ob Fleisch oder Knochen. Damit es besser rutscht, sorgt der Speichel für Gleitfähigkeit. Er wird durch verschiedene Drüsen gebildet und sammelt sich schon dann im Maul, wenn der Hund eine Mahlzeit erwartet (Pawlow'scher Hund, ▸ Seite 135). Der Speichel besitzt aber anders als beim Menschen keine Verdauungsenzyme.

SÄUREATTACKE IM MAGEN

Im Magen angekommen, wird die Nahrung so richtig in die Mangel genommen. Die kräftige Muskulatur walkt sie durch, und die Magensäfte setzen ihr zu. Die Magensäfte des Hundes haben einen viel höheren Salzsäureanteil als die des Menschen. Das ist notwendig bei einem Tier, das Fleisch und aus menschlicher Sicht betrachtet auch gerne verdorbene Nahrung wie angegammelte Kadaver oder Kot zu sich nimmt. In diesem sauren Milieu können viele der in der Nahrung enthaltenen Krankheitserreger nicht überleben.

NÄHRSTOFFAUFNAHME

So präpariert, kann die Nahrung im Dünndarm von Verdauungssäften und -enzymen zerlegt werden. Die aufgespaltenen Nährstoffe (▸ Tabelle, Seite 129) werden dann über die Darmwand in den Körper aufgenommen und mit dem Blut verteilt. Was von der Nahrung noch übrig bleibt, gelangt in den Dickdarm. Nährstoffe schwer verdaulicher Nahrungsbestandteile können auch dort noch absorbiert werden, vor allem nach Gärungsprozessen. Weiterhin wird Flüssigkeit entzogen und der Rest als Kot ausgeschieden.

INFO

Ohne Wasser geht es nicht!

- Wasser ist notwendig, um die Körperfunktionen aufrechtzuerhalten. Es muss immer in beliebiger Menge zur freien Verfügung stehen.
- Der Hundekörper verliert Flüssigkeit beim Atmen, über die Haut sowie über Urin und Kot.
- Der Wasserbedarf ist abhängig vom Wassergehalt des Futters, von der Umgebungstemperatur und der körperlichen Anstrengung.
- Ein mit Feuchtfutter ernährter Hund benötigt täglich pro kg Körpergewicht durchschnittlich 8 ml (80 ml bei 10 kg), bei Trockenfutter 45 ml Wasser (450 ml bei 10 kg), bei hoher Leistung oder Umgebungstemperatur mehr.
- Gesteigerte Wasseraufnahme kann ein Krankheitsanzeichen sein (▸ Tabelle, Seite 171).

Nährstoffkunde

Die täglichen Mahlzeiten liefern Ihrem Hund all die Bausteine, die er braucht, um seine Körperfunktionen aufrechtzuerhalten, zu regenerieren und energiegeladen durch den Tag zu kommen. Voraussetzung dafür ist, dass die Nahrung des Vierbeiners alle dafür notwendigen Nährstoffe in ausreichender Menge und ausgewogenem Verhältnis enthält. Was, wie viel und in welcher Zusammensetzung diese benötigt werden, hängt von den individuellen Bedürfnissen des Hundes ab, zum Beispiel von Größe, Alter und Aktivität.

HAUPTNÄHRSTOFFE UND VERDAUUNG

Eiweiße (Proteine). Enthalten u. a. essenzielle Aminosäuren, die der Körper nicht selbst herstellen kann. Sie dienen dem Aufbau und der Erhaltung von Zellen und Gewebe, etwa im Wachstum, beim Muskelaufbau und bei der Blutbildung.

Junge Dogge: Welpen großwüchsiger Rassen haben besondere Ernährungsansprüche.

- Mangel führt u. a. zu Stoffwechselstörung, Fehlentwicklung, Infektanfälligkeit; Überversorgung schädigt u. a. Nieren und Leber.
- Enthalten zum Beispiel in Fleisch (vorwiegend Muskelfleisch), Fisch, Innereien, Milchprodukten, Eiern, Soja, Bierhefe.

Kohlenhydrate (Zucker, Stärke). Liefern den Zellen schnell verfügbare Energie und sind einziger Energielieferant für das Gehirn und die Blutzellen. Zum Transport ist das in der Bauchspeicheldrüse produzierte Insulin nötig. Gespeichert wird der Zucker in den Muskeln; sind die Speicher voll, wird er in Fett umgewandelt.

- Mangel führt u. a. zu Leistungsabfall, Unterzuckerung; Überversorgung u. a. zu Übergewicht.
- Enthalten z. B. in pflanzlichen Produkten wie Getreide, Mais, Reis, Hirse, Nudeln, Kartoffeln.

Fette. Gesättigte Fettsäuren sind gute Energieträger und gespeichert wichtig für die Regulierung der Körpertemperatur. Ungesättigte Fettsäuren sind unerlässlich für Stoffwechselvorgänge, die Verfügbarkeit von fettlöslichen Vitaminen und für das Nervensystem.

- Mangel führt u. a. zu Untergewicht, Antriebslosigkeit, Konzentrationsstörungen und Stoffwechselerkrankungen; Überversorgung führt u. a. zu Übergewicht und Verfettung von Organen.
- Enthalten z. B. in fettigem Fleisch, Rindertalg, Gänseschmalz, Butter, Lachsöl, Lebertran (hoher Vitamin-D-Gehalt) und kalt gepressten pflanzlichen Ölen.

Ballaststoffe. Vorwiegend unverdauliche Kohlenhydrate (Rohfasern), die die Verdauung anregen, Flüssigkeit binden und zur Entgiftung des Körpers beitragen.

- Sowohl Mangel als auch zu schnelle Aufnahme größerer Mengen führen zu Darmträgheit.
- Enthalten z. B. als Zellulose in Vollkorngetreide, Hülsenfrüchten, Gemüse und Obst.

MINERALSTOFFE UND VITAMINE

Zur ausgewogenen Ernährung des Hundes gehört auch die Versorgung mit Mineralstoffen und Vitaminen in passender Menge – einige sind unten erläutert. Welche Menge ein Hund benötigt, hängt unter anderem von seinem Alter, seiner Aktivität und seinen Lebensumständen ab.

NAME	WIRD WOFÜR BENÖTIGT? / SYMPTOME EINES MANGELS BZW. EINER ÜBERVERSORGUNG / ENTHALTEN IN
Kalzium (Ca) und Phosphor (P) – Mengenelemente	Ausgewogenes Kalzium-Phosphor-Verhältnis von ca. 1,3:1 ist u. a. für Knochen und Zähne, Nerven, Muskulatur, Blutgerinnung, Fettstoffwechsel und Zellfunktion notwendig. Mangel führt u. a. zur Entkalkung von Knochen und Zähnen, zu Nervenleiden, Krämpfen und gestörter Blutgerinnung. P-Überversorgung führt zu Harnsteinen, gestörter Kalziumaufnahme, Durchfällen und Nierenerkrankungen; Ca-Überversorgung zu Harnkristallen, Verstopfung, Erbrechen. Enthalten z. B. in Knochen, Eierschalen, Milchprodukten (geringer Gehalt). Phophor auch in Fleisch, Fisch, Getreide.
Magnesium – Mengenelement	Aufbau und Erhalt von Knochen, Funktion von Muskulatur, Kreislaufsystem und Verdauung. Mangel führt zu Entwicklungsstörungen, Muskelschwäche, Konzentrationsstörungen, Krämpfen, losem Bandapparat und Nervosität; Überversorgung zu Durchfall, gestörter Kalzium-/Phosphoraufnahme und Harnsteinen. Enthalten z. B. in Fisch, Hülsenfrüchten, Getreide.
Natrium – Mengenelement	Wasserhaushalt des Körpers und Säure-Basen-Gleichgewicht. Mangel führt u. a. zu Austrocknung (Dehydration), zu geringem Blutvolumen, Kreislaufstörungen, Nervosität; Überversorgung ist selten, z. B. bei Trinken von Meerwasser (führt z. B. zu Durchfall, Krämpfen), da Überschuss ausgeschieden wird. Enthalten in salzhaltiger Nahrung, Speisesalz.
Kalium – Mengenelement	Funktion der Zellen und zahlreicher Verdauungsenzyme, Muskulatur und Nerven. Mangel führt zu Schwäche, Verstopfung, Kreislauf- und Nierenproblemen, Entwicklungsstörungen. Enthalten z. B. in Fleisch, Fisch, Gemüse, Obst und Getreide.
Eisen – Spurenelement	Speichert und transportiert Sauerstoff. Mangel wird oft erst spät erkannt und führt zu Leistungsschwäche, erhöhtem Infektionsrisiko, Blutarmut, gesteigerter Entzündungsneigung; Überversorgung zu Zellschäden. Enthalten z. B. in Fleisch, Fisch, Weizenkleie, Hafer, Hefe, Vollkornprodukten.
Jod – Spurenelement	Schilddrüsenhormone und Stoffwechsel. Mangel führt u. a. zu Leistungsschwäche, Antriebslosigkeit, Nervosität, Gereiztheit, vergrößerter Schilddrüse, stumpfem Fell, Haarausfall und Entwicklungsstörungen; Überversorgung führt zu Durchfällen und reduzierter Schilddrüsenfunktion. Enthalten z. B. in Schlundfleisch (= Fleisch vom Hals/Speiseschlund), Fisch.
Zink – Spurenelement	Unterstützt das Immunsystem, Haut und Fell. Mangel führt zu Leistungsabfall oder Hyperaktivität, erhöhtem Infektionsrisiko, gesteigerter Entzündungsneigung; Überversorgung führt zu sekundärem Kupfermangel. Enthalten z. B. in Fleisch, Fisch, Weizenkleie, Hafer, Hefe, Vollkornprodukten.
Wasserlösliche Vitamine	Überschüssige Vitamine werden ausgeschieden, Überversorgung ist nicht gegeben. B-Vitamine haben viele Funktionen, z. B. für Nerven und Gehirnleistung, Vitamin B_7 (Biotin) für Haut und Haare. B-Vitamine sind z. B. enthalten in Fleisch, Leber, Nüssen, Hefe. Vitamin C können Hunde außer im höheren Alter meist selbst ausreichend produzieren.
Fettlösliche Vitamine	Zur Verwertung benötigt der Körper Fette und Öle. Überschuss wird in Leber, Nieren und Fettgewebe gespeichert und ist schädlich. Vitamin A ist für Haut, Wachstum und Sehvermögen nötig, enthalten z. B. in Leber und Eiern, die Vorstufe Beta-Carotin in Salat, grünem Gemüse, Möhren. Vitamin D wird u. a. für Kalziumstoffwechsel und Immunsystem benötigt, enthalten z. B. in Leber, tierischem Fett, Lebertran. Vitamin E schützt Zellmembranen, enthalten z. B. in Getreide. Vitamin K ist u. a. wichtig für Blutgerinnung und Gefäße, z. B. enthalten in Leber, Fisch, grünem Gemüse.

Werden dem Hund zu wenig Mineralstoffe und Vitamine zugeführt, entsteht ein Mangel. »Viel hilft viel« stimmt aber auch nicht: Eine Überversorgung kann ebenfalls zu Beschwerden und schwerwiegenden Krankheiten führen.

Angepasst füttern je nach Bedarf

Den Vierbeiner richtig zu füttern heißt, seine individuellen Bedürfnisse bei den Mahlzeiten zu berücksichtigen.

ENERGIEBEDARF

Der Energiebedarf wird von unterschiedlichen Gegebenheiten bestimmt, zum Beispiel:

Größe und Fell. Ein wesentlicher Anteil der zugeführten Energie wird für die Erhaltung der Körpertemperatur benötigt. Kleine Hunde haben im Verhältnis zur Körpermasse mehr Körperoberfläche – mehr Haut. Dadurch geben sie mehr Wärme an die Umgebung ab. Diesen Verlust gilt es auszugleichen, um eine konstante Köpertemperatur aufrechtzuerhalten: Ein fünf Kilogramm schwerer erwachsener Hund benötigt pro Kilogramm Körpergewicht fast doppelt so viel Energie wie ein 50 Kilogramm schwerer Artgenosse. Ein Hund mit wenig oder dünnem Fell gibt mehr Wärme an die Umgebung ab als ein Artgenosse mit dickem Pelz, daher braucht auch er mehr Energie.

Temperament. Ist der Hund vom Grundtyp ein gemütlicher Geselle, verbraucht er weniger Energie als ein ebenso schwerer Hund gleicher Rasse, der zu den hektischen Zeitgenossen gehört.

Kastration. Nach einer Kastration verändert sich der Stoffwechsel des Hundes. Grundsätzlich kann davon ausgegangen werden, dass ein kastrierter Hund ca. 30 Prozent weniger Energie braucht als ein unkastrierter. Dies sollte bei der Fütterung berücksichtigt werden (▸ Seite 134).

INFO

Folgende Anzeichen weisen auf falsche Ernährung und/oder eine Erkrankung des Hundes hin:

- Das Fell ist glanzlos, hat Schuppen und/oder kahle Stellen.
- Der Hund ist schnell erschöpft oder hyperaktiv.
- Er zeigt Verhaltensauffälligkeiten, zum Beispiel erhöhte Reizbarkeit, Antriebslosigkeit oder Desinteresse an seiner Umwelt.
- Der Hund setzt weniger als einmal oder öfter als dreimal täglich Kot ab.
- Der Kot ist sehr hell, sehr dunkel, oder seine Farbe weicht von der normalen ab.
- Der Kot riecht sehr streng, ist nicht geformt, sondern breiig, oder auffallend fest, der Hund hat Beschwerden beim Kotabsatz.
- Der Hund hat auffällige Blähungen.

ERNÄHRUNG IM WACHSTUM

Junge Hunde haben einen gesteigerten Bedarf an Grundnährstoffen, Mineralstoffen, Spurenelementen und Vitaminen, denn zu wachsen ist Höchstleistung. Von allem einfach viel zu geben, ist nicht die Lösung, denn Überversorgung ist genauso schädlich wie ein Mangel – gerade im Wachstum. Beim Welpen legen Sie mit der Ernährung die Basis für seine Gesundheit. Nimmt ein Hundekind etwa zu viel Energie mit der Nahrung auf, wächst es zu schnell. Das ist besonders bei großwüchsigen Hunden ein Problem und kann zu Skelettschäden (▸ OCD, Seite 181) führen, Übergewicht und Gesäugetumoren fördern.

IM BESTEN ALTER – JE NACH LEISTUNG

Hat der ausgewachsene Hund sein Idealgewicht, gilt es dieses bei ausgeglichener Nährstoffgabe zu erhalten. Ihm darf nur so viel Energie zugeführt werden, wie er verbraucht. Alles Weitere wird als Fettreserve angesetzt.

Muss ein Hund gesteigerte Leistung erbringen, benötigt er mehr Energie. Dazu zählen Diensthunde, Schäferhunde im täglichen Einsatz, Schlittenhunde in Trainings- und Wettkampfphasen sowie Hündinnen im letzten Drittel der Trächtigkeit oder während sie säugen, nicht aber Hunde, die zweimal pro Woche sportlich aktiv sind.

SENIORENTELLER – ERNÄHRUNG 8+

Die körperliche Leistungsfähigkeit nimmt mit zunehmendem Alter ab. Das betrifft alle Bereiche, von der Bewegung bis zur Verdauung. Das Futter und insbesondere die Eiweiße sollten leicht verdaulich sein und eine hohe Verwertbarkeit haben, damit die Nährstoffe dem Körper ohne Belastung zugeführt werden können. Hochwertiges Eiweiß ist wichtig für den Muskelerhalt, zudem haben viele ältere Hunde einen erhöhten Vitamin- und Mineralstoffbedarf. Ein höherer Anteil an Ballaststoffen ist wichtig für die Darmaktivität. Der Energiebedarf nimmt durch den altersbedingt veränderten Stoffwechsel und die reduzierte Bewegung ab. Hochbetagte Hunde brauchen manchmal mehr Energie, damit sie ihr Gewicht halten.

GEWICHTSENTWICKLUNG

Hunde wachsen unterschiedlich. Die Ernährung muss entsprechend angepasst sein. Die Tabelle stellt stichprobenartig verschiedene Rassehunde gegenüber. Gewichtszunahme und Endgewicht können auch innerhalb einer Rasse je nach Endgröße, Typ, Statur und weiteren Faktoren abweichen.

RASSE	Geburt	4 Wochen	8 Wochen	6 Monate	12 Monate	24 Monate
Chihuahua	0,12 kg	0,45 kg	0,8 kg	1,6 kg	2,4 kg	2,8 kg
Papillon	0,13 kg	0,5 kg	1,0 kg	2,5 kg	2,9 kg	3,5 kg
Mops	0,17 kg	0,78 kg	1,3 kg	6,5 kg	8,0 kg	8,5 kg
Beagle	0,32 kg	1,8 kg	3,6 kg	8,0 kg	10,0 kg	11,5 kg
Australian Shepherd	0,35 kg	2,6 kg	5,8 kg	14,0 kg	19,0 kg	21,0 kg
Boxer	0,48 kg	2,3 kg	4,8 kg	16,0 kg	23,0 kg	30,0 kg
Labrador	0,42 kg	3,1 kg	6,5 kg	21,0 kg	30,0 kg	33,0 kg
Irish Wolfhound	0,60 kg	5,0 kg	11,0 kg	40,5 kg	53,0 kg	61,0 kg

Wiegen Sie Ihren Hund regelmäßig (▸ Seite 134), um sein Gewicht zu kontrollieren. Es ist sinnvoll, vom Experten einen individuellen Futterplan aufstellen zu lassen, für Welpen auch eine individuell berechnete Wachstumskurve.

Spezialkost für den Vierbeiner

Du bist, was du isst – das gilt nicht nur für den gesunden Vierbeiner, sondern erst recht für den kranken, von einer Allergie geplagten oder übergewichtigen Hund. Angepasste Fütterung kann zur Genesung beitragen, die Krankheit im Zaum halten, das Leben des Hundes verlängern und seine Lebensqualität steigern.

WENN DER HUND KRANK IST

Zur Unterstützung der tierärztlichen Behandlung von Erkrankungen sind diätetische Maßnahmen häufig sinnvoll oder sogar unerlässlich, zum Beispiel bei Erkrankungen der Nieren oder Leber sowie bei Harnsteinen, Diabetes oder Herzinsuffizienz (▸ Tabelle, rechts). Medizinische Diäten sind zudem bei Bauchspeicheldrüsenerkrankungen und Krankheiten von Magen und Darm angeraten. Gezielte Ernährung kann sich bei Gelenkerkrankungen positiv auf den Gelenkknorpel auswirken, die Gehirnleistung im Alter unterstützen und der Bildung von Zahnstein entgegenwirken. Sie stärkt die Abwehrkräfte, hilft bei der Rekonvaleszenz nach Unfällen oder Operationen und wirkt Entzündungsprozessen entgegen. Ihr Tierarzt wird Sie dazu gerne beraten.

Starkes Übergewicht schädigt Organe und Gelenke. Der Tierarzt sollte das Abnehmen überwachen.

Das muss Diätnahrung leisten. Damit der durch die Erkrankung bereits gestresste Körper nicht noch zusätzlich belastet wird, sollte die Nahrung des Hundes gut verdaulich sein. Inhaltsstoffe oder deren Vorstufen, die sich negativ auf den kranken Hund auswirken, werden in der Diätnahrung auf ein vertretbares Maß reduziert. Gleichzeitig muss die ausgewogene Nährstoffversorgung gewährleistet sein. Eine durch die Krankheit verursachte gestörte Aufnahme einzelner Nährstoffe wird durch Zusätze ausgeglichen, um Mangelerscheinungen vorzubeugen oder diese auszugleichen.

Eigene Zubereitung. Sachkundige Hundehalter können die für ihren Hund notwendigen Diäten selbst zubereiten. Voraussetzung ist allerdings umfassende Kenntnis der Ernährungskunde, da sonst die Gefahr groß ist, der Gesundheit des Hundes mehr zu schaden als zu nutzen. Bei der Ernährung mit Hausmannskost ist immer wichtig, sich von einem ausgewiesenen Experten einen individuellen Ernährungsplan aufstellen zu lassen, erst recht bei kranken Hunden.

Diät-Fertignahrung. Zahlreiche Futtermittelhersteller bieten diätetische Nahrung für Hunde an, sowohl als Trockenfutter als auch als Feuchtfutter. Sie bekommen es direkt über Ihren Tierarzt oder mit Rezept im Fachhandel oder beim Hersteller.

Leckerchen. Belohnungshappen und Beifutter (▸ Seite 144) müssen auf die Diät abgestimmt sein, um den Erfolg nicht zu gefährden.

DIÄTNAHRUNG BEI ERKRANKUNG

Diätetische Ernährung des Hundes kann im akuten Krankheitsfall oder bei chronischen Krankheiten oder Beschwerden notwendig sein. Bei manchen Erkrankungen ist eine spezielle Diät zwingend notwendig, um sie in den Griff zu bekommen. Ansprechpartner ist immer der Tierarzt! Beispiele:

ERKRANKUNG	DIÄT
Nieren (▸ Seite 183)	Zur Schonung des Entgiftungsorgans enthält das Futter weniger, dafür aber sehr leicht verdauliches Eiweiß. Zudem sollten Natrium und Phosphor vertretbar gering gehalten werden.
Leber (▸ Seite 182)	Die Leber ist ein Entgiftungsorgan, das bei Erkrankung entlastet werden muss. Empfehlenswert sind ein geringer Protein- und gegebenenfalls auch Fettgehalt, leichte und hohe Verdaulichkeit, ein angepasster Kupfer- und Natriumgehalt sowie der Ausgleich eines Zink- und Vitamin-K-Mangels.
Harnsteine (▸ Seite 183)	Harnsteine sind je nach Typ von unterschiedlicher Zusammensetzung. Struvitsteine finden sich vorwiegend in alkalischem Harn, Kalziumoxalatsteine in saurem Harn. Angepasstes Futter soll die Auflösung von Harnsteinen unterstützen und/oder die Neubildung verhindern. Diäten enthalten wenig und gut verdauliches Protein, einen auf die Steinart abgestimmten Mineralgehalt, häufig Salz zur Anregung der Wasseraufnahme und Harnausscheidung und sollen den pH-Wert des Harns therapiefördernd beeinflussen.
Diabetes mellitus (▸ Seite 182)	Um schnellen Blutzuckeranstieg zu vermeiden: häufige, konstante Fütterung faserreicher Nahrung mit langkettigen (stärkehaltigen) Kohlenhydraten, keine zuckerhaltigen Futtermittel.
Herz (▸ Seite 181)	Salzarme, leicht verdauliche Nahrung bei Herzinsuffizienz.

Im Rahmen einer Diät kommt es nicht nur auf die Hauptmahlzeiten an, auch Leckerchen und andere Beifütterungen müssen die Diätkriterien erfüllen, wenn die Behandlung erfolgreich sein soll.

Schonkost. Leichte Kost für Hunde mit akuten Magen-Darm-Beschwerden ist körniger Frischkäse oder Magerquark gemischt mit gekochtem Reis oder in Wasser aufgequollenen Hirseflocken.

WENN DAS FUTTER KRANK MACHT

Hunde können auf verschiedene Stoffe allergisch (▸ Seite 184) oder mit Unverträglichkeit (meist Verdauungsbeschwerden) reagieren. In der Nahrung sind das zum Beispiel tierische und pflanzliche Proteine, Zusatzstoffe können Allergien verstärken. Häufigste Auslöser sind Rind, Huhn und Getreide. Immer mehr Hunde leiden unter einer Glutenunverträglichkeit, bei der es durch das im Getreide vorkommende Klebereiweiß (Gluten) zu entzündlichen Prozessen im Dünndarm kommt. Die Diagnose erfolgt meist über Ausschlussverfahren, die andere Erkrankungen als Ursache ausschließen. Parallel wird in Absprache mit dem Tierarzt für etwa 8 Wochen eine Ausschlussdiät gefüttert, indem der Hund nur mit Futtermitteln ernährt wird, die ihm bisher unbekannt sind. Das Futter sollte nur eine tierische Proteinquelle (z. B. Pferde-, Känguru- oder Straußenfleisch) und eine pflanzliche Kohlenhydratquelle (z. B. gekochte Kartoffel) enthalten. Alternativ wird diätetisches Fertigfutter mit stark zerkleinerten Aminosäuren gefüttert. Bringt dies Besserung, können vorsichtig andere Proteinquellen ergänzt werden. Angepasste Fütterung ist oft lebenslang notwendig.

WENN DER HUND ZU DICK IST

Es gibt Hunde unterschiedlicher Statur. Manche sind von ihrem Grundtyp her gertenschlank und wirken auf den unkundigen Betrachter fast unterernährt. Bei anderen ist es rassetypisch, dass sich etwas Speck auf den Rippen findet. Um das Gewicht einzuschätzen, wird der Hund mit Artgenossen gleicher Rasse, Statur und Größe und von optimalem Ernährungszustand verglichen.

Darf es etwas mehr sein? Zeigt die Waage nur fünf Prozent mehr an, ist der Hund schon übergewichtig. Er nimmt mehr Energie auf, als er verbraucht. Nochmal fünf Prozent mehr, und er ist fettleibig. Die gesundheitlichen Auswirkungen sind vielfältig und beginnen mit nachlassender Leistungsfähigkeit und Belastungen für den Bewegungsapparat, können zu Herz-Kreislauf-Problemen und weiteren organischen Erkrankungen führen. Der Vierbeiner büßt an Lebensqualität ein und verliert wertvolle Lebenszeit. Am besten ist es, dass Sie es erst gar nicht so weit kommen lassen und stets einen kritischen Blick auf die schlanke Linie des tierischen Gefährten haben.

Den Hund wiegen. Kontrollieren Sie regelmäßig das Gewicht Ihres Hundes. Bringen Sie ihm bei, sich auf die Waage zu setzen. Stattdessen können Sie Ihren Hund auf dem Arm halten, sich zusammen wiegen und dann Ihr Gewicht abziehen. Ist Ihr Hund zu groß, ist die hundgerechte Waage beim Tierarzt die Alternative.

INFO

Testen Sie, wie schlank Ihr Hund ist. Beispiel: Ein Vierbeiner von durchschnittlicher Statur

- Bei Hunden, die von ihrem Rassetyp her weder sehr schlank noch üppig sind, können die Rippen mit der flachen Hand leicht erfühlt werden. Von oben betrachtet, ist die Taille des Hundes gut zu erkennen.
- Bei übergewichtigen Hunden sind die Rippen unter einer kräftigeren Fettschicht verborgen und lassen sich schwerer fühlen. Von oben betrachtet, ist die Taille nicht oder nur angedeutet zu erkennen.
- Untergewichtige Hunde haben stark hervortretende Rippen und Beckenknochen, die bei kurzhaarigen deutlich zu sehen sind. Von oben betrachtet, zeigt sich die Taille sehr ausgeprägt.

DIE WAAGE SCHLÄGT ALARM

Ist der Vierbeiner etwas zu üppig, muss dem entgegengewirkt werden. Einfach die Portionen zu halbieren, ist aber der falsche Weg. Denn dadurch reduziert man nicht nur die zugeführte Energie, sondern auch alle anderen lebensnotwendigen Nährstoffe – es drohen Mangelzustände.

Langsam, aber stetig. Um Mängeln vorzubeugen, sollte der Hund maximal zwei Prozent Gewicht pro Woche verlieren. Der Energiegehalt der Rationen orientiert sich am angestrebten Endgewicht.

Angepasstes Futter. Selbst zubereitetes Futter kann mit einem höheren Anteil unverdaulicher Faserstoffe angereichert werden. Fertigfutter wird in verschiedenen Lightvarianten angeboten, je nach Grad des Übergewichts. Die Gewichtsreduktion stark übergewichtiger Hunde sollte nur unter Aufsicht eines Tierarztes stattfinden. Leckerchen müssen in den Diätplan einbezogen werden, außerdem gilt es zu verhindern, dass sich der Hund anderweitig bedient.

Bewegung macht fit. Zusätzlich braucht der Hund mehr Bewegung. Diese muss seinem aktuellen Leistungsstand entsprechen und darf nur langsam gesteigert werden, um seine Gelenke und den Organismus nicht zu sehr zu belasten.

Forschung & Praxis

Über die Ernährung

› Milch und Eier – was verträgt der Hund?
Ob Hunde Milchprodukte vertragen, ist individuell verschieden – viele vertragen sie nicht oder nur in geringen Mengen. Ursache ist die Unverträglichkeit von Milchzucker. Laktosefreie Milchprodukte werden meist gut vertragen. Rohe Eier gelten als altes Hausmittel für schönes Fell. Eiklar enthält jedoch Avidin. Wird es roh verabreicht, hemmt es die Aufnahme des B-Vitamins Biotin und wirkt sich dadurch sogar negativ auf Haut und Fell aus. Bei gekochten Eiern bleibt die schädliche Wirkung aus.

› Es steckt in den Genen: Warum Hunde besser Kohlenhydrate verdauen können als Wölfe.
Das Forscherteam um Erik Axelsson von der schwedischen Universität Uppsala stellte bei vergleichenden Forschungen von Wolf und Hund fest, dass Genabschnitte, die den Stoffwechsel und die Verdauung von Stärke regeln, erheblich von denen des Wolfs abweichen. Fazit: Hunde können Kohlenhydrate und pflanzliche Nahrung wesentlich besser verdauen als Wölfe. Eine Anpassung, die sich mit der Domestikation und dem veränderten Nahrungsangebot eingestellt hat. Eine ähnliche Anpassung hat der Mensch seit Beginn des Ackerbaus gemacht.

› Der Pawlow'sche Hund
Konditionierung (▸ Seite 210) lässt sich an nicht beeinflussbaren Reaktionen zeigen, zum Beispiel Speichelfluss. Das bewies der russische Nobelpreisträger Petrowitsch Pawlow bei seinen Untersuchungen von Reizen und Verhalten. Wenn ein Hund Futter erwartet, produziert er Speichel – ihm läuft das Wasser im Mund zusammen. Pawlow verband jede Fütterung mit einem Klingelton. Blieb diese aus, produzierte der Hund trotzdem Speichel. Das Zeichen dafür, dass er das Klingeln mit der Fütterung verbunden hatte.

Was kommt in den Napf?

Das Angebot an Hundefutter ist riesig. In den Zooabteilungen der Geschäfte reihen sich die prall gefüllten Regale aneinander, und im Internet wird auf scheinbar unendlich vielen Seiten dafür geworben. Welches ist das richtige?

Unter Hundehaltern ist eine heftige Diskussion über die Ernährung des Vierbeiners entbrannt. Die verschiedenen Lager vertreten vehement ihre Ansichten zur richtigen Fütterungsart. Die einen plädieren für Fertigfutter, andere schwören auf selbst gekochte Mahlzeiten, und weitere sehen in der Rohfütterung die einzig wahre Ernährungsform. Ein Hund kann sowohl mit Fertigfutter als auch mit Hausmannskost gesund ernährt oder krank gefüttert werden. Wichtig ist immer eine ausgewogene und hochwertige Nahrung unter Berücksichtigung der Bedürfnisse. Was wirklich zählt, ist der Hund: Wie verträgt er das Futter? Wird er mit allem versorgt, was er braucht? Ist er gesund und fit? Schmeckt es ihm? Nachfolgend werden die verschiedenen Fütterungsarten gegenübergestellt. Welche Fütterungsart gewählt wird, muss immer im Einzelfall entschieden werden.

Fertignahrung

Die meisten Hundehalter verlassen sich bei der Ernährung ihres Vierbeiners auf industriell hergestellte Nahrung. Ein »Alleinfutter« soll den Hund ausreichend und ausgewogen ernähren. »Ergänzungsfuttermittel« werden mit weiteren Bestandteilen und Zusätzen zu einer ausgewogenen Mahlzeit gemischt, zum Beispiel mit Fleisch, Getreideflocken und Mineralpulver.

ALLEINFUTTER

Alleinfutter wird für Vierbeiner unterschiedlicher Altersklassen, Größe, Aktivität und weiterer Bedarfskriterien angeboten. Es ist als Bio-Variante auf dem Markt und für Hunde mit Allergien oder anderen Erkrankungen erhältlich (▸ Seite 132). Die verwertbaren Inhaltsstoffe sind aufgeschlossen und dadurch leichter verdaulich. Die Fütterungsempfehlungen sind großzügig bemessen. Meist können Sie zehn Prozent weniger geben und testen (▸ Seite 146), ob die Menge ausreichend ist. Wer nicht nur sein eigenes Tier, sondern auch andere und die Umwelt im Blick hat, achtet beim Produkt auf regionale Vermarktung und einen Hersteller, der kein Fleisch aus Massentierhaltung verwendet.

Trockenfutter. Es wird durch hohen Druck und Wasserdampf (Extrudate), Backen oder Pressen und Lufttrocknung hergestellt. Durch Hitze gehen Inhaltsstoffe wie Vitamine verloren, die nachträglich aufgesprüht werden. Auch Fette werden später aufgesprüht, damit sie nicht ranzig werden. Der Wassergehalt liegt unter 15 Prozent. Trockenfutter kann in Wasser eingeweicht werden, was vor allem bei Welpen zu empfehlen ist.

- Vorteile: Praktische Anwendung, verdirbt nicht so schnell im Napf; Trockenfutter ist im Vergleich zu anderen Futterarten meist preisgünstiger.
- Nachteile: Der Hund muss mehr trinken, die Akzeptanz kann geringer sein als bei Feuchtfutter oder selbst zubereiteten Mahlzeiten. Trockenfutter enthält meist einen hohen Anteil an Kohlenhydraten.

Halbfeuchtfutter. Halbfestes Futter mit einem Wassergehalt von 15 bis 20 Prozent. Es wird seltener in der Hundeernährung verwendet als Trocken- und Feuchtfutter.

- Vorteile: Es wird meist gern gefressen.
- Nachteile: Es enthält meist Konservierungsstoffe und Zusätze, die Schimmel- und Bakterienbildung vorbeugen sollen. Häufig enthalten halbfeuchte Futtermittel auch Zucker.

Feuchtfutter (Nassfutter). Wird in Dosen, Schalen und Beuteln angeboten, enthält über 70 Prozent Wasser. Der Inhalt wird gekocht, abgefüllt und sterilisiert. Dabei entstehende Verluste (wie Vitamine) werden wieder zugesetzt.

Wird der Welpe mit Trockenfutter ernährt, sollten Sie die Brocken vorher in Wasser einweichen.

- Vorteile: Hohe Futterakzeptanz und ungeöffnet lange haltbar.
- Nachteile: Manche Feuchtfutter enthalten Zucker oder Ähnliches. Der Preis ist relativ hoch. Es fällt viel Verpackungsabfall an. Einige Feuchtfutter enthalten relativ viel Geliermittel und Bindegewebe, was die Kotmenge erhöht und zu weicherem Kot führt.

VERSTEHEN, WAS DRIN IST

Seriöse Produzenten arbeiten transparent. Sie weisen den Inhalt auf der Packung aus, veröffentlichen ihn auf der Homepage oder stellen die Information auf Nachfrage zur Verfügung.
Kaufen Sie nur das Hundefutter, dessen Inhalt nachvollziehbar ist. Ist die tatsächliche Menge der Inhaltsstoffe angegeben oder die Mindest- oder Höchstmenge? Werden die Proteinquellen im Detail deklariert? Wird eine Sorte zum Beispiel mit dem Zusatz »mit Wild« beworben, macht der namengebende Bestandteil vielleicht nur vier Prozent des Inhalts aus, der restliche tierische Bestandteil wird nicht immer exakt benannt.
Auf der Packung muss angegeben sein, ob es sich um ein Allein-, Ergänzungs- oder Beifutter (zum Beispiel Leckerchen) handelt, zudem Zusammensetzung, Inhaltsstoffe, Zusatzstoffe, Herstellungs- oder Mindesthaltbarkeitsdatum, Nettogewicht, Feuchtigkeit (wenn höher als 14 Prozent) sowie Herstellername und -anschrift.
Inhalt. Er gibt die chemische Analyse der Inhaltsstoffe wieder, die aber nichts über die Qualität oder Verdaulichkeit der Stoffe aussagt.

- Rohprotein: Mindestgehalt des enthaltenen Stickstoffs (Eiweißverbindungen).
- Rohfett: Mindestgehalt der enthaltenen Fette.
- Rohasche: Höchstgehalt anorganischer Stoffe, der auch Mineralien und Spurenelemente enthält.
- Rohfaser: Höchstgehalt an Ballaststoffen.

Lebensmittelqualität. Das bezeichnet Fleisch oder Innereien von Schlachttieren, die für den menschlichen Verzehr tauglich sind.
Zusammensetzung. Beschreibt die Inhaltsstoffe nach absteigender Reihenfolge ihres Gehalts. »Offene Deklaration« zählt die Inhaltsstoffe einzeln auf und ist daher nachvollziehbarer. Einzelne Bestandteile müssen eventuell addiert werden, um ihren Gesamtanteil zu berechnen, zum Beispiel für den Getreidegehalt Weizen und Mais. »Geschlossene Deklaration« fasst Gruppen zusammen, wie Fleisch und tierische Nebenerzeugnisse oder Getreide und pflanzliche Nebenerzeugnisse. Wie hoch der jeweilige Anteil ist und was er enthält, ist nicht ersichtlich. Beispiele:

- Fleisch (zum Beispiel Rindfleisch): Nur das Fleisch, gewogen mit natürlichem Feuchtegehalt.
- Fleischmehl: Gemahlenes Fleisch, gewogen nach der Trocknung (Trockenmasse).
- Rind: Darunter wird alles aufgeführt, was zum Rind gehört, auch die Nebenerzeugnisse. Es wird vor dem Trocknen gewogen.
- Rindermehl: In gemahlener Form alles, was zum Rind gehört, inklusive Nebenerzeugnisse.
- Tierische Nebenerzeugnisse: Darunter können alle Schlachtabfälle fallen, die kein Gesundheitsrisiko für das Tier darstellen, zum Beispiel Teile, die aus kommerziellen Gründen nicht für den Menschen bestimmt sind, wie Pansen, Blättermagen, Lunge, Niere und Blut, außerdem Klauen, Hufe und Häute, die auch als Kauartikel vermarktet werden, bis hin zu ganzen Eintagsküken.
- Getreide: Weizen, Mais, Reis, Hafer, Gerste etc.
- Pflanzliche Nebenerzeugnisse: Fallen bei der Bearbeitung von Pflanzen oder Pflanzenteilen an, zum Beispiel Weizenkleie, Luzernegrünmehl, Zuckerrübenschnitzel, Zellulose.
- Pflanzliche Nebenprodukte: Schälkleien, Nachmehle, Kleber etc.

Zusatzstoffe. Dazu zählen Vitamine, Mineralien und Spurenelemente, Antioxidanzien (Konservierungsmittel), Farbstoffe (zum Beispiel E 127), Aromastoffe, Emulgatoren, Geliermittel, Verdickungsmittel, Stabilisatoren und Säureregulatoren. Natürliche Antioxidanzien sind Vitamin E, Vitamin C und Beta-Carotin, synthetische zum Beispiel BHA/E 320 und BHT/E 321. Einige synthetische Stoffe können Pseudoallergien auslösen, Allergien verstärken und stehen im Verdacht, an der Entstehung weiterer Krankheiten beteiligt zu sein. Achten Sie besonders auf die Zusatzstoffe, wenn Ihr Hund zum Beispiel Allergiker ist, und fragen Sie gegebenenfalls beim Hersteller nach.

PRODUKTE VERGLEICHEN

Verantwortungsbewusste Hundehalter füttern hochwertige Nahrung. Es gibt große Qualitätsunterschiede, und Fütterung ist individuell: Nicht jedes Futter deckt den Bedarf Ihres Hundes ab. Da der Feuchtigkeitsgehalt variiert, ist ein Vergleich nur mit der Trockenmasse möglich.

- Beispiel: Trockenfutter mit 8 Prozent Feuchtigkeit und 21 Prozent Rohprotein enthält in der Trockenmasse 22,8 Prozent Rohprotein.
- Beispiel: Feuchtfutter mit 81 Prozent Feuchtigkeit und 8 Prozent Rohprotein enthält in der Trockenmasse 42,1 Prozent Rohprotein.

Ausrechnen. So berechnen Sie mit dem auf der Packung angegebenen Feuchtigkeitsgehalt (F) die Trockenmasse (Tm): 100 – F = Tm

- Beispiel Trockenfutter: 100 – 8 = 92
- Beispiel Feuchtfutter: 100 – 81 = 19

So berechnen Sie die Trockenmasse (WTm) für den auf dem Produkt angegebenen Wert (W), in unserem Beispiel den Rohproteingehalt:
W : Tm x 100 = WTm

- Beispiel Trockenfutter: 21 : 92 x 100 = 22,8
- Beispiel Feuchtfutter: 8 : 19 x 100 = 42,1

Aus eigener Küche

Immer mehr Hundehalter vertrauen nur auf das, was sie selbst für ihren tierischen Gefährten zubereiten.

VOR- UND NACHTEILE

Vorteile: Sie können Qualität und Herkunft der Zutaten selbst bestimmen und sicher sein, dass keine schädlichen Zusatzstoffe enthalten sind. Das ist nicht nur eine Alternative für Hunde mit empfindlichem Magen oder Allergien.
Nachteile: Es bedarf fundierter Kenntnisse der Inhaltsstoffe und Zusammensetzung der Hundenahrung je nach individuellem Bedarf. Dies ist in jedem Lebensalter wichtig, aber eine besondere Herausforderung im Wachstum und bei speziellen Ernährungsbedürfnissen. Sind die Mahlzeiten nicht ausgewogen, drohen Mangelerscheinungen, die zu schweren Krankheiten führen können. Viele der mit selbst zubereiteten Mahlzeiten versorgten Hunde sind nicht ausreichend mit Nährstoffen, vor allem Spurenelementen, versorgt.
Selbst gekocht: Durch Erhitzung sind die Mahlzeiten leichter verdaulich, der dabei bedingte Verlust an Vitaminen etc. muss eingerechnet werden.
BARF: »Bones And Raw Foods« (Knochen und rohes Futter) wird auch als «biologisch artgerechtes Rohfutter« bezeichnet (▸ Interview, Seite 140). Pflanzliche Zutaten müssen erwärmt oder püriert werden, damit der Hund sie verwerten kann. Durch Ergänzungsfuttermittel wie geriebene Eierschalen, Lachsöl und Mineralpulver wird Ausgewogenheit erreicht. BARF-Lieferanten liefern Fleisch und Ergänzungsmittel nach Hause.
Hygiene ist beim Umgang mit rohem Fleisch nicht zuletzt für den Halter wichtig, etwa wegen Salmonellengefahr (▸ Seiten 148, 261). Schweinefleisch nicht roh verfüttern (▸ Info, Seite 147).

Interview

BARF für Hunde

Die einen Hundehalter schwören auf die Ernährung des Hundes basierend auf rohem Fleisch, andere sehen darin Gefahren. Was BARF (▸ Seite 139) wirklich kann und für welche Hunde es geeignet ist, verrät die Ernährungsexpertin.

DR. NATALIE DILLITZER, TIERÄRZTIN

Natalie Dillitzer ist Fachtierärztin für Tierernährung. Als Ernährungsberaterin unterstützt sie als neutraler Ansprechpartner Hundehalter in allen Belangen zur Fütterung des Vierbeiners und ermittelt auf den Einzelfall abgestimmt die optimale Ernährung. Sie ist Inhaberin einer Bäckerei für Hunde, schreibt Fachartikel, ist Autorin des Standardwerks »Tierärztliche Ernährungsberatung« und hält Vorträge zum Thema Ernährung für Tierärzte, Züchter und Tierhalter.

Für welche Hunde ist es besonders von Vorteil, sie gemäß BARF zu ernähren?
NATALIE DILLITZER: Jeder kann seinen Hund barfen, die Entscheidung ist individuell und hängt von der Fütterungsphilosophie ab. Vorteile liegen auf der Hand: BARF-Nahrung schmeckt den Hunden gut, bietet Abwechslung, und Zutaten und Herstellung sind transparent. Aber allein durch Fleisch, Gemüse, Obst, Ei und Öl wird kein Beutetier nachgestellt und der Hund somit nicht ausgewogen ernährt. Dazu braucht es weitere ergänzende Zutaten. 70 Prozent der selbst versorgten Hunde bekommen nicht alle Nährstoffe, die sie brauchen, oder nicht im richtigen Verhältnis.

Für welche Hunde eignet sich BARF nicht?
NATALIE DILLITZER: Für kranke und alte Tiere. Für Hunde mit Leber- und Nierenerkrankungen enthält die Nahrung zu viel Protein und Phosphor, für Hunde mit Harnsteinen oft zusätzlich zu viele Mineralien. Bei Senioren werden dadurch Nieren und Leber zu stark belastet.

Gibt es Varianten von BARF?
NATALIE DILLITZER: Man kann ganze Tiere füttern. Alternativ werden Fleisch, Innereien, Knochen, Lebertran, Nüsse, Obst und Gemüse gefüttert. Beim »Teilbarfen« werden auch gekochte Kohlenhydrate oder Getreideflocken zugefüttert.

Knochen sollten nicht ohne Mengenlimit verfüttert werden, damit es keine Probleme gibt.
Fisch enthält wertvolle Proteine und ergänzt den BARF-Speiseplan des Hundes.

Muss jede Mahlzeit ausgewogen sein, oder muss die Ausgewogenheit in einem bestimmten Zeitraum gewährleistet sein?
NATALIE DILLITZER: Das kommt auf den Nährstoff an. So reicht es aus, einmal wöchentlich Leber zu füttern. Wird aber zum Beispiel der Jod-Bedarf nur einmal pro Woche abgedeckt, belasten die Schwankungen die Schilddrüse stark. Spurenelemente sollten täglich ausgewogen zugeführt werden. Auch Knochen sollten nicht nur einmal pro Woche gefüttert werden, da dies zu einem Kalziumungleichgewicht führen kann; besser ist das alle ein bis zwei Tage.

Was ist bei der Fütterung von Knochen zu beachten?
NATALIE DILLITZER: Am besten werden fleischige Knochen gefüttert, dann kauen die Hunde besser, ca. 2–3 g pro kg Körpergewicht und Tag. Zu viel Knochenfütterung kann zu Harnkristallen und Knochenkot führen. Der Halter sollte wegen der Verletzungsgefahr durch Splitter immer dabei sein. Je älter die Tiere, von denen sie stammen, umso härter sind die Knochen: desto höher ist Splitter- und Verletzungsgefahr.

Haben Sie noch Tipps für Hundehalter, die ihr Tier mit BARF ernähren wollen?
NATALIE DILLITZER: Fleisch, Innereien, Knochen, Gemüse und Obst decken nicht den Nährstoffgehalt eines Beutetieres ab. Häufig ist die Versorgung mit Spurenelementen mangelhaft. Selbst in vielen Büchern stehen falsche Angaben. Ob barfen oder kochen, Rezepturen sollten von ausgewiesenen Fachleuten erstellt oder Rationen überprüft werden. Eine Umstellung auf BARF sollte immer schrittweise erfolgen.

Hausmannskost – was ist okay?

Selbst zubereitet oder vom Tisch? Wo sind die Grenzen der Hundeernährung, und was ist für den Hund eher schädlich?

KLEINE GOURMETS VERWÖHNEN?

Hunde lieben es, wenn sie an den Mahlzeiten ihrer Menschen teilhaben dürfen. Solange der Vierbeiner diesen Anteil nicht einfordert (▸ Betteln, Seite 147), kann er den einen oder anderen Happen gerne haben – aber besser nicht direkt vom Tisch. Tabu sind stark gewürzte Speisen, Süßigkeiten und Schokolade, sie gehören nicht auf den Speiseplan des Hundes (▸ Info, Seite 147). Das Auslecken des Joghurt- oder Quarkbechers, gelegentlich ein paar Nudeln, ein kleines Stück milder Käse oder Wiener Würstchen sind okay.

TIPP

Mahlzeiten für den Vierbeiner aufpeppen

Gutes Alleinfutter bietet Ihrem Hund alles, was er braucht. Kleine Extras sind aber erlaubt – in Maßen stören sie die Ausgewogenheit nicht:

- Gelegentlich ein Klecks Magerquark oder körniger Frischkäse sind ein Highlight, ob auf dem Futter oder zwischendurch.
- Ab und an etwas gequetschte Banane oder ein Stück geriebene Birne. Geriebener Apfel wirkt sogar verdauungsregulierend.
- Nach Absprache mit dem Tierarzt dienen Glucosamin- oder Grünlippmuschelextrakt-Produkte der Unterstützung des Gelenkknorpels.
- Nach Absprache mit dem Tierarzt Lachs-, Lein- oder Nachtkerzenöl zur Unterstützung von Haut und Haar im Fellwechsel.

GLÜCKLICH OHNE FLEISCH?

Hunde sind Allesfresser. Gesund und bedarfsdeckend ist die Fütterung nur, wenn ein Teil davon mit Nahrung tierischer Herkunft gedeckt wird. Der Eiweißbedarf wird im optimalen Fall aus 50 bis 65 Prozent tierischem Eiweiß und der Rest aus pflanzlichem Eiweiß gedeckt.

Vegetarisch. Es ist möglich, einen Hund ohne Fleisch zu ernähren. Voraussetzung: Der Bedarf an tierischem Eiweiß wird über Milch- und Eiprodukte wie Magerquark und körnigen Frischkäse abgedeckt.

Hochwertige pflanzliche Eiweißquellen sind zum Beispiel Hülsenfrüchte und Nüsse. Die Hülsenfrucht Soja liefert besonders hochwertiges Eiweiß, sie zählt aber zu den häufigen Allergieauslösern und sollte aus Öko-Anbau stammen. Die ausgewogene vegetarische Ernährung des Hundes braucht viel Sachkenntnis der Futtermittelkunde und bedarfsgerechten Ernährung. Gerade im Wachstum und bei besonderen Ernährungsansprüchen haben Fütterungsfehler schlimme Folgen. Wer seinen Hund fleischlos ernähren möchte, sollte sich von einem ausgewiesenen Experten einen Fütterungsplan erstellen lassen.

Vegan. Hunde brauchen tierisches Eiweiß – die vegane Fütterung ist nicht hundgerecht. Wer sein Heimtier rein pflanzlich ernähren möchte, sollte sich für einen tierischen Mitbewohner entscheiden, dessen Ernährungsansprüche naturgemäß aus rein pflanzlicher Nahrung bestehen.

Verschiedene kalt gepresste Pflanzenöle können die Funktion der Haut und den Fellwechsel günstig beeinflussen. Sprechen Sie sich immer mit dem Tierarzt ab, wenn Sie dem Futter Ihres Hundes Zusätze beifügen.

Praxisguide

Snacks & Leckerchen

Snacks bieten Beschäftigung und Zahnpflege

Kauen macht Ihrem Hund Spaß und baut sogar Stress ab. Harte Snacks unterstützen dazu die Zahnpflege. Achten Sie auf gute Qualität und nachvollziehbare Herkunft und rechnen Sie den Energiegehalt auf die Tagesration ein.

Wenn's kracht. Hart gebackene Getreidekekse oder Fleischfrikadellen bieten Abwechslung.

Klassisch und exotisch. Tierische Kauartikel gibt es in zahlreichen Varianten:

- Kauartikel werden aus vielen, auch exotischen Fleischsorten angeboten und eignen sich dadurch für viele Allergikerhunde, zum Beispiel von Lamm, Hähnchen, Pute, Ente, Strauß, Fisch, Pferd, Hirsch, Kaninchen oder Känguru.
- Klassiker sind Rinderhautknochen, Rinderhaut- oder -pansenstreifen, in jeder Länge erhältliche Ochsenziemer oder Rinderohren.
- Beliebt sind auch getrocknetes Fleisch, Hähnchenhälse und Innereien wie Hähnchenherzen.
- Energiearme Varianten für Hunde mit Gewichtsproblem sind getrocknete Lunge und getrocknetes Filetfleisch.

Natürlich lecker: Die meisten Hunde lieben Kekse, die ihr Mensch für sie gebacken hat.

Selbst gebacken: Dinkel-Frischkäse-Cookies

Sie brauchen für 1 Backblech:

- 150 g Dinkelmehl (Typ 630)
- 100 g zarte Haferflocken
- 1/2 TL getrocknetes Basilikum
- 100 g körniger Frischkäse
- 2 EL passierte Tomaten
- Dinkelmehl für die Arbeitsfläche
- Ausstecher in Hundeform

Zubereitungszeit: 20 Minuten
Backzeit: 25–30 Minuten

1. Backofen vorheizen (180°, Umluft 160°). Legen Sie ein Backblech mit Backpapier aus.
2. Vermischen Sie Mehl, Haferflocken und Basilikum in einer Schüssel. Frischkäse und Tomaten dazugeben und 1 Minute mit den Knethaken mixen. 50 ml Wasser dazugeben und mixen, bis der Teig nicht mehr an der Schüssel klebt.
3. Teig auf der Arbeitsfläche mit den Händen

Er freut sich über den Riesenknochen, sollte ihn aber nicht auf einen Rutsch verputzen.

kneten: Er darf nicht mehr kleben. Teig ca. 6 mm dick ausrollen und mit einer Gabel einstechen. Kekse ausstechen und auf das Backblech legen. In der Mitte des Ofens 25–30 Minuten backen. Sie müssen leicht gebräunt sein und sollten auf Druck mit dem Finger nicht mehr nachgeben.

4. Blech aus dem Ofen nehmen und die Kekse abkühlen lassen (auf einem Gitter).

Klein, aber oho

Leckerchen garantieren Ihnen nicht die Zuneigung Ihres Hundes. Doch die kleinen Freuden zwischendurch machen Spaß und können sogar beim Lernen helfen (▸ Seite 215). Sie sind meist sehr gehaltvoll und liefern viel Energie, jedoch kaum nennenswerte Nährstoffe. Daher werden sie auf die Tagesration angerechnet und sollten nicht viel mehr als 5 Prozent davon ausmachen.

Trainingsleckerchen. Sie sind als schnelle Belohnung gedacht. Sie sollten sehr klein sein, denn es gibt im Lauf des Trainings mehrere.

- Sind sie weich und schnell zu schlucken, wird der Hund nicht in seiner Konzentration gestört.
- Gut eignen sich etwa gekochtes Hühnchenfleisch, Käse, Wiener Würstchen, getrockneter Fisch und gekaufte Trainingsleckerchen.
- Energiearme Alternativen sind zum Beispiel Stücke von Möhren, Äpfeln und Birnen sowie ungesalzene Reiswaffeln.

Spielleckerchen. Zum Füllen von Futterspielzeugen (▸ Seite 245) bieten sich kleine Leckerchen, Trockenfutterbrocken, getrocknetes Fleisch oder getrocknete Lunge an.

Fütterung ganz praktisch

Ihr Hund freut sich auf seine Mahlzeit. Damit er Ihnen bei der Zubereitung oder beim Servieren nicht in die Quere kommt, wartet er sitzend oder in seinem Körbchen liegend ab, bis Sie das Signal geben, dass das Buffet eröffnet ist. Achten Sie darauf, dass Ihr Hund beim Fressen ein ruhiges Plätzchen (▶ Seite 111) hat und dabei nicht gestört wird. Hygiene ist Ehrensache für jeden engagierten Hundehalter (▶ Seite 112).

ANZAHL DER MAHLZEITEN

Wie oft ein Familienhund täglich gefüttert wird, hängt von seinem Alter und seiner Gesundheit ab. Erwachsene Hunde bekommen ein- oder zweimal täglich eine Mahlzeit. Bei chronisch kranken Hunden oder Hundesenioren muss die tägliche Ration vielleicht auf mehrere, dafür kleinere Portionen aufgeteilt werden. Das entlastet die Verdauung und verbessert die Nährstoffaufnahme. Dies empfiehlt sich auch als vorbeugende Maßnahme bei Hunden mit erhöhtem Risiko für eine Magendrehung (▶ Info, Seite 179)

Welpen füttern. Hundekinder haben einen kleinen Magen – da passt noch nicht viel rein. Deswegen wird öfter am Tag gefüttert:

- bis zur 12. Lebenswoche 4 bis 5 Mahlzeiten,
- bis zum 6. Lebensmonat 3 bis 4 Mahlzeiten,
- bis zum 9. Lebensmonat 2 bis 3 Mahlzeiten,
- ab dem 9. Lebensmonat 1 bis 2 Mahlzeiten.

WIE LANGE FÜTTERN?

Die wenigsten Hunde fressen nur so viel, bis sie satt sind, und nicht mehr, als sie brauchen. Gehört Ihr Hund dazu, können Sie Futter, das nicht schnell verdirbt, zur freien Verfügung geben. Feuchtfutter oder selbst zubereitete Nahrung verdirbt schnell, gerade im Sommer. Lassen Sie Ihrem Hund 15 bis 20 Minuten Zeit zur Nahrungsaufnahme und entsorgen Sie den Rest.

Futtermenge testen. Bleibt regelmäßig Futter übrig, sollten Sie prüfen, ob er zu viele Leckerchen bekommt, und diese reduzieren. Wenn nicht, können Sie die Portionen verringern. Ist der Napf rasch leer geputzt und der Hund trotzdem sehr schlank, können Sie etwas mehr Futter geben.

ZIMMERTEMPERATUR

Geben Sie Ihrem Hund seine Mahlzeiten nicht direkt aus dem Kühlschrank, denn das kann zu Verdauungsproblemen und Magenerkrankungen führen – Zimmertemperatur ist genau richtig. Im Kühlschrank aufbewahrte oder tiefgefrorene Nahrung muss rechtzeitig rausgestellt werden.

FUTTER UMSTELLEN

Manche Vierbeiner haben eine sehr robuste Verdauung und vertragen schnelle Nahrungsumstellungen ohne Probleme. Viele Hunde reagieren jedoch sensibel auf rasche Futterwechsel und bekommen Durchfall oder starke Blähungen. Daher ist es empfehlenswert, den Hund schrittweise an ein neues Futter zu gewöhnen.

- Füttern Sie drei oder vier Tage lang 75 Prozent des gewohnten Futters und mischen Sie 25 Prozent vom neuen darunter.
- Verträgt Ihr Hund das, können Sie für weitere drei bis vier Tage 50 Prozent der gewohnten und 50 Prozent der neuen Nahrung füttern.
- Zeigt der Hund keine negativen Reaktionen, erhöhen Sie das neue Futtermittel auf 75 Prozent.
- Verträgt er auch das ohne Probleme, können Sie komplett auf das neue Futter umsteigen.

Reagiert der Hund mit Beschwerden, erhöhen Sie wieder den Anteil des gewohnten Futters.

DER HUND BETTELT

Hunde, die keine Nahrung vom Tisch bekommen – weder absichtlich noch durch versehentlich heruntergefallene Happen –, haben keinen Anlass zu betteln. Hunde betteln nur dann, wenn sie eine Chance auf Erfolg sehen – und sei sie noch so klein. Schicken Sie Ihren Hund während Ihrer Mahlzeiten in sein Körbchen und füttern Sie ihn nicht vom Tisch, dann wird sich das Problem erst gar nicht einstellen oder erledigen.

Wichtig: Eine einzige Ausnahme kann den ganzen Erfolg gefährden. Bleiben Sie standhaft!

DER HUND KLAUT LEBENSMITTEL

Der Vierbeiner gehört zu den Gesellen, die jede Gelegenheit für eine nicht autorisierte Zwischenmahlzeit nutzen. Er stibitzt Essen vom Tisch, macht sich über die nicht für ihn gedachten Lebensmittel auf der Arbeitsplatte her oder räumt bei passender Gelegenheit den Mülleimer aus.

Für Hunde ist es grundsätzlich ganz normal, sich das zu nehmen, was sie bekommen können. Meist klauen solche Hunde, für die Nahrung sehr wichtig ist. Diese Hunde haben oft großen Hunger, zum Beispiel weil sie wegen ihrer schlanken Linie knapp gehalten werden. Oft kommt das auch bei ehemaligen Straßenhunden vor, für die Nahrung früher eine knappe Ressource war.

Ein diebischer Hund erzieht seine Menschen zur Ordnung – was nicht herumliegt, wird auch nicht geklaut! Erwischen Sie den Hund in flagranti, hindert ihn ein rechtzeitiges »Nein!« (► Seite 220) an der Ausführung seiner Tat. Ob es künftige Missetaten verhindert, hängt vom Hund ab. Weitere Ansätze basieren allesamt auf negativer Verstärkung und sollen Meideverhalten auslösen, zum Beispiel Wasserspritzer, unangenehme Geräusche oder andere Reize, die erschrecken. Die Verhältnismäßigkeit sollte stets bedacht werden.

INFO

Tabu: Es gibt viele Dinge, die nicht zur Ernährung Ihres Vierbeiners gehören, zum Beispiel:

- **Schokolade:** Kakao enthält den für Hunde giftigen Stoff Theobromin. Je höher der Kakaoanteil, desto gefährlicher, manchmal sogar tödlich!
- **Obst und Gemüse:** Vieles ist für Hunde bekömmlich, doch Avocado, Weintrauben, Rosinen, Knoblauch und Zwiebeln sind in großen Mengen schädlich.
- **Süßigkeiten:** Sie liefern dem Hund nur wertlose Energie und gehören nicht auf den Speiseplan.
- **Katzenfutter:** Wird oft nicht gut vertragen.
- **Rohes Schweinefleisch** (auch rohes Wildschweinfleisch): Es kann das Aujeszky-Virus übertragen, den Erreger einer für Hunde tödlichen Erkrankung (Pseudowut).

So muss es sein: Der Hund wartet geduldig auf das Signal, dass er sich am Napf bedienen darf.

Fragen und Antworten

Richtige Ernährung

1 Unser Pinscher buddelt gern nach Mäusen und frisst gelegentlich auch eine. Ist das schlimm?

Mäuse können Krankheiten wie Leptospirose und Würmer übertragen. Daher sollten Sie Ihren Pinscher regelmäßig impfen lassen und entwurmen. Von der Ernährungsseite betrachtet, schaden Mäuse nicht, Ihr Hund frisst ein Beutetier ganz in der Tradition seiner Vorfahren mit Haut und Haaren. Pinscher wurden sogar gezüchtet, um Mäuse und andere Nager zu fangen. Ihrer zeigt ganz normales Hundeverhalten.

Abwechslung auf dem Speiseplan: Besser als ein Würstchen ist ein Klecks Frischkäse oder Quark.

2 Wir füttern unserem Bearded Collie Fertigfutter? Soll man gelegentlich die Sorte wechseln?

Da gibt es unterschiedliche Ansichten. Einerseits ist es immer ein Risiko, etwas zu ändern, was gut funktioniert. Andererseits kann es sein, dass Ihr Hund zum Beispiel nicht alle Mineralien oder Vitamine ausreichend oder im richtigen Verhältnis bekommt. Daher ist es manchmal durchaus sinnvoll, behutsam die Sorte zu wechseln. Wichtig ist immer, wie fit und gesund Ihr Hund ist. Unabhängig davon freut sich auch ein Hund über Abwechslung auf seinem Speiseplan. Welpen sollten an verschiedene Futtermittel gewöhnt werden, damit sie nicht eine Präferenz für die Produkte eines Herstellers entwickeln.

3 Ist Barfen für Menschen gefährlich?

Rohfleischfütterung und manche Kauartikel erhöhen das Risiko, dass ein Hund Salmonellen ausscheidet. Gefährlich ist das vor allem für Menschen mit geschwächtem Immunsystem. Dann sollte Fleisch ausreichend erhitzt werden.

4 Mein Partner gibt unserem Beagle immer zu viel Trockenfutter. Gibt es da einen Tipp?

Ja. Messen oder wiegen Sie morgens die Portion ab, die Ihr Beagle an diesem Tag fressen soll. Gefüttert wird er nur davon. So behält jeder den Überblick über die verfütterte Menge. Genauso können Sie die Leckerchenration festlegen.

5

Warum fressen Hunde Gras?

Eine eindeutige Antwort ist die Wissenschaft noch schuldig. Viele Hunde fressen Gras bei Verdauungsbeschwerden oder Magenerkrankungen. Eventuell regt es den Abtransport der Magensäure an oder gleicht Ballaststoffmangel aus. Oft löst es Erbrechen aus, danach geht es vielen Hunden besser. Manche Hunde zeigen es als Übersprunghandlung, haben es von der Mutter übernommen, und im Fühjahr hat junges Gras einen leckeren Geschmack.

6

Unser alter Hund hat nur wenig Appetit. Wie können wir ihm sein Futter schmackhafter machen?

Lassen Sie ihn auf alle Fälle vom Tierarzt untersuchen, um festzustellen, ob er krank ist. Oft schmeckt das Futter mäkeligen Hunden besser, wenn es angewärmt wird, da sich dadurch der Geruch verstärkt. Sie können das Futter zum Beispiel auch mit Fleischbrühe, Butter, Leberwurst oder Fisch aufwerten. Bei manchen Hunden hilft es, sie aus der Hand zu füttern.

7

Unser alter Mischling hat nach einer Zahnoperation kaum noch Zähne. Worauf müssen wir bei der Fütterung achten?

Hunde schlingen mehr, als zu kauen. Feuchtfutter können Sie wie gewohnt füttern, Trockenfutter sollte vorher in Wasser eingeweicht werden. Bei Frischfleischfütterung sollten Sie die komplette Mahlzeit pürieren. Selbst Hunde mit wenig Zähnen bearbeiten oft noch gern Kauknochen. Wählen Sie dafür etwas weichere Kauartikel, harte Kekse gehen allerdings nicht mehr.

8

Ist es aufwendig, einen Hund zu barfen?

Die Nahrung selbst zuzubereiten, ist natürlich aufwendiger, als eine Dose oder einen Futtersack zu öffnen. Sie müssen die Zutaten beschaffen, pflanzliche Anteile vorbereiten und Zusätze beifügen. Das wird meist schnell zur Routine, und Sie können größere Mengen zubereiten und portionsgerecht tiefkühlen. Auf jeden Fall sollten Rationen und Zusammensetzung von einem Ernährungsexperten berechnet werden.

9

Der Kot unseres Airedale Terriers ist oft sehr hart und hell. Woran kann das liegen?

Dies deutet auf Knochenkot hin, verursacht durch zu hohen Kalziumgehalt in der Nahrung. Dies kann unter anderem durch Fütterung ganzer Knochen, zu großer Mengen gemahlener Knochen oder Eierschalen entstehen und zu Verstopfung und Darmverschluss führen. Überprüfen Sie seine Ernährung und besprechen Sie sich mit Ihrem Tierarzt.

4

SO BLEIBT MEIN HUND GESUND

Glücklich und unbeschwert die gemeinsamen Jahre mit seinem vierbeinigen Gefährten zu erleben – das wünscht sich jeder Hundehalter. Fürsorgliche Pflege, vorbeugende Gesundheitsmaßnahmen und medizinische Betreuung durch den Tierarzt des Vertrauens sind die unerlässlichen Bausteine dafür. Eine Garantie auf Gesundheit gibt es trotzdem nicht. Erste Krankheitsanzeichen früh zu erkennen und dann richtig zu handeln, sind die Schlüssel für die bestmögliche Behandlung, damit der treue Freund schnell wieder auf seine vier Beine kommt und sein Leben noch lange genießen kann.

Rundum gut gepflegt

Gepflegt von der Nasen- bis zur Schwanzspitze, macht ein Hund nicht nur was her, er fühlt sich auch viel wohler. Und die intensive Zuwendung bietet dazu noch Gesundheitsvorsorge und ist Balsam für die Beziehung.

Bürsten, Kämmen und Co. bieten Ihnen die Gelegenheit, sich ganz Ihrem Hund zu widmen. Nehmen Sie sich Zeit dafür, abseits von Hektik und Alltagsstress. Dann werden Sie beide die Zweisamkeit genießen und sich näherkommen. Denn gegenseitige Pflegemaßnahmen sind nicht nur unter Hunden beziehungsfördernd, das funktioniert auch mit dem Zweibeiner. Genauso wichtig wie der Wellnessfaktor sind Früherkennung und Prophylaxe von Krankheiten: Parasiten werden schnell bemerkt, ebenso wie Anzeichen für eine Unpässlichkeit oder eine vielleicht ernste Erkrankung, die schnelles Handeln erfordert.
Wenn Sie sich regelmäßig intensiv mit Ihrem geliebten Vierbeiner beschäftigen, leisten Sie einen wichtigen Beitrag dazu, dass er lange gesund und fit bleibt und im Falle einer Erkrankung schnell wieder wohlauf ist.

Pflege des Fells

Glänzendes Fell steht für einen gesunden Hund. Die Haarpracht sieht nicht nur hübsch aus, sind Haut und Fell intakt, schützen sie vor Verletzungen, Parasiten und Infektionen und halten den Vierbeiner warm und trocken.

FELLWECHSEL

Zweimal im Jahr kleidet sich der Hund passend für die kommende Jahreszeit ein: Im Frühjahr legt er sich ein leichtes Sommer-Outfit zu, im Herbst einen dicken Pelz, um für den kalten Winter gut gerüstet zu sein. Dieser Fellwechsel kann je nach Rasse und Felltyp vier bis zwölf Wochen dauern. Die abgestorbenen Haare jucken und verteilen sich in der Wohnung, tägliches Bürsten schafft da Abhilfe. Der natürliche Rhythmus kann jedoch gestört sein, da sich die meisten Hunde mehr in der stets wohltemperierten Wohnung statt im Freien aufhalten und dann mitunter mehr oder weniger das ganze Jahr über haaren. Manche Rassen haaren nicht, wie die Pudel.

TYPGERECHT

Hunde sind saubere Tiere und halten ihr Fell, so gut es geht, selbst in Schuss. Trotzdem muss der Mensch helfend Hand anlegen. Bürsten und kämmen Sie immer mit dem Strich des Fells.

Kurzhaar. Pflegeleicht sind Boxer, Whippet oder Kurzhaardackel; einmal pro Woche bürsten und mit einem Pflegehandschuh über das Fell streicheln reichen aus – wegen des Massageeffekts darf das auch öfter sein. Hunde mit dichter Unterwolle wie Labrador und Schäferhund sollten zwei- bis dreimal pro Woche gebürstet werden.

Langhaar. Langes Haar mit dichter Unterwolle wie bei Spitz, Langhaarcollie und Bobtail wird ein- bis dreimal pro Woche gebürstet.

Seidenhaar. Langes, seidiges Fell, wie es Afghane, Yorkshire Terrier und Malteser schmückt, braucht viel Pflege. Damit sich keine Verfilzungen und Haarknoten bilden, wird am besten täglich gründlich gebürstet.

Drahthaar. Einmal wöchentlich bürsten reicht meist aus. Bei vielen drahthaarigen Rassen wie etlichen Terriern, Schnauzern und auch vielen Rauhaardackeln wird das Fell mehrmals im Jahr getrimmt (▸ Seite 154).

Lockenhaar. Pudel, Bichon Frisé und einige andere lockige Hunde verlieren keine Haare. Sie werden zwei- bis dreimal wöchentlich gebürstet und ca. alle acht Wochen geschoren (▸ Seite 154).

Sonderfälle. Bürsten und Kämmen sind bei den Schnüren und Platten von Puli und Komondor fehl am Platz, deren Fell wird durch Zupfen in Form gebracht (gezottet). Nackthunde brauchen besondere Hautpflege, vor allem Sonnenschutz.

Achten Sie beim Baden darauf, dass das Hundeshampoo nicht in die Augen und Ohren gelangt.

TRIMMEN UND SCHEREN

Spezielle Frisuren erfordern bestimmte Techniken. Wollen Sie Ihren Hund selbst frisieren, sollten Sie sich im Hundesalon oder vom Züchter vorher anleiten lassen. Damit zum Beispiel rauhaarige Terrier und Dackel, Schnauzer und Cocker Spaniel gut aussehen, werden sie getrimmt: Abgestorbene Haare werden mit den Fingern oder einem Trimmmesser ausgezupft. Pudel und lockige Artgenossen werden regelmäßig geschoren. Bestimmte Frisuren sind nur bei Ausstellungshunden wichtig, für den Familienhund kommt es auf Alltagstauglichkeit an.

SINNVOLLES PFLEGEZUBEHÖR

Lassen Sie sich bei Werkzeugen mit scharfen Messern und Spitzen vorher vom Fachmann anleiten.

Kämme. Zum Kämmen am Körper und an Stellen, wo die Haare leicht verfilzen, wie unter den Ohren und Achseln. Die Zinken sollten aus Metall und an der Spitze abgerundet sein, damit sie weder Haut noch Haar verletzen.

Bürste. Naturborsten können bei fast jedem Fell verwendet werden. Softzupfbürsten mit ihren dünnen Metallstiften eignen sich gut zum Entfernen von Unterwolle. Testen Sie auf Ihrer Handfläche, ob die Bürste angenehm ist.

Schere. Mit abgerundeten Spitzen zum Kürzen der Haare und Herausschneiden von Filz.

Hundeshampoo. Nur rückfettendes Hundeshampoo verwenden. Shampoo für den Menschen zerstört den wichtigen Säureschutzmantel der Haut.

Gegen Filz und Knoten. Kämme mit rotierenden Zinken oder Striegel mit Messern helfen beim Entfilzen. Vorher Knoten mit den Fingern auseinanderzupfen und dann behutsam lösen.

Hundehandschuh. Verteilt das Hautfett und sorgt für glänzendes Fell bei kurzhaarigen Hunden. Gumminoppen bieten angenehme Massage.

Trimmmesser. Zum Herausziehen abgestorbener Haare gibt es verschiedene Modelle je nach Rasse.

Zahnbürste und Zahnpasta. Zahnbürsten gibt es in verschiedenen Ausführungen (▸ Seite 160).

Zeckenzange. Zum Zeckenziehen (▸ Seite 157).

Krallenzange. Zum Krallenkürzen (▸ Seite 160).

Kosmetiktücher. Für Augen und Ohren.

Handtücher. Sollten zum Abtrocknen des Hundes an der Haustür und im Auto bereitliegen.

Ohrenpflege. Lotion zur Reinigung und Pflege der Ohren (▸ Seite 159).

Pfotenpflege. Creme zum Schutz der Ballen vor Streusalz und bei Schnee (▸ Seite 160).

BADEN

Zwei- bis dreimal pro Jahr – öfter müssen die meisten Hunde nicht gebadet werden. Wenn der Schlawiner sich in Aas oder Kot gewälzt hat, ist ein Extrabad fällig. Um das Fell von Erde und Schmutz zu befreien, reicht eine Dusche ohne Shampoo aus. Hunde mit Hautproblemen benötigen regelmäßig Bäder mit medizinischem Shampoo. Bürsten Sie den Hund vor dem Baden und legen Sie die Wanne mit einer rutschsicheren Matte aus. Ist Ihr Hund kein Badefan, sollte ihn eine zweite Person festhalten. Duschen Sie ihn lauwarm ab und massieren Sie das Shampoo ein. Es darf kein Wasser in die Ohren und kein Shampoo in die Augen gelangen. Nun wird noch mal abgeduscht und shampooniert. Zum Schluss so lange mit klarem Wasser spülen, bis kein Shampoo mehr im Fell ist. Legen Sie dann rasch ein großes Handtuch über den Hund, er wird sich schütteln. Rubbeln Sie ihn gut ab. Wenn es draußen warm ist, kann sein Fell dann lufttrocknen. Bei kalten Temperaturen oder langhaarigen Hunden kann föhnen (nicht zu warm!) notwendig sein, damit sich der Hund nicht erkältet. Raus darf er bei Kälte erst, wenn er ganz trocken ist.

Alles für die Pflege

Gute Werkzeuge erleichtern Ihnen die Pflege Ihres Hundes. Achten Sie beim Kauf auf gute Qualität. Wichtig: Das Werkzeug muss gut in Ihrer Hand liegen und die Anwendung angenehm sein.

Krallenzange Lassen Sie sich die Handhabung vom Tierarzt zeigen.

Schere mit abgerundeten Spitzen zum Schneiden der Haare.

Trimmmesser hilft beim Auszupfen des abgestorbenen Fells.

Kämme mit ganz feinen Zinken zum Auskämmen von Flöhen (Flohkamm), mit gröberen Zinken zur Fellpflege.

Zeckenzange (hier eine spezielle Zeckenpinzette). Es gibt verschiedene Werkzeuge dafür.

Bürsten und Striegel zum Bürsten der Unterwolle.

Zahnpflege Zahnpasta mit Geschmack, Fingerlinge zum Reiben und Zahnbürste.

Zecken sind leicht zu übersehen. Sie sitzen im Gras und im Gebüsch und warten dort auf die passende Gelegenheit, ein neues Opfer zu finden.

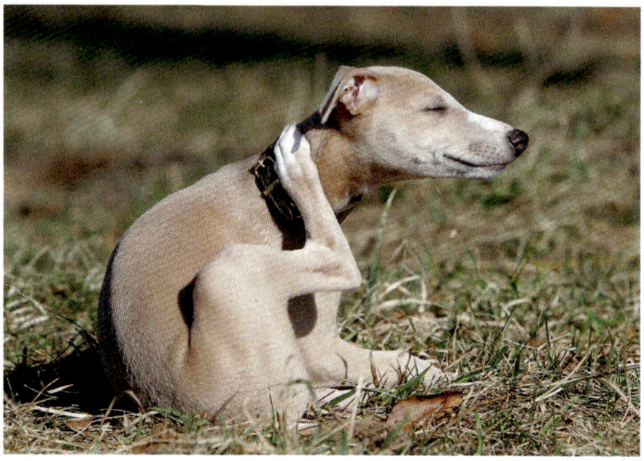

Juckreiz kann ein Anzeichen für Hautparasiten sein, manchmal auch Zecken. Suchen Sie sich und Ihren Hund nach jedem Spaziergang ab.

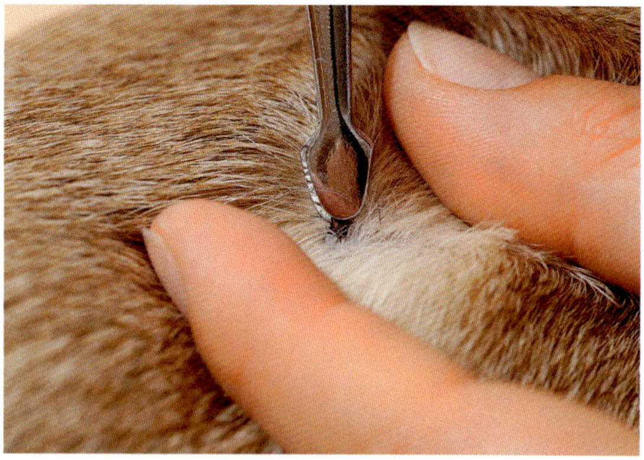

Zecken zügig entfernen: Scheiteln Sie das Haar und versuchen Sie, den Parasiten zwischen Hundehaut und seinem Kopf zu fassen und dann herauszuziehen.

Plagegeister loswerden

Vor einem Parasitenbefall ist kein Hund gefeit. Schnelles Handeln ist gefragt, um das Risiko einer Erkrankung zu minimieren.

FLÖHE

Die kleinen Blutsauger sind ein ganzjähriges Problem, vermehren sich jedoch stärker, wenn es warm und feucht ist. Anstecken kann sich ein Hund überall, zum Beispiel bei Artgenossen und wenn er einen Igel oder eine Katze beschnuppert.

Flöhe erkennen. Starker Juckreiz ist meist das erste Indiz für einen Flohbefall. Die Übeltäter selbst entdeckt der Halter in der Regel, wenn er das Hundehaar mit einem Flohkamm mit extra engen Zinken kämmt. Weitere Anzeichen sind kleine rote Punkte an den Bissstellen, die oft auf einer Linie liegen, sowie der winzige dunkelbraune Flohkot. Wird dieser auf ein Küchentuch gelegt und angefeuchtet, sieht er rotbraun aus.

Gefahren. Flöhe können bestimmte Bandwürmer (▸ Seite 177) übertragen. Manche Hunde entwickeln eine sogenannte Flohallergie, die juckende Papeln und Krusten verursacht – schon ein Floh kann dann zum Quälgeist werden. Und: Flöhe machen auch vor Menschen nicht halt.

Flöhe loswerden. Floheier, Larven und Puppen leben in der Umgebung, wie Teppichen und Möbeln. Werden sie nicht vernichtet, endet die Flohplage nie. Deswegen reicht es nicht aus, nur den Hund zu behandeln, auch die Umgebung muss flohfrei werden. Die Mittel gibt es beim Tierarzt.

Vorbeugen. Spot-on-Präparate, die auf Nacken und eventuell Kruppe auf das Fell aufgetragen werden, sowie andere Mittel vom Tierarzt bieten wirksamen Schutz (▸ MDR1-Defekt, Seite 275).

ZECKEN

Gefahr besteht vorwiegend vom Frühjahr bis zum Herbst, seltener im Winter durch im Haus verbliebene Zecken. Die Spinnentiere lauern im Gras und in anderer bodennaher Vegetation auf Wiesen, in Gärten, Wäldern und Feuchtgebieten und reagieren auf Wärme und Körpergeruch.

Zecken erkennen. Im Nymphenstadium etwa ein Millimeter groß, ausgewachsen und vollgesogen über zehn Millimeter groß, sind Zecken im Hundefell leicht zu übersehen.

Gefahren. Der Stich ist schmerzlos und bleibt unbemerkt, wenige Hunde zeigen lokale allergische Reakionen (▸ Hot Spot, Seite 199). Gefährlicher sind Erreger der Borreliose, Babesiose, Ehrlichiose, Caninen Anaplasmose (▸ Seite 175) und FSME (Hirnhautentzündung), die über Speichel infizierter Zecken übertragen werden. Nicht jede Zecke ist Überträger und nicht jeder infizierte Hund wird krank. Auch der Mensch kann durch Zecken mit Borreliose, FSME und Ehrlichiose angesteckt werden. Das Risiko ist regional unterschiedlich hoch, fragen Sie den Tierarzt.

Zecken loswerden. Im Fachhandel und beim Tierarzt gibt es Werkzeuge zur Zeckenentfernung. Gehen Sie nach Produktbeschreibung vor und ziehen Sie die Zecke zügig heraus. Tragen Sie anschließend ein Wunddesinfektionsmittel auf den Stich auf. Damit kein weiterer Speichel in die Wunde gelangt und das Risiko einer Infektion erhöht, darf die Zecke nicht gequetscht werden. Kontraproduktiv ist es auch, »Hausmittel« wie Öl oder Klebstoff auf die Zecke zu geben.

Vorbeugen. Ihr Tierarzt hat Mittel zur Zeckenvorbeugung, die meist auch Schutz gegen andere Parasiten bieten (▸ MDR1-Defekt, Seite 275). Zusätzlich sollten Sie den Hund nach jedem Spaziergang absuchen, Zecken im Fell absammeln und bereits festgesaugte schnellstens herausziehen.

MILBEN

Ohr- und Räudemilben werden von anderen Tieren übertragen, und Herbstgrasmilben finden sich meist von August bis November in der Natur. Demodex-Milben hat jeder Hund, krank wird er aber nur bei geschwächtem Immunsystem.

Milben erkennen. Bis auf Herbstgrasmilben, die wie kleine orange Punkte aussehen, und Ohrmilben (▸ Seite 159) kann nur der Tierarzt einen Befall diagnostizieren. Auffälliger sind die Symptome, wie starker Juckreiz, Pusteln, Quaddeln und Krusten auf der Haut, Schuppen sowie Fellverlust.

Gefahren. Die Milben ernähren sich von Zell- und Gewebsflüssigkeit und verursachen Hauterkrankungen. Hausstaubmilben können Allergien (▸ Seite 184) auslösen und Räudemilben auch den Menschen befallen (▸ Zoonose, Info, Seite 175).

Milben loswerden. Mit entsprechenden Mitteln vom Tierarzt, bei Räude Umgebungsbehandlung.

Vorbeugen. Mit speziellen Präparaten vom Tierarzt (▸ MDR1-Defekt, Seite 275).

WÜRMER

Die Ansteckungsmöglichkeiten mit Würmern sind vielfältig (▸ Seite 178), meist durch Beschnuppern oder Fressen von Kot oder Mäusen.

Würmer erkennen. Selten direkt erkennbar, eventuell Bandwurmglieder im Kot, bei starkem Befall Spulwürmer in Erbrochenem oder Kot. Auffälliger sind die Symptome (▸ Seite 177) und das »Schlittenfahren« (▸ Analdrüsen, Seite 272).

Gefahren. Starker Befall macht den Hund krank.

Würmer loswerden. Beim Tierarzt gibt es Entwurmungsmittel (▸ MDR1-Defekt, Seite 275). Je nach Gefährdung wird dies alle ein bis drei Monate empfohlen. Um nicht unnötig zu entwurmen, können Kotproben auf einen Wurmbefall untersucht werden. Wenn nötig, wird entwurmt. Vorbeugende Mittel gibt es nicht.

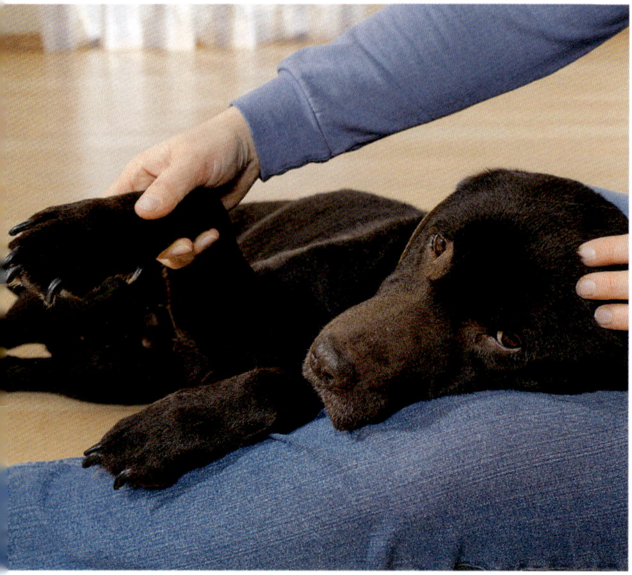

Haut-Check: Tasten Sie den Hund am ganzen Körper nach möglichen Auffälligkeiten ab.

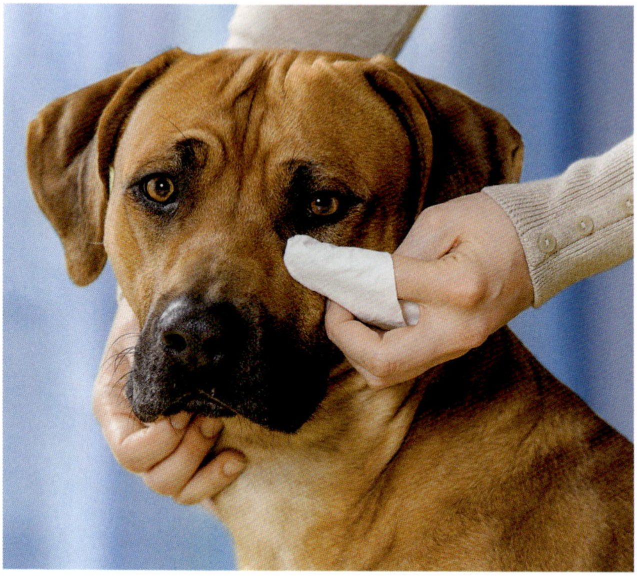

Augen reinigen: Sekretkrusten im Augenwinkel vorsichtig mit einem feuchten Kosmetiktuch betupfen und dann abwischen.

Körperpflege des Hundes

Ihren behaarten Freund stört es nicht, wenn er nach einem Regenspaziergang wie »nasser Hund« riecht oder eine penetrante Duftwolke hinter sich herzieht, weil er sich genüsslich in Aas oder Kot gewälzt hat. Trotzdem sind Hunde reinliche Tiere; die Definition von sauber und gepflegt ist für Zwei- und Vierbeiner eben unterschiedlich. Verkneifen Sie es sich, den Hund mit vermeintlich wohlriechenden Düften einzunebeln, vielleicht stinken diese ihm ganz gewaltig. Worauf es wirklich ankommt, sind Pflegemaßnahmen, die der Gesundheitsvorsorge dienen. Und damit können Sie gar nicht früh genug anfangen.

MEDIZINISCHES TRAINING

Sich bürsten, Zähne und Ohren kontrollieren und sich am ganzen Körper anfassen zu lassen, muss ein Hund erst lernen. Trainieren Sie von Anfang an spielerisch die Pflegemaßnahmen. Mit einer weichen Naturborstenbürste wird Fellpflege geübt. Wenn Abtasten, Ohrenkontrolle etc. beiläufig beim Kuscheln stattfinden und es für die Kooperation Lob und Leckerchen gibt, hat der Hund sogar Freude daran.
Sie können Tricks (▸ Seite 258) einbauen, wie »Gib Pfote« zur Pfotenkontrolle und »Rolle«, um den Bauch anzuschauen. Ist Ihr Hund bei Untersuchungen relaxed, freut sich auch der Tierarzt.

REGELMÄSSIG UNTERSUCHEN

Mindestens einmal in der Woche sollten Sie Ihren kleinen Freund gründlich von vorne bis hinten und von oben bis unten abtasten und anschauen. So bemerken Sie schnell, wenn es Auffälligkeiten gibt. Ob beim wöchentlichen Check oder bei der gezielten Pflege: Fällt Ihnen eine Veränderung (▸ Info, Seite 161) auf, muss diese genauer beobachtet werden. Im Zweifelsfall sollte auch der Tierarzt einen Blick darauf werfen und einschätzen, ob eine Behandlung nötig ist.

AUGEN-CHECK

Kontrollieren Sie täglich die Augen Ihres Vierbeiners. Sie werden schon an seinem Blick erkennen, ob es ihm gut geht. Sind die Augen sauber und klar, ist keine zusätzliche Pflege notwendig.

Richtig pflegen. Sekretkrusten im Augenwinkel vorsichtig mit einem lauwarm angefeuchteten Kosmetiktuch (ohne Duft- oder Pflegestoffe) betupfen und behutsam abwischen (▸ Foto, Seite 158 rechts). Verwenden Sie nur klares bzw. abgekochtes Wasser! Kamillentee kann das Auge reizen.

Darauf achten. Reiben Haare am Auge, müssen diese vorsichtig gekürzt werden.

Folgende Anzeichen und auch alle nicht aufgeführten sind ein Fall für den Tierarzt:

- Vermehrte Sekret- oder Tränenbildung kann auf einen Fremdkörper oder eine Erkrankung hinweisen. Bei Hunden mit hellem Fell verfärben sich dann oft die Haare unter dem Auge rötlich.
- Gerötete Bindehäute. Zur Kontrolle vorsichtig das Lid nach unten ziehen.
- Wimpern reiben am Auge.
- Graue Linsen sind oft eine Alterserscheinung (grauer Star), die zur Erblindung führen können.
- Das Auge ist geschwollen, der Hund ist lichtempfindlich oder nachtblind, zwinkert oft oder kneift das Auge zu.

OHREN-CHECK

Schauen Sie sich einmal in der Woche genauer die Ohren an. Sind Sie sauber und riechen unauffällig, ist keine weitere Pflege notwendig.

Richtig pflegen. Pflegelotion in den Gehörgang träufeln und das Ohr massieren. Der Hund schüttelt dann Schmutz und Ohrenschmalz hinaus. Danach die Ohrmuschel mit einem weichen Tuch auswischen (▸ Foto, rechts oben). Reinigen Sie das Ohr nicht mit Wattestäbchen, damit könnten Sie Schmutz tief in den Gehörgang schieben. Hunde mit Hängeohren sind anfälliger für Ohrprobleme und brauchen mehr Pflege.

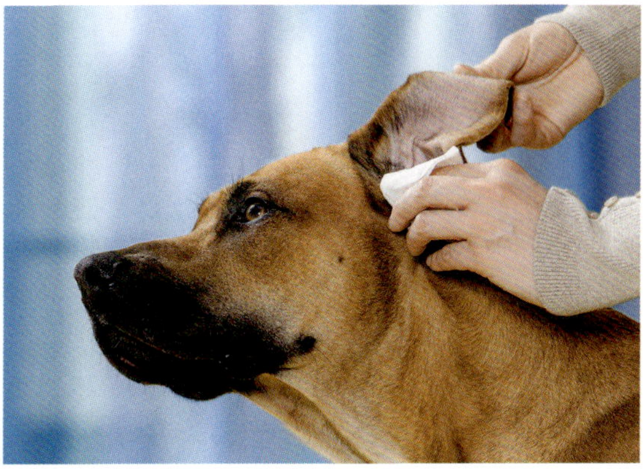

Träufeln Sie die Lotion in den Gehörgang und massieren Sie das Ohr. Hat sich der Hund geschüttelt, wird die Ohrmuschel mit einem weichen Tuch ausgewischt.

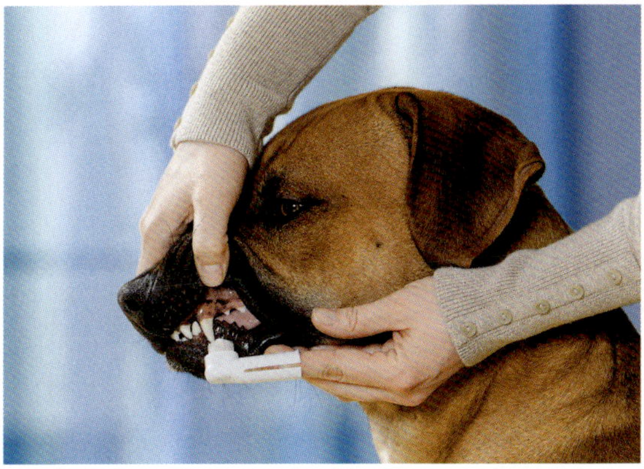

Zähne putzen: Geben Sie einen erbsengroßen Klecks Hundezahnpasta auf die Zahnbürste und reiben Sie kreisend alle Zähne ab.

Darauf achten. Wachsen viele Haare im Ohr, sollten diese entfernt werden. Überlassen Sie das den Profis im Hundesalon oder dem Züchter. Häufige Ohreninfektionen können auch Hinweis auf eine Allergie sein, zum Beispiel gegen Futtermittel.

Folgende Anzeichen und auch alle nicht aufgeführten sind ein Fall für den Tierarzt:

- Übermäßige Bildung von Ohrenschmalz, starke Verschmutzung, dunkle Ablagerungen, Rötung, Schwellung, Fremdkörper, übler Geruch.
- Kopfschiefhaltung, häufiges Kratzen am Ohr.

PFOTEN-CHECK

Täglich oder mehrmals pro Woche ist ein genauer Blick auf die Pfoten fällig. Schauen Sie sich die Ballen, Zwischenräume und Krallen an. Gibt es keine Auffälligkeiten, ist nichts weiter zu tun.

Richtig pflegen. Sind die Krallen zu lang, müssen sie mit einer speziellen Krallenzange gekürzt werden. Anfänger sollten sich die Technik vom Tierarzt oder Züchter zeigen lassen. Kürzen Sie nicht zu viel und wählen Sie den Winkel entsprechend der Lauffläche. Achten Sie vor allem darauf, weder Blutgefäß noch Nerv zu verletzen (blutstillenden Stift bereitlegen), denn das ist sehr schmerzhaft, und der Hund kann künftig schon beim Anblick der Krallenzange in Panik geraten.

Nach einem Spaziergang bei Schmuddelwetter sollten die Pfoten gereinigt, bei langhaarigen Hunden gebadet werden. Zum Schutz vor Streusalz und Schneeklumpen werden die Ballen vor einem Winterspaziergang mit Pfotenschutzcreme gepflegt.

Untersuchen Sie die Pfoten regelmäßig auf Fremdkörper, Rötungen und verfilzte Haare.

Darauf achten. Lange Haare zwischen den Zehen sollten gekürzt werden, damit sie nicht verfilzen und weder Erde noch Schnee daran verklumpen. Folgende Anzeichen und auch alle nicht aufgeführten sind ein Fall für den Tierarzt:

- Verletzungen, Risse, Rötungen, Eiterherde, Schwellungen, Fremdkörper und unangenehmer Geruch an Ballen und Zehenzwischenhaut.
- Angerissene, gespaltene Krallen.
- Häufiges Lecken an der Pfote, Schonung der Pfote, Schmerzempfindlichkeit.

GEBISS-CHECK

Untersuchen Sie bei der Zahnpflege, aber mindestens einmal wöchentlich Zähne und Mundraum.

Richtig pflegen. Regelmäßige Zahnpflege beugt Zahnstein und Erkrankungen vor. Tägliches Kauen an Kauknochen (▸ Seite 144), Knochen (▸ Seite 141) und Spielzeugen mindert die Bildung von Zahnstein. Zusätzlich pflegt Zähneputzen (▸ Foto, Seite 159 unten). Alternativ können Sie die Zähne mit Mull oder speziellen Stofffingerlingen abreiben. Ob dies täglich, alle zwei oder drei Tage nötig ist, hängt davon ab, wie schnell sich bei Ihrem Hund durch Zahnabstand, Ernährung und Veranlagung Zahnstein bildet. Auch Pasten oder Sprays vom Tierarzt helfen.

Darauf achten. Starker Zahnstein kann nur unter Narkose vom Tierarzt entfernt werden, was eine große Belastung für den Hund ist.

Folgende Anzeichen und auch alle nicht aufgeführten sind ein Fall für den Tierarzt:

- Rötung, Schwellung, unangenehmer Geruch, Fremdkörper, Zahnverlust, abgebrochene Zähne.
- Futterverweigerung, Gewichtsabnahme.
- Kontrollieren Sie im Zahnwechsel mehrmals wöchentlich, ob bleibende Zähne schief wachsen oder durch Milchzähne behindert werden. Diese Milchzähne müssen eventuell gezogen werden.

HAUT-CHECK

Untersuchen Sie einmal wöchentlich die Haut Ihres Hundes (▸ Foto, Seite 158 links).

Richtig pflegen. Hautfalten wie bei Mops und Co. brauchen besondere Pflege. Sie werden täglich mit einem feuchten Tuch ausgewischt und wenn nötig auch mit Babypuder gepflegt.

Darauf achten. Folgende Anzeichen und alle nicht aufgeführten sind ein Fall für den Tierarzt:

- Wunden, Rötungen, Eiterherde, Knoten, Schorf, Krusten, kahle Stellen, Pusteln, Juckreiz, Schwellungen (▸ Seite 276).

GESCHLECHTSTEILE-CHECK

Penis und Hoden des Rüden sowie Scheide der Hündin werden wöchentlich gecheckt.

Richtig pflegen. Verunreinigungen vorsichtig mit einem feuchten Kosmetiktuch entfernen.

Darauf achten. Während der Läufigkeit der Hündin (▸ Seite 185) sind eine geschwollene Scheide, blutiger Ausfluss und häufiges Lecken normal. Folgende Anzeichen und auch alle nicht aufgeführten sind ein Fall für den Tierarzt:

- Eitriger Ausfluss, Rötung, Blutung, Schwellung.
- Auffallend häufiges Lecken, übler Geruch.

HINTERTEIL-CHECK

Heben Sie täglich einmal die Rute an und betrachten Sie den After.

Richtig pflegen. Ein verschmutzter After wird mit einem feuchten Kosmetiktuch gereinigt.

Darauf achten. Analdrüsen (▸ Seite 272) können verstopfen, Entleerung durch den Tierarzt. Folgende Anzeichen und auch alle nicht aufgeführten sind ein Fall für den Tierarzt:

- Rötung, Schwellung, Eiterherde, Verletzung.
- »Schlittenfahren«, der Hund rutscht mit dem Po über den Boden, Juckreiz, häufiges Lecken am After, unangenehmer Geruch.

INFO

Pflege des Hundes – darauf müssen Sie achten

Entdecken Sie Fremdkörper oder eines dieser Symptome, sollte der Tierarzt dies untersuchen:

- **Blutung:** Haut, Zahnfleisch (eventuell Verletzung, Infektion, Parasiten, Zahnproblem)
- **Rötung:** Haut, Augen, Ohren, Zahnfleisch, Geschlechtsteile (eventuell Verletzung, Infektion, Entzündung, Parasiten, Pilzinfektion)
- **Eiterherd:** Haut, Zahnfleisch (eventuell Verletzung, Infektion, Parasiten, Zahnproblem)
- **Nässende Stellen:** Haut, Ohren (eventuell Infektion, Entzündung, Parasiten, Pilzinfektion)
- **Krusten und Schorf:** Haut, Nase, Ohren (eventuell Verletzung, Parasiten, Pilzinfektion)
- **Ausfluss:** Augen, Nase, Ohren, Geschlechtsteile (eventuell Infektion, Entzündung)
- **Verfärbung:** Augen, Schleimhaut (eventuell Leberproblem)
- **Schwellung:** Haut, Augen, Ohren, Pfoten, Zahnfleisch, Geschlechtsteile (eventuell Verletzung, Infektion, Entzündung, Tumor); Scheide der Hündin (eventuell Läufigkeit); Hoden des Rüden (eventuell Hodenerkrankung)
- **Pusteln, Quaddeln:** Haut, Pfoten (eventuell Infektion, Parasiten, allergische Reaktion)
- **Kahle Stellen:** Haut (eventuell Infektion, Parasiten, Pilzinfektion, Schilddrüsenunterfunktion)
- **Übler Geruch:** Haut, Ohren, Maul, Geschlechtsteile (eventuell Infektion, Zahnproblem)
- **Überempfindlichkeit:** überall (eventuell Schmerz), Auge, Ohren, Zähne (eventuell Infektion, Entzündung, Fremdkörper)
- **Schmutz:** Dunkle Krümel auf der Haut (eventuell Flohbefall); dunkle Ablagerungen (eventuell Infektion, Milbenbefall, Pilzinfektion)

Gesund und fit bleiben

Die Gesundheit Ihres Hundes liegt Ihnen am Herzen. Da nutzen Sie gerne die Möglichkeiten der Vorsorge, damit sich Ihr kleiner Freund rundum wohlfühlt. Regelmäßige Pflege und Checks sind dafür unerlässlich.

Ihr Vierbeiner lebt eng mit Ihnen zusammen und ist Teil Ihrer Familie. Ein trüber Blick, mäßiger Appetit bei sonst beliebten Leckereien, keine Lust auf die Toberei mit dem besten Freund, mühsames Aufstehen, eine Unregelmäßigkeit beim Laufen, ein beim Kuscheln ertasteter Knoten in der Haut – all das bleibt Ihnen nicht verborgen, weil Sie ihn gut kennen. Und das macht es Ihnen möglich, schnell auf Veränderungen zu reagieren.

Viele Krankheiten sind nicht mehr so bedrohlich, wenn sie bereits im Frühstadium erkannt werden, weil ihre Behandlung dann wirkungsvoller und schonender ist. Ein Hundehalter muss wissen, was zu tun ist, wenn sich sein Gefährte verletzt hat oder Anzeichen von Unwohlsein oder einer Erkrankung zeigt. Neben der gewissenhaften Krankheitsvorsorge schützt dies den Hund am besten vor schweren Gesundheitsschäden.

Vorbeugung ist gut

Durch fürsorgliche Haltung, sorgfältige Pflege und regelmäßige Checks kann vielen Beschwerden und Krankheiten vorgebeugt oder zumindest deren Verlauf abgemildert werden.

DIE WICHTIGSTEN VORSORGEMASSNAHMEN

Ernährung. Ausgewogene Ernährung hält den Hund gesund und hilft bei der Genesung. Falsche Ernährung führt zu Entwicklungsstörungen und schädigt Organe. Ein dicker Hund ist öfter krank, hat weniger Lebensqualität und stirbt früher.

Pflege und Check. Beides sorgt für Wohlbefinden, senkt das Krankheitsrisiko und dient der Früherkennung. Mindestens einmal jährlich gehört eine Untersuchung beim Tierarzt dazu.

Bewegung. Leistungsangepasst, ist sie zur Gesunderhaltung unerlässlich. Falsche Bewegung schädigt Gelenke und verursacht bald Arthrose.

Beschäftigung. Zum Glücklichsein gehört für jeden Hund richtig dosierte Beschäftigung dazu. Ob dafür interessante Spaziergänge ausreichen oder Agility, Fährtensuche, Tricks und Co. besser passen, hängt individuell vom Vierbeiner ab.

Beziehung. Fühlt sich der Hund in der Familie integriert und bekommt er hundgerechte Führung, senkt das das Risiko von Erkrankungen.

Stress. Stress, der überfordert und nicht bewältigt werden kann, macht krank und kann durch viele Ursachen ausgelöst werden, wie Über- oder Unterbeschäftigung, Vermenschlichung, Vernachlässigung, falsche oder fehlende Erziehung, Züchtigung und unberechenbares Verhalten.

Impfung und Co. Die ausreichende Impfung bietet Schutz vor gefährlichen Infektionskrankheiten. Entwurmungen und Parasitenschutz beugen Gesundheitsschäden vor.

Schläft ein Hund auffällig viel, dann sollte er zur Sicherheit vom Tierarzt untersucht werden.

INFO

Krankenversicherung für Bello

Vergleichen Sie die Leistungen der Anbieter genau und achten Sie unter anderem auf Folgendes:

- **Leistungen:** Wofür werden Kosten übernommen, z. B. für Vorsorge und Medikamente, bei Unfällen, Verletzungen, Operationen, Nachsorge? Wie ist es bei chronischen Krankheiten?
- **Erstattung:** Werden die Kosten in voller Höhe übernommen oder nur anteilig? Gibt es eine Grenze bei Erstattung oder tierärztlichem Gebührensatz? Worauf müssen Sie achten?
- **Ausschlüsse:** Kann Ihr Hund versichert werden (Alter, Vorerkrankungen)?
- **Beitragshöhe:** Wie hoch sind die Beiträge?
- **Selbstbeteiligung:** Müssen oder können Sie sich beteiligen? In welcher Höhe?

CHECKLISTE

Pflege nach Plan

Pflege nach Plan bietet die beste Vorsorge. Gibt es feste Zeiten für Pflege, Checks und fürs Zähneputzen, wird nichts vergessen.

- Täglich: Fellpflege, Faltenpflege; Augen-Check, Pfoten-Check, Hinterteil-Check
- Täglich: Parasiten-Check in der Zecken-Saison nach jedem Spaziergang, bei Schmuddelwetter Pfoten-Reinigung, Pfotenpflege im Winter
- Mehrmals pro Woche: Zähneputzen, bei manchen Vierbeinern auch täglich
- Wöchentlich: Ohren-Check, Krallen-Check, Haut-Check, Geschlechtsteile-Check

INDIVIDUELLER VORSORGEPLAN

Neben den allgemeinen Vorsorgemaßnahmen brauchen manche Hunde besondere Fürsorge. Welpen sind wegen des noch nicht fertig ausgebildeten Immunsystems anfälliger für Infektionen, ihr Bewegungsapparat ist nicht so belastbar wie bei erwachsenen Hunden, und die Ernährung muss den Bedürfnissen des Wachstums angepasst sein. Auch Senioren (▸ Seite 188) und chronisch kranke Hunde haben besondere Ansprüche.

Rassespezifisch. Gibt es bei der Rasse Ihres Hundes oder seiner Zuchtlinie Häufungen bestimmter Krankheiten? Sprechen Sie Züchter und Tierarzt darauf an. Es gibt Vorsorgeuntersuchungen zum Beispiel bei Herz- und Harnwegserkrankungen, Ellenbogen- oder Hüftgelenksdysplasie sowie Gentests zur Früherkennung. Rechtzeitig erkannt, können Sie bei vielen Erkrankungen gegensteuern.

DEN HUND BEOBACHTEN

Schauen Sie sich Ihren Hund in alltäglichen Situationen an. Bewegt und verhält er sich wie gewohnt? Frisst er mit Appetit? Trinkt er so wie sonst? Eine plötzliche Veränderung des Verhaltens, ein anderes Bewegungsverhalten, auffallend mehr oder weniger Hunger oder Durst, eine andere Art zu fressen – all das können erste Anzeichen einer Erkrankung sein. Auffälligkeiten sollten Sie genauer beobachten und den Hund im Zweifelsfall vom Tierarzt untersuchen lassen.

SCHMERZEN ERKENNEN

Hunde sind taffe Gesellen. Ohne zu mucken, rennen sie durch dorniges Gestrüpp und raufen wild mit ihren Kumpels. Wenn sie Schmerzen haben, ertragen sie diese oft still. Zeigen sich deutliche Anzeichen, ist der Schmerz meist schon heftig. Daher müssen Sie lernen, auch kleine Anzeichen für Unwohlsein oder Schmerz zu erkennen, um Ihrem kleinen Freund schnell helfen zu können, wenn es ihm nicht gut geht, zum Beispiel: Zittern, Unruhe, Hecheln auch in Ruhe, Zurückweichen vor Berührungen, Knirschen mit den Zähnen, auffallende Zurückgezogenheit, plötzliche Spielunlust, vermehrte Unsicherheit oder sogar Angst, plötzliche Aggression, auffallend langsame Bewegungen oder langsames Aufstehen, Vermeiden bestimmter Bewegungen, Aufschreien bei bestimmten Bewegungen oder Berührungen, anhaltendes Belecken bestimmter Körperstellen, ein angespannter Bauch, ein gekrümmter Rücken.

WARUM VORSORGE SO WICHTG IST

Selbst vermeintlich kleine Ursachen können eine große Wirkung haben. Zahnpflege (▸ Seite 160) beugt zum Beispiel nicht nur Zahnschmerzen vor. Zahnstein entsteht durch mineralisierte Zahnbeläge. Er ist ein Nährboden für Bakterien, die zu

Entzündungen von Zähnen und Zahnfleisch und Zahnverlust (▸ Parodontitis, Seite 179) führen. Das kann so schmerzhaft sein, dass der Hund sich weigert zu fressen, abnimmt und sein Allgemeinbefinden leidet. Noch schlimmer: Schädliche Bakterien gelangen in die Blutbahn und können Herz, Nieren, Leber und andere Organe schwer in Mitleidenschaft ziehen. Nicht selten wird ein Herzproblem besser, nachdem die Zähne des Hundes behandelt wurden.

Die Krux: Eine umfassende Zahnbehandlung wird in der Regel nur unter Narkose vorgenommen. Sind aber bereits Herz, Leber oder Nieren angegriffen, erhöht sich das Risiko, dass es bei der Narkose zu Komplikationen kommt. Diese Wechselwirkung kann eine effektive Behandlung sowohl von Zähnen als auch vom organischen Problem erschweren oder sogar unmöglich machen – der Leidtragende ist der Hund.

Zahnerkrankungen gehören zu den häufigsten Fällen in der tierärztlichen Praxis. Viele davon wären gar nicht oder nicht in der Schwere entstanden, hätten die Halter den Zähnen des Hundes mehr Aufmerksamkeit gewidmet. Die Zähne sind ein gutes Beispiel dafür, wie wichtig Pflege und Vorsorge sind. Durch einfache Maßnahmen erhalten Sie nicht nur die Gesundheit Ihres Hundes, Sie schonen auch Ihren Geldbeutel.

TEST: IST MEIN HUND GESUND?

Unwohlsein und Krankheiten können sich schon in kleinen Veränderungen ankündigen. Testen Sie, ob es Ihrem Vierbeiner rundum gut geht.

	JA	NEIN
1. Er hat Appetit und trinkt die übliche Menge Wasser. Er verrichtet mehrmals täglich problemlos sein Geschäft. Der Kot ist geformt, der Urin normal gefärbt.	☐	☐
2. Er bewegt sich locker und gleichmäßig, lahmt nicht und nimmt auch im Stand keine Schonhaltung ein. Er vermeidet keine Bewegungen und steht leicht auf.	☐	☐
3. Sein Blick ist klar und wach, er nimmt interessiert Anteil an seiner Umgebung.	☐	☐
4. Er verhält sich wie gewohnt im Umgang mit Menschen und Artgenossen, ist nicht berührungsempfindlich und zeigt keine Anzeichen von Schmerz.	☐	☐
5. Sein Fell glänzt und ist ohne kahle Stellen. Bei den Pflege-Checks gibt es keine Auffälligkeiten. Er kratzt, schüttelt oder beleckt sich nicht auffällig oft.	☐	☐

Auflösung: Sie konnten alle fünf Punkte mit »JA« ankreuzen? Dann ist Ihr kleiner Freund allem Anschein nach fit und munter. Haben Sie nur einen »NEIN«-Punkt, sollte er besser vom Tierarzt untersucht werden.

Wichtige Impfungen

Damit Ihr Vierbeiner unbeschwert seine Umwelt entdecken und mit Artgenossen toben kann, ist ein ausreichender Impfschutz wichtig. Denn Erreger können überall lauern, und manche übertragen gefährliche Krankheiten.

TRAINING FÜR DAS IMMUNSYSTEM

Kommt das Immunsystem mit Krankheitserregern wie Viren und Bakterien in Kontakt, setzt es alles daran, die Infektion zu bekämpfen. Zur Abwehr gehören Antikörper, die sich auf einen bestimmten Erreger spezialisieren. Hat ein Hund einmal eine Infektion durchgemacht, »erinnert« sich sein Immunsystem bei neuem Kontakt mit diesen Erregern daran und schickt sofort die passenden Antikörper los, um die Infektion im Keim zu ersticken – bestenfalls ist der Hund immun gegen eine erneute Erkrankung, oder diese tritt nur in einer milder ablaufenden Form auf.

Unbeschwert mit dem Artgenossen toben: Impfungen beugen ansteckenden Krankheiten vor.

Impfung. Durch eine Impfung wird versucht, diesen Vorgang zu imitieren, indem abgeschwächte lebende oder abgetötete Erreger der Krankheit verabreicht werden. Das Immunsystem reagiert wie bei einer echten Infektion mit einer Abwehrreaktion und bildet Antikörper.

Das wird geimpft. Tollwut, Staupe, Parvovirose, Hepatitis Contagiosa Canis (HCC) und Leptospirose (▸ Infektionen, Seite 175); bei hohem Infektionsrisiko wenn nötig gegen Borreliose, Pilzinfektionen, Leishmaniose und Zwingerhusten (▸ Tabelle rechts); bei Zuchthündinnen eventuell gegen das Canine Herpesvirus.

RISIKEN UND NEBENWIRKUNGEN

Wenn das Immunsystem aktiv wird, bedeutet das immer Stress für den Hundekörper, ganz unabhängig davon, ob auf eine echte Infektion reagiert wird oder auf eine Impfung.

Nebenwirkungen sind selten, aber möglich, wie lokale Reizungen der Impfstelle, allergische Reaktionen und in Ausnahmefällen sogar heftige Impfreaktionen (▸ Seite 274).

Optimieren. Wurmbefall belastet das Immunsystem. Deswegen sollten vor allem junge Hunde etwa zwei Wochen vorher entwurmt werden.

Vorbeugen. Nur gesunde Hunde dürfen geimpft werden. Daher wird der Tierarzt Ihren Vierbeiner vorher gründlich untersuchen. So minimieren Sie Nebenwirkungen:

- Achten Sie darauf, dass Ihr Hund nach der Impfung keinen Belastungen ausgesetzt ist wie hoher körperlicher Aktivität, Futterumstellung oder sonstigem Stress – lassen Sie es einfach etwas ruhiger angehen. Denn durch das belastete Immunsystem haben andere Erreger leichteres Spiel.

• Zeigt Ihr Hund in den Monaten nach der Impfung Krankheitssymptome oder ungewöhnliches Verhalten, muss das abgeklärt werden.
• Nicht nur kleine Hunde vertragen Präparate mit einzelnen Impfstoffen besser als Kombipräparate. Statt den Hund mit einem Mal gegen fünf oder mehr Krankheiten zu impfen, ist es besser, einzelne Impfstoffe mit zeitlichem Abstand zu geben.
• Damit nicht unnötig geimpft wird, kann mit einer Blutuntersuchung die Höhe der Antikörper bestimmt und der individuell für Ihren Hund passende Impfzeitpunkt ermittelt werden.

IMPFEN, ABER RICHTIG

Impfungen bieten Schutz, und durch sie haben Staupe und Co. ihren Schrecken verloren. Doch ausgerottet sind diese Krankheiten nicht, und Sorglosigkeit ist fehl am Platz. Nicht nur durch Hunde zum Beispiel skrupelloser Vermehrer aus dem Ausland bleibt die Gefahr weiter bestehen.

Clever impfen. Es kommt, wie auch sonst immer im Leben, auf das richtige Maß an: Lassen Sie nur das impfen, was wirklich wichtig und sinnvoll ist, und achten Sie auf vertretbar große Zeitabstände zwischen den Auffrischungsimpfungen.

IMPFTABELLE

Besprechen Sie mit Ihrem Tierarzt, welche Impfungen wann für Ihren Hund sinnvoll sind. Als Grundlage dient die Impfempfehlung der Ständigen Impfkommission Veterinär für Hunde im Bundesverband Praktizierender Tierärzte e.V.

WANN	IMPFUNG
Grundimmunisierung	
8. Woche	HCC (Hepatitis Contagiosa Canis), Leptospirose, Parvovirose, Staupe
12. Woche	HCC, Leptospirose, Parvovirose, Staupe, Tollwut
16. Woche	HCC, Parvovirose, Staupe, Tollwut (diese Impfung geht über die gesetzliche Anforderung hinaus)
15 Monate	HCC, Leptospirose, Parvovirose, Staupe, Tollwut
Auffrischungsimpfungen	
Jährlich	Leptospirose (in Gefährdungsgebieten häufiger empfohlen)
Alle 3 Jahre	HCC, Parvovirose, Staupe
Nach Herstellerempfehlung	Tollwut (Impfstoff hat je nach Hersteller 1–3 Jahre Wirksamkeit)
Bei Gefährdung	Zwingerhusten, Borreliose, Pilzinfektion, Leishmaniose*

* Die Leishmanioseimpfung verhindert nicht die Ansteckung, sondern mildert nur den Verlauf.

Ältere Tiere erhalten Impfungen in denselben Abständen. Ab einem Alter von 12 Lebenswochen sind zwei Impfungen im Abstand von 3 bis 4 Wochen und eine weitere nach einem Jahr ausreichend für eine Grundimmunisierung.

Interview

Infos zu Impfungen

Impfen ja oder nein? Und wie oft? Berichte über Hunde, die durch das Impfen erkrankt sind, verunsichern viele Halter. Der Experte Prof. Dr. Uwe Truyen nimmt Stellung zu den wichtigsten Fragen.

PROF. DR. MED. VET. UWE TRUYEN, TIERARZT

Uwe Truyen ist Fachtierarzt für Tierhygiene, Virologie, Mikrobiologie und Epidemiologie, Professor für Tierhygiene und Tierseuchenbekämpfung, Tierseuchenbeauftragter der Veterinärmedizinischen Fakultät sowie Direktor des Instituts für Tierhygiene und Öffentliches Veterinärwesen der Universität Leipzig. Er ist Vorsitzender der Ständigen Impfkommission Veterinär (StIKo Vet) und des Ausschusses »Desinfektion« der Deutschen Veterinärmedizinischen Gesellschaft.

Warum ist die Grundimmunisierung so wichtig?

UWE TRUYEN: Die Impfungen im ersten Lebensjahr geben dem Hund eine belastbare Immunität, die ihn vor den gefährlichsten Infektionskrankheiten schützt. Darauf kann er sein ganzes Leben lang aufbauen, und der Impfschutz muss später nur noch aufgefrischt werden.

Wie häufig sind schwere Impfreaktionen?

UWE TRUYEN: Schwere Impfreaktionen sind sehr selten. Gibt es eine Reaktion, tritt sie meist lokal und kurzzeitig nur an der Injektionsstelle auf, oder der Hund ist etwas müde. Auf 30.000 Impfungen gibt es ca. eine Impfreaktion. Von diesen Reaktionen sind nur sehr wenige schwerwiegend, zum Beispiel allergische Reaktionen oder Autoimmunerkrankungen (▸ Seite 272). Impfungen sind immer noch der beste Schutz.

Wie lange hält der Impfschutz an?

UWE TRUYEN: Das ist unterschiedlich. Impfungen gegen Parvovirose, Staupe, HCC und Tollwut bieten mehrjährigen Schutz. Leptospiroseimpfstoffe hingegen wirken in der Regel etwa ein Jahr. Hunde, die häufig Mäuse fressen oder in stehenden Gewässern baden, sollten öfter gegen Leptospirose geimpft werden, zumal die Krankheit auch auf den Menschen übertragbar ist.

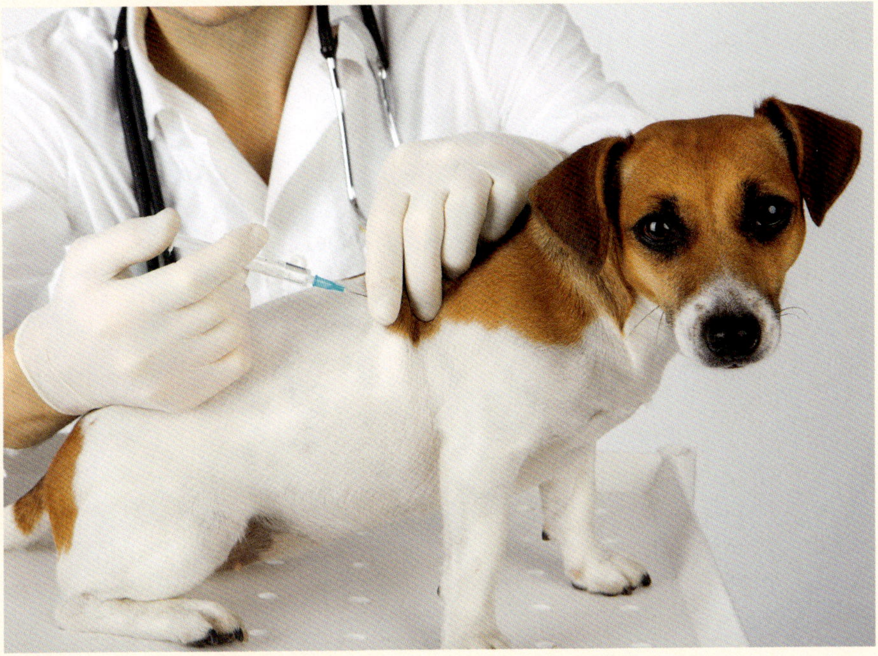

Der Tierarzt sollte den Hund vor der Impfung gründlich untersuchen. Die Impfung und deren Gültigkeitsdauer wird dann in den Impfpass oder EU-Heimtierausweis eingetragen.

Bietet eine Impfung garantierten Schutz?

UWE TRUYEN: Nein, eine Garantie gibt es nicht. Die Anforderungen für die Zulassung eines Impfstoffs sind jedoch hoch und die Prüfungen sehr aufwendig, sodass der Wirkung durchaus vertraut werden kann. Wird ein gesunder Hund mit einem intakten und sachgerecht verwendeten Impfstoff behandelt, ist von einem hohen Schutz auszugehen. Dieser kann mit einer Bestimmung der Antikörper überprüft werden.

Muss ein zehn Jahre alter, durchgeimpfter Hund auch weiterhin geimpft werden?

UWE TRUYEN: Ein zehn Jahre alter und zeitlebens geimpfter Hund wird mit aller Wahrscheinlichkeit nicht mehr an Staupe, Parvovirose oder HCC erkranken, da er in der Regel ausreichend Antikörper gegen diese Erkrankungen besitzt. Anders sieht das bei Leptospirose aus, denn dieser Impfschutz muss auch im Alter mindestens jährlich aufgefrischt werden.

Worauf sollte ein Hundehalter vor und nach einer Impfung des Hundes achten?

UWE TRUYEN: Der Hund sollte zum Zeitpunkt der Impfung gesund, der Welpe auch entwurmt sein, damit sich sein Immunsystem voll auf die Impfung konzentrieren kann. Nach der Impfung muss auf mögliche Nebenwirkungen geachtet werden. Ist der Hund müde und schläft am Nachmittag, ist das normal. Dauert die Abgeschlagenheit länger, sollte der Tierarzt aufgesucht werden. Ebenso, wenn lokale Impfreaktionen nach zwei Tagen nicht abgeklungen sind oder sich entzündet haben. Schnell reagieren muss der Hundehalter bei allergischen Reaktionen, zum Beispiel Schwellungen.

Krankheitssymptome früh erkennen

Der Hund ist darauf angewiesen, dass seine Menschen bemerken, wenn es ihm nicht gut geht, und dann richtig handeln.

FIEBER MESSEN

Weicht die Körpertemperatur von den Normalwerten ab, ist das ein erstes Anzeichen für eine Erkrankung. Messen Sie die Temperatur mit einem digitalen Fieberthermometer. Geben Sie vorher Öl oder Vaseline auf die Spitze, führen Sie sie etwa zwei Zentimeter tief in den After ein und halten Sie das Thermometer dann etwas nach unten. Warten Sie, bis das Thermometer die endgültige Temperatur zeigt. Die Normaltemperatur liegt bei ca. 37,5 bis 39 °C: bei großen Hunden im unteren Bereich, bei kleinen im oberen.

Hecheln bei Hitze und Anstrengung ist normal, sonst kann es Unwohlsein oder Schmerzen anzeigen.

GENAUER BEOBACHTEN

Einmaliges Erbrechen oder Durchfall sind kein Grund zur Sorge, sollten aber genau wie unspezifische erste Krankheitsanzeichen beobachtet und gegebenenfalls vom Tierarzt eingeschätzt und behandelt werden, zum Beispiel bei

- Appetitlosigkeit
- Mattigkeit oder Teilnahmslosigkeit
- Unruhe
- anhaltendem Hecheln in Ruhe
- erhöhter Temperatur
- wiederholtem Durchfall oder Erbrechen

SCHNELL ZUM TIERARZT

Eine größere Verletzung, ein Unfall, der Kontakt mit giftigen Substanzen sowie plötzlich auffällige und/oder schwere Symptome oder Verhaltensänderungen sind Notfälle und müssen rasch vom Tierarzt behandelt werden. Welpen, immungeschwächte und alte Hunde sind besonders gefährdet. Bei Welpen kann anhaltender Durchfall zur lebensgefährlichen Austrocknung führen.
Informieren Sie den Tierarzt über Ihr Kommen.

Notfälle bestehen zum Beispiel bei

- hohem Fieber oder Untertemperatur
- Schwäche und/oder Apathie
- Desorientierung und/oder Bewusstlosigkeit
- Krampfanfällen und/oder Torkeln
- Lähmungen
- Umfallen
- schneller, flacher Atmung
- schnellem, schwachem Puls
- Schüttelfrost, heftigem Zittern
- heftigem, blutigem oder vergeblichem Erbrechen
- heftigem oder blutigem Durchfall
- starken Schmerzen (▸ Seite 164)
- Verdacht auf Knochenbruch
- stark blutenden Verletzungen
- blassen Schleimhäuten oder blauer Zunge

WAS TUN BEI KRANKHEITSANZEICHEN?

In dieser Tabelle sind Krankheitsanzeichen und einige mögliche Ursachen beschrieben. Lassen Sie die richtige Diagnose vom Tierarzt erstellen und verschenken Sie keine Zeit mit Versuchen der Selbstbehandlung, sondern handeln Sie wie angegeben.

WAS?	MÖGLICHE URSACHE UND RICHTIGE REAKTION
Durchfall	– anhaltend/wiederkehrend: Futterunverträglichkeit, Bauchspeicheldrüseninsuffizienz, Giardien-Infektion, Stressreaktion. Umgehend zum Tierarzt!* – heftig, blutig und/oder Erbrechen: Magen-Darm-Infektion, Darmentzündung, Vergiftung. Notfall!*
Verstopfung	– mit gutem Allgemeinbefinden seit zwei Tagen kein Kotabsatz. Umgehend zum Tierarzt!* – mit Schmerzen, flach geformtem Kot: Prostatavergrößerung (Rüde). Umgehend zum Tierarzt!* – mit Schwäche, vergeblichem Erbrechen und/oder aufgetriebenem Bauch: Magendrehung, Darmverschluss, Fremdkörper. Notfall!*
Erbrechen	– anhaltend: Futterunverträglichkeit, Magen-Darm-Infektion, Gastritis. Umgehend zum Tierarzt!* – heftig, blutig und/oder Durchfall: schwere Magen-Darm-Infektion, Gastritis, Vergiftung. Notfall!* – vergebliche Versuche: Magendrehung, Fremdkörper, Darmverschluss. Notfall!*
Urin	– Schmerzen beim Urinabsatz und/oder Blut im Urin: Harnwegsinfektion, Harnsteine, Penisverletzung, Prostataentzündung, Tumor. Je nach Ursache Notfall!*
Körpertemperatur	– Hohes Fieber ist Anzeichen für eine schwere Erkrankung, Untertemperatur kann bei Schock oder Kreislaufversagen auftreten. Notfall!*
Mundgeruch	– Zahnstein, Parodontitis, Gastritis, Nierenerkrankungen. Bald zum Tierarzt!
starker Durst	– Gebärmuttervereiterung, Diabetes, Leber- oder Nierenerkrankung. Notfall!*
eitriger Ausfluss	– aus Auge, beim Rüden aus Penis: Infektion. Umgehend zum Tierarzt!* – bei der Hündin aus der Scheide: Gebärmuttervereiterung. Notfall!*
Augenproblem	– Zukneifen, tränend, empfindlich: Fremdkörper, Verletzung, Infektion. Je nach Ursache Notfall!*
Kopfschütteln	– Ohrmilben, Ohrenentzündung, Fremdkörper im Ohr. Umgehend zum Tierarzt!*
Krämpfe	– Vergiftung, Epilepsie, Unterzuckerung, Reaktion auf Parasitenbefall, Infektion, Tumor, Kalziummangel bei säugender Hündin. Notfall!*
Lähmung	– Verletzung, Bandscheibenvorfall, neurologische Störung. Notfall!*
Husten	– Atemwegsinfektion, Herzerkrankung, Parasiten, Fremdkörper. Umgehend zum Tierarzt!*
verändertes Verhalten	– Desorientierung, Benommenheit, Kopfschiefhaltung, Apathie, Aggressivität, Ohrerkrankung, neurologische Störung, Epilepsie, Schmerzen, Schock, Demenz. Je nach Ursache Notfall!*

* Suchen Sie bei einem Notfall schnellstmöglich den Tierarzt auf – auch im Zweifelsfall. Das kann das Leben Ihres Hundes retten. Besuchen Sie die nächste Sprechstunde bei »Umgehend zum Tierarzt!«.

Praxisguide

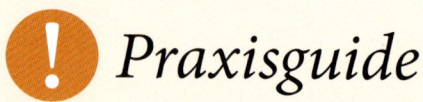

Mit Dog beim Doc

Beziehungssache: In guten Händen beim Tierarzt Ihres Vertrauens.

Mit dem Tierarzt gehen Sie im besten Fall eine Verbindung für das ganze Hundeleben ein. Machen Sie sich schon vor dem Einzug des Hundes auf die Suche. Fragen Sie andere Hundehalter nach ihren Erfahrungen und nehmen Sie die Praxen dann unter die Lupe.

Vertrauen. Sind Ihnen Menschen und Praxis sympathisch? Werden Sie freundlich, ehrlich, pragmatisch und umfassend beraten?

Erreichbarkeit. Können Sie im Notfall schnell in der Praxis sein? Gibt es einen Notdienst? Macht der Tierarzt auch Hausbesuche?

Kompetenz. Ist der Tierarzt medizinisch auf dem aktuellen Stand? Hat die Praxis Röntgen und Ultraschall? Arbeitet die Praxis mit einer Tierklinik und mit Spezialisten zusammen?

Tierliebe. Gehen Arzt und Team einfühlsam mit den Patienten um und versuchen sie, die Behandlung möglichst angenehm zu machen?

Lassen Sie sich alles erklären: Auch die Handhabung des Trichters zum Schutz von Wunden.

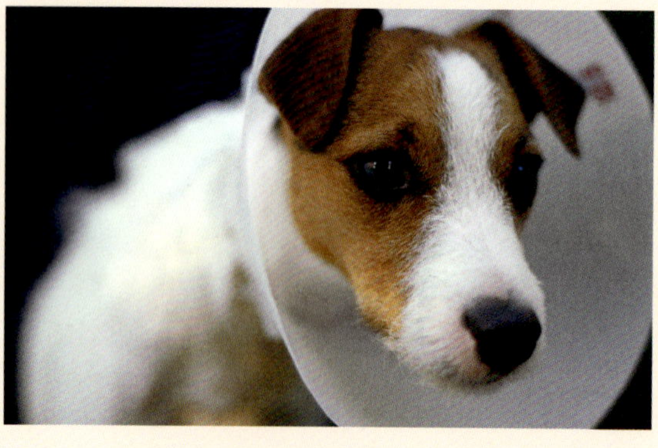

Klartext: Richtig vorbereiten auf den Tierarztbesuch, damit keine Fragen offen bleiben.

Bei der Aufregung des Tierarztbesuchs wird vieles vergessen. Das muss nicht sein:

Aufschreiben. Notieren Sie sich zu Hause all das, was für den Tierarzt wichtig sein könnte, wie Krankengeschichte und -symptome, Verhaltensveränderungen, übliches Futter, Medikamente und Medikamentenunverträglichkeiten Ihres Hundes sowie alle anderen Auffälligkeiten.

Mitbringen. Vergessen Sie nicht, alte Laborbefunde, Röntgenaufnahmen, gegebenenfalls die Überweisung etc. zum Tierarzt mitzunehmen.

Mitschreiben. Scheuen Sie sich nicht, nachzufragen und gegebenenfalls mitzuschreiben, damit Sie alles genau verstehen: Fachbegriffe, Diagnose, Wirkung, Nebenwirkungen und Verabreichung von Medikamenten, Ablauf der Behandlung, Therapiealternativen und Prognose.

Keine Angst vorm Doc: Tipps, damit der Hund sich in der Tierarztpraxis wohlfühlt.

Ist der Hund bei Ihnen eingezogen, sollten ein oder mehrere Antrittsbesuche ohne schmerzhafte Behandlung und mit viel Lob und Leckerchen auf dem Plan stehen, damit er einen guten Eindruck bekommt. So klappt's beim Tierarzt:

Training. Üben Sie mit Ihrem Hund, sich von Fremden am ganzen Körper anfassen zu lassen.

Zuversichtlich. Bedauern Sie den Hund nicht bereits zu Hause oder im Wartezimmer, weil er zum Tierarzt muss. Das würde ihm das Gefühl geben, dass etwas Schlimmes bevorsteht.

Gehen der Tierarzt und sein Team behutsam mit dem Hund um, klappt die Untersuchung besser.

Nähe. Es ist okay, wenn Ihr Hund im Wartezimmer Ihre Nähe sucht. Doch streicheln Sie nicht hektisch an ihm herum, das macht ihn nervöser.
Plaudern. Verbreiten Sie eine positive Grundstimmung ohne Besorgnis. Suchen Sie das Gespräch mit anderen Tierhaltern. Das lenkt Sie ab, und Sie und Ihr Hund werden entspannter.
Ablenken. Kann Ihr Hund »Sitz!« oder kleine Tricks? Dann üben Sie das im Wartezimmer, aber ohne Erfolgsdruck. Wenn es klappt, ist das prima, und es gibt Lob und Leckerchen. Wenn nicht – auch nicht schlimm.
Bestechung. Nehmen Sie besondere Leckerchen mit. Die bekommt Ihr Hund nur vom Tierarzt – und zwar in rauen Mengen. Was beim Doc zu üppig verfüttert wurde, wird zu Hause wieder von den Mahlzeiten abgezogen.

Im Notfall: Ob Unfall oder plötzliche Erkrankung – Besonnenheit ist wichtig.

Niemand denkt gern an den Fall der Fälle. Trotzdem sollte es einen Notfallplan geben, damit keine wertvolle Zeit verloren geht.
Griffbereit. Die Telefonnummern von Tierarzt und nächster Tierklinik sollten immer parat liegen und im Festnetz- und Mobiltelefon eingespeichert sein. Die Apotheken für den Hund (► Seite 185) haben in der Wohnung und im Auto einen festen Platz.
Ankündigen. Informieren Sie den Tierarzt vorab telefonisch. So kann er Instruktionen geben und sich auf Ihr Kommen vorbereiten.
Erste Hilfe. Viele Tierärzte bieten Erste-Hilfe-Kurse für Hunde an, um unter Anleitung und ohne Stress die Notfallmaßnahmen zu üben.

Die häufigsten Hundeerkrankungen

Gesunde Ernährung und gute Pflege, Bewegung, Beschäftigung und natürlich liebevolle Zuwendung sind die beste Vorsorge. Eine Garantie, dass der geliebte Vierbeiner gesund bleibt, gibt es allerdings nicht.

Krankheiten können etwa durch falsche Ernährung oder Bewegung, Verletzung, Veranlagung oder im Alter entstehen. Infektionskrankheiten mit Viren, Bakterien, Einzellern, Pilzen oder Parasiten sind eine Gefahr für jeden Hund. Nicht alle infizierten Hunde zeigen Krankheitsanzeichen, können den Erreger aber verbreiten. Damit Sie wissen, was sich hinter den häufigsten Krankheiten verbirgt, sind diese nachfolgend kurz beschrieben. Stellen Sie Symptome (▸ Seite 171) fest, müssen Sie Ihren Hund umgehend dem Tierarzt vorstellen. Der Tierheilpraktiker und/oder Physiotherapeut für Tiere kann in vielen Fällen die Behandlung unterstützen (▸ Seite 190).

Infektionen

Anstecken kann sich ein Hund je nach Erreger bei verschiedenen Gelegenheiten, zum Beispiel bei Artgenossen, wenn er verunreinigtes Wasser trinkt, an Kot riecht, Mäuse oder rohes Fleisch (▸ Info, Seite 147) frisst. Manche Erreger finden sich an Schuhen, im Straßenstaub, im Gras etc. Die Behandlung erfolgt mit speziell auf den Erreger abgestimmten Medikamenten.

BABESIOSE (HUNDEMALARIA)

Beschreibung. Schwere Infektion durch Einzeller, die die roten Blutkörperchen des Hundes zerstören; führt unbehandelt nach wenigen Tagen zum Tod des Hundes. Symptome sind unter anderem schlechter Allgemeinzustand und Fieber.
Übertragung. Zecken (Auwaldzecke).
Vorbeugung. Zeckenvorbeugung (▸ Seite 157), in Deutschland ist kein Impfstoff erhältlich.

BORRELIOSE

Beschreibung. Bakterielle Infektion mit Abgeschlagenheit, schlechtem Allgemeinzustand, Fieber und Gelenkentzündung. Bei früher Behandlung Heilung, ansonsten kann eine chronische Gelenkentzündung bleiben.
Übertragung. Zecken (Gemeiner Holzbock), Zoonose – auch für Menschen gefährlich.
Vorbeugung. Zeckenschutz (▸ Seite 157), schnelles Entfernen der Zecken. Impfung ist umstritten.

CANINE ANAPLASMOSE

Beschreibung. Schwere bakterielle Infektion unter anderem mit schlechtem Allgemeinzustand, Fieber, Gelenkentzündung, Anämie, Lymphknotenschwellung und neurologischen Störungen.
Übertragung. Zecken (Gemeiner Holzbock).
Vorbeugung. Zeckenschutz (▸ Seite 157).

Warten auf den Doc: Vergeuden Sie bei Krankheitsanzeichen keine Zeit mit Selbstbehandlungsversuchen.

INFO

Machen Hunde krank? Worauf muss der Halter beim Zusammenleben mit dem Hund achten?

- Zoonosen sind Krankheiten, die zwischen Tier und Mensch übertragen werden können, zum Beispiel viele Wurmarten, Hautpilze, Leptospiren, Salmonellen (▸ BARF, Seite 148), Tollwut.
- Die Übertragung erfolgt je nach Erreger durch direkten Kontakt (offene Wunden, Bisse), Kontakt mit kontaminierten Ausscheidungen oder mit Erregern in der Umwelt sowie Inhalation.
- Entwurmungen, Impfungen und Hygiene bieten Schutz beim Zusammenleben, wie Händewaschen nach dem Kontakt mit dem Tier und wöchentliche Reinigung der Hundetextilien.
- Menschen, die allergisch auf Hunde reagieren, sollten den direkten Kontakt meiden.

CANINES CORONAVIRUS

Beschreibung. Darmentzündung mit leichtem Erbrechen und Durchfall. Meist gut behandelbar.
Übertragung. Tier zu Tier, kontaminierter Kot.
Vorbeugung. Das Virus ist in der Hundepopulation weit verbreitet, Vorbeugung ist schwierig. Sind aktuell Risikogebiete bekannt, diese meiden.

CANINES HERPESVIRUS

Beschreibung. Schädigung der Schleimhaut vor allem im Genitalbereich. Gefährdet sind vorwiegend Hündinnen mit Erstinfektion während der Trächtigkeit, was oft zur Fehlgeburt führt sowie zum Tod der Welpen in den ersten drei Wochen.
Übertragung. Tier zu Tier über Speichel, Tröpcheninfektion und bei der Paarung, über kontaminierte Gegenstände oder Dritte.
Vorbeugung. Impfung von Zuchthündinnen.

EHRLICHIOSE

Beschreibung. Mittelmeerkrankheit. Bakterielle Infektion des Immunsystems mit mannigfaltigem Erscheinungsbild, wie schlechtem Allgemeinbefinden, Erbrechen, Atemnot, Gelenkenzündung.
Übertragung. Zecken (Braune Hundezecke). Zoonose.
Vorbeugung. Zeckenschutz (▸ Seite 157).

GIARDIEN

Beschreibung. Infektion durch Einzeller, wodurch die Darmschleimhaut geschädigt wird. Symptome sind wiederkehrendes Erbrechen und schleimige Durchfälle, die blutig sein können.
Übertragung. Tier zu Tier, kontaminierter Kot, Trinken verunreinigten Wassers (Pfützen, stehende Gewässer), Verzehr infizierter Tiere. Zoonose.
Vorbeugung. Risikominimierung, das heißt, den Hund im Sommer zum Beispiel nicht aus Pfützen oder stehenden Gewässern trinken lassen.

HEPATITIS CONTAGIOSA CANIS (HCC)

Beschreibung. Schwere Viruserkrankung, die eine Leberentzündung verursacht. Symptome können etwa Fieber, Apathie, Augen- und Nasenausfluss, Blutungen und Krampfanfälle sein.
Übertragung. Hund zu Hund, Beschnuppern von kontaminiertem Kot und Urin; hochansteckend.
Vorbeugung. Impfung.

LEISHMANIOSE

Beschreibung. Mittelmeerkrankheit. Schwere Infektion durch Einzeller, die zum Nierenversagen führen kann. Symptome sind vielfältig, bei der Hautform Geschwüre, Verhornung, Degeneration, Pusteln; bei der Organform z. B. Entzündung von Darm, Blutgefäßen, Gelenken, Muskeln.
Übertragung. Sandmücke. Zoonose.
Vorbeugung. Mückenschutz.

LEPTOSPIROSE

Weilsche Krankheit, Stuttgarter Hundeseuche
Beschreibung. Bakterielle Infektion, die zu Leber- und Nierenerkrankungen führt. Unspezifische Symptome wie Erbrechen, Fieber, Durchfall, Atemnot, Appetitlosigkeit, Gelbsucht. Als Spätfolge sind Nierenschäden möglich.
Übertragung. Urin infizierter Tiere, Trinken verseuchten Wassers (Pfützen, Standgewässer), Verzehr infizierter Tiere (Mäuse etc.). Zoonose.
Vorbeugung. Impfung, Risikominimierung.

PARVOVIROSE

Beschreibung. Häufigste gefährliche Virusinfektion; zuerst Fieber und Abgeschlagenheit, dann Durchfall (meist blutig) und Erbrechen. Besonders gefährlich für Welpen.
Übertragung. Tier zu Tier (auch Katzen), kontaminierter Kot, auch kontaminierte Schuhe u. Ä.; hochansteckend, ohne Behandlung tödlich. Früh-

zeitige Therapie steigert Überlebenschancen.
Vorbeugung. Impfung.

PILZINFEKTIONEN

Beschreibung. Langwierige Infektion der Haut mit Pilzsporen, die meist zu kreisrundem Haarausfall, Schuppen und Krusten führt. Alle Tiere und die Umgebung müssen behandelt werden. Tipp für die Umgebungsreinigung: Ozongerät.
Übertragung. Tier zu Tier, kontaminierte Gegenstände, indirekt über Dritte.
Vorbeugung. Hygiene, Desinfektion.

STAUPE

Beschreibung. Gefährliche Virusinfektion, die sich mit Fieber ankündigt. Sie schädigt je nach Verlauf Verdauungstrakt (Durchfall, Erbrechen), Atemwege (Niesen, Husten, Augen- und Nasenausfluss), Haut (wie Ausschlag, Verhornungen) oder Nervensystem (unter anderem Lähmungen, Krämpfe). Kann tödlich enden. Als Folgeschäden sind etwa zentralnervöse Störungen möglich.
Übertragung. Meist direkt von Hund zu Hund, auch über Marder und Füchse.
Vorbeugung. Impfung.

TOLLWUT

Beschreibung. Gefährlichste Virusinfektion für Mensch und Tier, die nach Erkrankung immer tödlich ist; anzeigepflichtig. Meist wird das Tier immer zutraulicher oder ängstlicher. Bei »stiller Wut« folgt zunehmende Apathie, bei »rasender Wut« gesteigerte Aggressivität.
Übertragung. Über Speichel von Tier zu Tier; meist durch Bissverletzung. Zoonose.
Vorbeugung. Impfung (zwingend für Auslandsreisen). Bei Tollwutverdacht kann die Tötung ungeimpfter Hunde angeordnet werden. Deutschland ist tollwutfrei (Stand: März 2013).

WUNDSTARRKRAMPF (TETANUS)

Beschreibung. Seltene bakterielle Infektion. Der Erreger bildet Nervengifte, was etwa zu Fieber, Verkrampfung, Geräuschempfindlichkeit führt.
Übertragung. Durch Eindringen von Sporen in offene Wunden. Diese Sporen finden sich fast überall in der Umwelt.
Vorbeugung. Sorgfältige Wundreinigung. Es gibt keine Regelimpfung für Hunde.

WÜRMER

Beschreibung. Parasitäre Infektion (▸ Seite 157) z. B. mit Spul-, Band-, Peitschen- oder Hakenwürmern; Symptome meist erst bei starkem Befall. Je nach Wurmart und Stärke des Befalls aufgetriebener Bauch, Durchfall, Erbrechen, stumpfes Fell, Husten, schlechter Allgemeinzustand, Blutverlust. Spulwurmlarven können Organe schädigen.

INFO

Mittelmeerkrankheiten: Was ist das, und worauf muss der Halter achten?

- Diese Bezeichnung hat sich für Krankheiten eingebürgert, die häufig im südeuropäischen Raum vorkommen, wie Leishmaniose, Babesiose, Ehrlichiose und der Befall mit Herzwürmern.
- Die durch Zecken übertragenen Krankheiten Babesiose und Ehrlichiose finden sich inzwischen auch im deutschsprachigen Raum.
- Ein Hund aus Südeuropa sollte auf Mittelmeerkrankheiten getestet sein. Bei der durch Sandmücken übertragenen Leishmaniose zeigen sich Krankheitsanzeichen oft erst Jahre später, daher sollte der Test wiederholt werden.
- Bei Reisen mit Hund in südliche Regionen ist ein umfassender Parasitenschutz wichtig.

Hoher Blutverlust kann zum Tod führen. Herzwürmer kommen in Süd- und Osteuropa vor, ein starker Befall ist unbehandelt tödlich.
Übertragung. Fressen oder Beschnuppern kontaminierten Kots, Fressen infizierter Tiere (etwa Mäuse), Belecken von Fell mit anhaftenden Wurmeiern, Wurmeier in der Umwelt. Spulwürmer können Welpen bereits im Mutterleib infizieren. Hakenwürmer bohren sich durch die Haut. Herzwürmer werden durch bestimmte Stechmückenarten übertragen. Sie zählen zu den Mittelmeerkrankheiten.
Vorbeugung. Hygiene. Regelmäßige Entwurmung beugt massivem Befall vor.
Achtung: Viele Wurmarten sind auch für den Menschen gefährlich (Zoonose). Das gilt besonders für den Fuchsbandwurm. Seine Larven befallen und zerstören die Leber. Eine Infektion ist anzeigepflichtig.

ZWINGERHUSTEN

Beschreibung. Virusinfektion der Atemwege mit Husten, meist folgen bakterielle Infektionen. Tritt vorwiegend auf, wenn viele Hunde auf engem Raum gehalten werden.
Übertragung. Von Hund zu Hund.
Vorbeugung. Eine Impfung ist bei gesteigertem Infektionsrisiko sinnvoll.

Krankheiten

Viele Krankheiten des Hundes verlieren ihren Schrecken, weil sie sich wirkungsvoller und schonender behandeln lassen, wenn sie bereits im Frühstadium erkannt werden. Nachfolgend sind häufige Krankheiten beschrieben. Behandeln Sie Ihren Hund nicht selbst, sondern überlassen Sie Diagnose und Therapie immer dem Tierarzt!

AUGEN, OHREN, ZÄHNE

Bindehautentzündung. Augen sind gerötet, tränen stark und haben oft eitrigen Ausfluss. Ursachen können Reizung durch Zugluft, Staub, eine Infektion mit Bakterien, Viren oder Pilzen, trockenes Auge, allergische Reaktion, nach außen gerolltes Lid (Ektropium) und Fremdkörper (oft nur bei einem Auge) sein. Zügige Behandlung, oft mit entsprechenden Augentropfen oder -salben, ist wichtig, um Folgeschäden zu vermeiden.
Entropium. Der Lidrand rollt nach innen. Dadurch reiben Lid und Haare an der Hornhaut (sehr schmerzhaft), was zu Entzündungen führt. Das Entropium kann angeboren sein, als Folge einer Augenverletzung oder Erkrankung entstehen. Behandlung durch chirurgische Lidkorrektur.
Grauer Star (Katarakt). Eintrübung der Linse an einem oder beiden Augen, führt je nach Ausmaß zum Sehverlust oder zur Erblindung. Tritt oft bei älteren Hunden auf, seltener bei jüngeren. Katarakt kann erblich bedingt sein, durch Verletzung oder Entzündung und andere Erkrankungen wie Diabetes entstehen. Folgeerkrankungen wie Entzündungen oder Verlagerung der Linse sind möglich. Je nach Fall Behandlung durch operative Entfernung der Linse oder neue Linse.
Progressive Retinaatrophie (PRA). Erbliche Erkrankung, die zum Absterben der Netzhaut führt. Häufig bei Hunden im Alter zwischen drei und fünf Jahren. Erstes Anzeichen ist Nachtblindheit, bevor der Hund völlig erblindet. Es gibt keine Therapie. Zur Zucht eingesetzte Hunde werden mit Genanalyse oder Untersuchung getestet.
Ohrenentzündung. Entzündung des Gehörgangs durch Fremdkörper, Milben (▸ Seite 157), Bakterien, Pilze oder als Begleiterscheinung z. B. bei Allergie, Schilddrüsenunterfunktion oder Tumor. Das Ohr ist schmerzhaft, hat übel riechenden Ausfluss, der Hund kratzt sich daran und/oder

hält den Kopf schief. Therapie mit speziellen Medikamenten. Kann unbehandelt chronisch werden. Regelmäßige Pflege (▸ Seite 159) beugt vor.

Vestibularsyndrom. Notfall! Störung des Gleichgewichtsorgans, vorwiegend bei älteren Hunden. Die plötzlich auftretenden Symptome sind ähnlich denen eines Schlaganfalls beim Menschen, wie Umfallen, die Unfähigkeit, selbst aufzustehen, Kopfschiefhaltung, Desorientierung, Torkeln und ruckartige Bewegungen der Augäpfel. Schnelle Behandlung bringt gute Erfolge.

Parodontitis. Zahnfleischentzündung durch Zahnstein, die unbehandelt zu Organerkrankungen führen (▸ Seite 165) kann. Vorbeugung durch regelmäßiges Kauen und Zahnpflege (▸ Seite 160). Zahnsteinkontrolle ist wichtig. Zahnstein wird meist in Narkose entfernt.

KNOCHEN, GELENKE, BÄNDER

Arthritis. Entzündung des Gelenks, das schmerzempfindlich und geschwollen ist und sich warm anfühlt. Der Hund hat bei Bewegung Schmerzen, lahmt, bewegt sich weniger oder vermeidet Bewegung. Ursache können Infektion, Verletzung, Fehlstellung, Überbelastung, Tumor oder Autoimmunerkrankung sein. In der Folge ist Arthrose möglich. Behandelt wird mit Entzündungshemmern und entsprechend der Ursache.

Arthrose. Durch Verschleiß, Verletzung, Übergewicht, Gelenkfehlstellung, genetische Veranlagung oder Arthritis verursachte Gelenkerkrankung, häufiger bei älteren Hunden. Gelenkknorpel wird abgebaut, es kommt zu Wucherungen und Gelenkversteifungen. Betroffene Hunde haben Schmerzen, lahmen und zeigen allgemeine Steifheit. Heilung ist nicht möglich. Medikamente lindern Schmerzen, Physiotherapie und angepasste Bewegung erhalten die Mobilität, Glucosamin und Chondroitinsulfat stärken den Knorpel.

Spondylose. Krankhafte Veränderung der Wirbelsäule. Durch Verschleißprozesse kommt es zur Verkalkung und Versteifung der Wirbelsäule – es bilden sich knöcherne Brücken zwischen Wirbeln. Spondylose kann erblich bedingt sein, nicht jeder betroffene Hund zeigt schwere Symptome. Anzeichen sind Schmerzempfindlichkeit, Bewegungsunlust und -störungen wie Lahmen. Spondylose ist nicht heilbar, neben der Schmerztherapie ist Physiotherapie sinnvoll.

Ellenbogendysplasie (ED). Degenerative, erbliche, durch Unfälle oder Überbelastung bedingte Veränderung des Ellenbogengelenks. Anzeichen sind unregelmäßiges Laufen und wechselnde Lahmheiten. ED tritt meist während des größten Wachstumsschubs auf. Der Hund hat Schmerzen, später kann es zur Schädigung des Knorpels, zu Verknöcherung des Gelenks und Muskelschwund

INFO

Notfall Magendrehung!

Sie kommt relativ häufig vor, auch mehrmals.

- **Ursache:** Der mit Nahrung, Wasser oder Gasen gefüllte Magen dreht sich um die eigene Achse. Blutgefäße werden abgeschnürt, es kommt innerhalb kurzer Zeit zum Multiorganversagen.
- **Risikofaktoren:** Große Rassen, höheres Alter, erbliche Veranlagung, große Portionen, Stress.
- **Anzeichen:** Unruhe; Hecheln; Würgen; vergebliche Versuche zu erbrechen; harter, aufgetriebener Bauch; blasse Schleimhäute.
- **Was tun?** Beim ersten Anzeichen zum Tierarzt! Nur schnelle Operation ist lebensrettend.
- **Vorbeugung:** Trockenfutter gut einweichen, öfter kleinere Portionen füttern, Hunde großer Rassen möglichst nicht kastrieren.

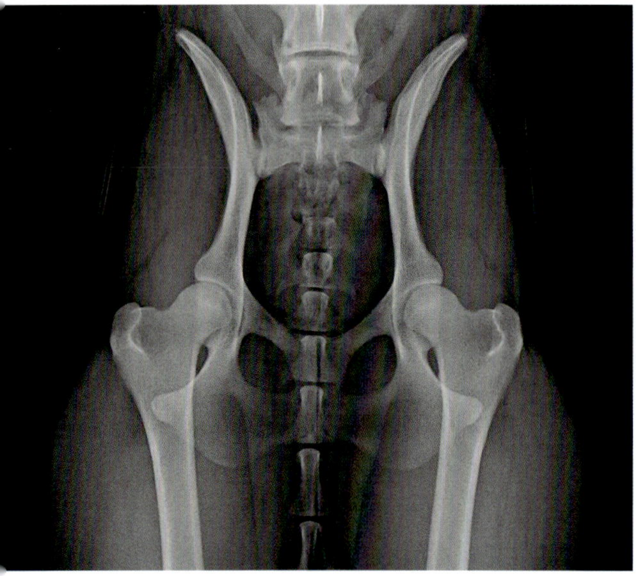

Unauffällige Hüfte: Hüftgelenkspfanne und Oberschenkelkopf passen optimal zusammen.

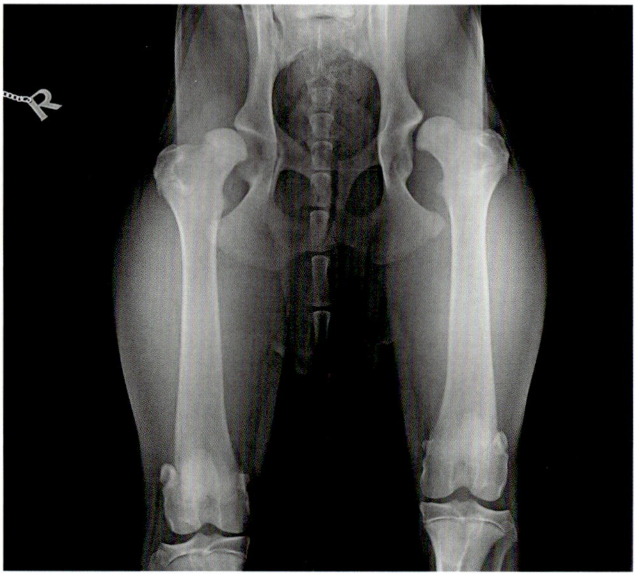

Schwere Hüftgelenksdysplasie: Hüfte mit deutlicher Degeneration, die dem Hund große Schmerzen verursacht.

kommen. Falsche Bewegung und Ernährung sowie Übergewicht verschlimmern die Erkrankung. Die Therapie besteht vorwiegend aus Schmerz- und Entzündungsbehandlung sowie Operation.

Hüftgelenksdysplasie (HD). Hüftgelenkspfanne und Oberschenkelkopf passen nicht optimal zusammen. Durch die Reibung verschleißt der Knorpel, es kommt zu Arthrose, Wucherungen und starken Schmerzen. HD ist eine auch erblich bedingte Fehlbildung, die alle Rassen betreffen kann und häufiger bei großen Rassen auftritt, zum Beispiel bei Deutschem Schäferhund, Golden und Labrador Retriever. Erste Anzeichen sind Lahmen, Bewegungsunlust und Bewegungsvermeidung. HD wird begünstigt durch Fehlbelastung, Fehlernährung und Übergewicht. Neben Schmerzlinderung und Entzündungshemmung ist häufig eine Operation nötig.

Patellaluxation. Durch genetische Veranlagung, zu schnelles Wachstum oder Verletzung verrutscht die Kniescheibe aus der Gleitrinne im Oberschenkelknochen. Betroffen sind eher kleine Hunderassen. Erstes Anzeichen ist kurzzeitiges Laufen auf drei Beinen. Als Folge können Knorpelschäden und Gelenkentzündungen entstehen. Je nach Schweregrad entscheidet der Tierarzt, ob eine Behandlung (Operation) notwendig ist.

Bandscheibenvorfall. Verdacht auf Bandscheibenvorfall ist immer ein Notfall! Teile der Bandscheibe treten vor und drücken auf Nerven und/oder Rückenmark. Ursache kann eine Verletzung, Fehlbewegung oder erbliche Veranlagung sein. Betroffen sind in der Regel eher kleine Hunde mit langem Rücken wie Dachshund, Pekingese und Französische Bulldogge. Es gibt fünf Schweregrade, angefangen von Schmerzempfindlichkeit über Bewegungsunlust und -störungen bis zur Lähmung der Hinterhand, auch mit Urin- und Kotinkontinenz. Der Behandlungserfolg hängt von der Schwere ab. Schnelle Therapie verbessert die Chancen. Zusätzlich zur schulmedizinischen Behandlung können Magnetfeldtherapie, Akupunktur, Homöopathie, Vitamin-B-Gaben und später Physiotherapie den Heilungserfolg steigern.

Osteochondrosis dissecans (OCD). Entwicklungsstörung im Wachstum, bei der sich Knorpel- und Knochenstücke vom Gelenk ablösen. Folge sind irreparable Schäden am Gelenk. Verursacht oft durch zu energie- und kalziumreiche Nahrung, auch genetische Veranlagung, Knochenbrüche oder Hormonstörungen. Die betroffenen Hunde zeigen akut hochgradige Schmerzen und Lahmheiten. Schmerzbehandlung ist wichtig, Operation (vor allem bei großwüchsigen Hunden). Frühzeitig erkannt, können weitere Schäden durch angepasste Fütterung vermieden werden.
Kreuzbandriss. Durch Fehlbelastung oder Unfall können die Kreuzbänder im Kniegelenk reißen. Anzeichen sind kurzzeitiges oder dauerhaftes Lahmen und Bewegungsvermeidung. Die Therapie besteht vorwiegend aus Schmerz- und Entzündungsbehandlung sowie Physiotherapie, große Hunde werden auch operiert.

HERZ, LUNGE UND ATEMWEGE

Herzinsuffizienz. Herzerkrankung, bei der das Herz meist wegen nicht mehr richtig schließender Herzklappen oder Herzmuskelschwäche den Kreislauf nicht ausreichend mit Blut versorgt. In der Folge dringt Flüssigkeit in Lunge, Leber und Bauchhöhle, und es kommt zu Stauungen. Tritt häufig bei alten Hunden auf, seltener bei jüngeren, ist dann oft erblich bedingt oder angeboren (Dilatative Kardiomyopathie). Erste Anzeichen sind Erschöpfung nach leichter Anstrengung, Müdigkeit, blasse Schleimhäute, Husten, vielleicht auch Gewichtsabnahme. Unbehandelt führt die Herzschwäche zur Vergrößerung des Herzens und zu Flüssigkeitsansammlungen in den Lungen und in anderen Organen, letztendlich zum Tod. Mit den richtigen und gut eingestellten Medikamenten kann gerade der ältere Hund oft noch ein völlig beschwerdefreies Leben führen.

Bronchitis. Entzündung der Bronchien durch Infektion, Fremdkörper, Allergie oder Überempfindlichkeit. Anzeichen sind hartnäckiger Husten, Pfeifgeräusche beim Atmen und Atembeschwerden. Frühzeitige Behandlung ist wichtig, damit keine chronische Erkrankung entsteht.
Brachyzephales Atemnot-Syndrom (BAS). Kurzköpfige Hunde wie Mops, Französische Bulldogge, Englische Bulldogge, Shih-Tzu, Pekingese, Boston Terrier und Boxer werden als »brachyzephal« bezeichnet. Durch übertriebene Zucht auf Kurzköpfigkeit können folgende Merkmale einzeln oder zusammen auftreten: Die Nasenlöcher sind zu klein, die Nasenhöhlen gestaucht, das Gaumensegel ist zu lang und zu dick und der Kehlkopf verändert. Die erschwerte Atmung führt zu schnarchenden, röchelnden Atemgeräuschen, gesteigerter Hitzeempfindlichkeit und in manchen Fällen zu Atemnot, Ohnmacht und Kehlkopfkollaps. Die Behandlung ist nur mittels chirurgischem Eingriff möglich.

MAGEN UND DARM

Magenschleimhautentzündung (Gastritis). Anzeichen sind Appetitlosigkeit, Erbrechen, auch blutig oder mit gelblichem Schaum. Bei der akuten Gastritis hat der Hund Bauchschmerzen, bei der chronischen Form kann er auch abmagern. Ursachen können eine Infektion, Fressen von Unrat oder Schnee, Fremdkörper, Medikamente, Futtermittelunverträglichkeit oder -allergie, Wurmbefall, andere Erkrankungen wie Niereninsuffizienz und Stress sein. Schnelle tierärztliche Behandlung ist wichtig, auch um Geschwüren vorzubeugen. Oft ist eine spezielle Diät sinnvoll.
Magendrehung. Lebensgefährlicher Notfall, der eine schnelle Operation erfordert. Anzeichen sind Unruhe, aufgetriebener Bauch und vergebliche Versuche zu erbrechen (▸ Info, Seite 179).

Darmentzündung. Entzündungen des Darms können viele Ursachen haben, zum Beispiel Infektionen, Fremdkörper, Wurmbefall, Autoimmunerkrankungen, Futtermittelunverträglichkeit und Vergiftung. Symptome sind Durchfälle, die blutig sein können, Bauchschmerzen und Abgeschlagenheit. Starke akute Durchfälle können zur Austrocknung führen und tödlich sein – Notfall! Schnelle Behandlung ist wichtig, besonders bei Welpen und geschwächten Tieren.

Darmverschluss. Lebensgefährlicher Notfall, der unbehandelt zum Multiorganversagen führt. Fremdkörper, Darmerkrankung, -lähmung, -verschlingung oder -einstülpung, Vergiftung oder Tumoren können zum Verschluss des Darms führen. Der Hund hat keinen Appetit und starke Schmerzen, kann keinen Kot absetzen, erbricht, wird zunehmend apathisch. Meist kann nur eine schnelle Operation den Hund retten.

LEBER, BAUCHSPEICHELDRÜSE UND SCHILDDRÜSE

Lebererkrankung. Eine akut auftretende Lebererkrankung ist ein Notfall! Die Leber ist ein wichtiges Stoffwechsel-, Speicher- und Entgiftungsorgan. Ihre Funktion kann akut oder chronisch gestört werden, zum Beispiel durch Vergiftung, Parasiten, Tumoren und Entzündungen (Hepatitis), Medikamente, Bakterien oder Viren (▸ HCC, Seite 176). Erste Anzeichen sind Schwäche, Teilnahmslosigkeit, Appetitlosigkeit, Erbrechen, Durchfall und vermehrter Durst mit erhöhter Urinausscheidung. Fortgeschritten kommt es zu geschwollenem Bauch, Gelbfärbung von Schleimhäuten, der weißen Augenhaut und eventuell Haut sowie neurologischen Störungen wie Krämpfen und Orientierungslosigkeit. Schnelle Hilfe kann lebensrettend sein. Begleitend zur tierärztlichen Behandlung ist eine Diät wichtig.

Diabetes mellitus. Insulin wird in der Bauchspeicheldrüse produziert und versorgt den Körper mit Energie. Bei Diabetes Typ I besteht ein Insulinmangel, bei Typ II eine Resistenz, sekundäre Diabetes ist Folge anderer Erkrankungen. Ursachen können falsche Ernährung, Übergewicht, Pankreatitis, ein Tumor oder Veranlagung sein. Anzeichen sind erhöhter Durst, vermehrte Urinausscheidung, gesteigerter Hunger und Gewichtsveränderung, auch grauer Star und stumpfes Fell. Behandelt wird mit Anpassung des Futters und je nach Typ mit Insulininjektionen.

Pankreatitis. Bauchspeicheldrüsenentzündung, die Bauchspeicheldrüse verdaut sich selbst. Ursachen können zu fettes Futter, Medikamente, Verletzung, Narkose sowie Darm- oder Lebererkrankungen sein. Symptome sind plötzliches Erbrechen, Appetit- und Teilnahmslosigkeit sowie »Gebetsstellung« (der Hund streckt sich und verharrt in dieser Position), oft Durchfall und Fieber. Pankreatitis kann akut oder chronisch sein und muss schnell behandelt werden, da andere Organe lebensgefährlich geschädigt werden können. Begleitend ist eine spezielle Diät wichtig.

Exokrine Pankreasinsuffizienz (EPI). Das Pankreas (Bauchspeicheldrüse) produziert zu wenig Verdauungsenzyme, die Folge ist Mangelernährung. Trotz Appetit und guter Futteraufnahme nimmt der Hund ab, bekommt stumpfes Fell und hat periodisch auftretende Durchfälle. EPI kann genetisch (häufig beim Deutschen Schäferhund) sowie durch Entzündung und Tumor verursacht sein und ist nicht heilbar. EPI wird mit spezieller Diät und/oder der Gabe von Enzymen behandelt.

Schilddrüsenunterfunktion. Die Schilddrüse produziert zu wenig Hormone, was zum Beispiel zu Konditionsmangel, Bewegungsunlust, schlechtem Allgemeinzustand, stumpfem Fell, Haarverlust, Hautveränderungen, Übergewicht, Durchfall und Verhaltensveränderungen führt. Ursachen können unter anderem Entzündung, Autoimmunerkrankung, Veranlagung und Kastration sein. Behandelt wird lebenslang mit Hormontabletten.

NIEREN, HARNWEGE UND FORTPFLANZUNGSORGANE

Nierenerkrankung. Akute Nierenerkrankungen sind lebensgefährlich und immer ein Notfall! Die Nieren sind wichtig für den Stoffwechsel, die Entgiftung und den Wasserhaushalt und können akut oder chronisch erkranken. Bis Krankheitsanzeichen auffallen, sind schon große Teile der Niere zerstört. Erste Anzeichen sind Appetitlosigkeit, gesteigerte Wasseraufnahme, häufiger Urinabsatz, später Erbrechen, Durchfall, veränderter Körpergeruch, Apathie, Austrocknung, eventuell kein Urinabsatz sowie Flüssigkeitsansammlung im Bauch; bei chronischer Erkrankung auch Abmagerung, struppiges Fell, Mundgeruch, Geschwüre im Mund und Anämie. Begleitend zur Behandlung ist eine spezielle Diät wichtig.

Blasen- und Harnwegsentzündung. Infektion der Blase oder Harnwege, oft nach Unterkühlung und wenn der Hund nass wurde. Sie verursacht Schmerzen beim Urinabsatz (mehrmalige Versuche, gekrümmter Rücken), häufigen Urinabsatz und kann zu blutigem Urin oder Urininkontinenz führen. Der Hund sollte rasch dem Tierarzt vorgestellt werden, Antibiotika bringen meist schnelle Besserung. Wichtig: den Hund warm halten.

Harnsteine. Sie entstehen durch Infektionen und/oder hohen Mineralstoffgehalt im Futter, auch durch genetische Veranlagung. Sie verursachen starke Schmerzen beim Urinabsatz, manchmal blutigen Urin. Steine werden je nach Größe durch Spülungen, mit Ultraschallsonde oder operativ entfernt. Spezielle Diät kann die Neubildung verhindern. Regelmäßige Kontrolle ist wichtig.

Eitrige Gebärmutterentzündung (Pyometra). Eine Gebärmutterentzündung ist lebensgefährlich und immer ein Notfall! Infektion der Gebärmutter, die meist zwei bis zehn Wochen nach der Läufigkeit (▸ Seite 185) auftritt. Erste Anzeichen sind Appetitlosigkeit, Erbrechen, Durchfall und gesteigerter Durst, im fortgeschrittenen Stadium Apathie, Koordinationsstörungen und eventuell Schock. Bei der offenen Pyometra tritt eitriger Ausfluss aus der Scheide aus. Noch gefährlicher ist die geschlossene Pyometra ohne Ausfluss. Der Tierarzt nimmt in der Regel eine Kastration mit kompletter Entfernung der Gebärmutter vor.

Starke Scheinmutterschaft. Nach der Läufigkeit (▸ Seite 185) wird jede Hündin, die sich nicht gepaart hat, scheinträchtig. Der Halter bemerkt das meist nicht. Ist es stark ausgeprägt, kann es vorkommen, dass die Hündin eine Wurfhöhle baut, sich um Spielzeuge wie um Welpen kümmert und

Erkrankungen der Harnwege zeigen sich durch Schwierigkeiten beim Urinabsatz, etwa häufigen Urindrang.

Milch bildet. Spielzeuge sollten weggeräumt und die Hündin durch Beschäftigung abgelenkt werden. Sie muss dem Tierarzt vorgestellt werden, wenn das Gesäuge hart und/oder heiß wird (Entzündung), sie schlapp wirkt oder Fieber hat. Begleitend können Umschläge am Gesäuge mit essigsaurer Tonerde sowie pflanzliche und homöopathische Mittel die Beschwerden lindern. Bei wiederholter starker Scheinmutterschaft ist meist eine Kastration sinnvoll.

Prostatavergrößerung. Die Prostata des Rüden ist vergrößert und drückt auf Enddarm und Blase, was im fortgeschrittenen Stadium Schmerzen und Probleme beim Kotabsatz verursacht. Der Kot ist flach geformt, aus dem Penis tropft blutiges oder eitriges Sekret, eventuell ist der Urin blutig. Tritt vorwiegend bei älteren Rüden auf und entsteht durch Hormonveränderungen. Kastration bringt den sichersten Behandlungserfolg, alternativ hormonelle Behandlung.

Durch Prostatavergrößerung entstehende Probleme treten vorwiegend bei älteren Rüden auf.

WEITERE ERKRANKUNGEN

Allergie. Anschwellen der Mundschleimhäute und eventuell Atemnot ist ein Notfall! Allergie ist eine Überempfindlichkeitsreaktion des Immunsystems auf bestimmte Stoffe, wie Nahrungsmittel (▸ Seite 133), Hausstaub, Medikamente, Pollen, Flohspeichel oder Insektenstiche. Anzeichen können Juckreiz, stumpfes Fell, Ohrenentzündungen, Bindehautreizungen, Durchfall und/oder Erbrechen sein. Der Kontakt mit dem Allergen muss vermieden werden, eventuell Desensibilisierung.

Dermatitis. Hautentzündung mit starkem Juckreiz, Ekzemen, Eiterherden und/oder Haarausfall. Durch Kratzen und Lecken können bakterielle Infektionen entstehen. Ursache können Parasiten (▸ Seite 156), Pilze (▸ Seite 177), Allergie, falsche Fütterung, Hormonstörungen, Stress oder Vergiftung sein. Behandlung je nach Ursache.

Epilepsie. Starke, häufige und lang anhaltende Anfälle oder Bewusstlosigkeit können zum Tod führen und sind ein Notfall! Epilepsie ist eine Erkrankung des zentralen Nervensystems, die zu Funktionsstörungen des Gehirns führt. Anzeichen können Krampfanfälle auch mit Umfallen, Muskelzuckungen, Harn- und/oder Kotabsatz, Torkeln und Desorientiertheit sein. Bei der Diagnose muss gesichert sein, dass die Anfälle nicht durch andere Erkrankungen ausgelöst werden. Wichtig: Anfallstagebuch zur Ursachenabklärung führen. Therapie dauerhaft mit Antiepileptika.

Krebs. »Bösartiges« unkontrolliertes Wachstum ist bei allen Zellen des Körpers möglich, die entartet sind, z. B. an Haut, Knochen oder Organen. Manche Krebsarten sind gut behandelbar, andere schreiten schnell voran und sind tödlich. Schwellungen (▸ Seite 276) in der Haut sollten untersucht werden, genauso rasche Abnahme von Gewicht oder Allgemeinbefinden. Behandelt wird mit Operation, Bestrahlung oder Chemotherapie.

Die läufige Hündin

Die meisten Hündinnen werden zweimal jährlich läufig. Notieren Sie sich, wann die Läufigkeit beginnt und wann die Blutung endet, so können Sie den Zyklus künftig einschätzen.

Die Stadien des Sexualzyklus:

- Proöstrus: Zyklusbeginn. Gegen Ende hat die Hündin geschwollene Schamlippen und blutigen Ausfluss aus der Scheide. Oft ändert sich das Verhalten, die Hündin kann gereizter sein.
Tipp: Tupfen Sie mit einem Taschentuch die Scheide ab, um blutigen Ausfluss zu erkennen.
Dauer: 7 bis 11 Tage (bis zu 25 Tage)
- Östrus: Standhitze mit Eisprung, die Hündin ist empfängnisbereit und hat hellen, klaren Ausfluss aus der Scheide. Reizbarkeit kann erhöht sein, auch vermehrte Aggressivität gegen andere Hündinnen. Leinen Sie die Hundedame beim Spaziergang nicht ab und halten Sie Rüden fern, damit es keinen unerwünschten Nachwuchs gibt.
Dauer: 5 bis 10 Tage (bis zu 20 Tage)
- Metöstrus: Wurde die Hündin nicht gedeckt, macht sie nun Scheinträchtigkeit und Scheinmutterschaft durch. Dieser hormonell normale Vorgang läuft bis auf mögliche Verhaltensveränderungen meist unbemerkt ab. Die Hündin kann anlehnungsbedürftiger, ruhiger, unausgeglichen oder gereizt sein. Bei starker Ausprägung (▸ Seite 183) sollte der Tierarzt aufgesucht werden. Unbedingt auf erste Anzeichen einer Gebärmuttervereiterung achten (▸ Seite 183). Die gesunde Hündin hat keinen Ausfluss aus der Scheide.
Dauer der Trächtigkeit: 57 bis 68 Tage
Dauer der Scheinträchtigkeit: 57 bis 68 Tage
Dauer der Scheinmutterschaft: ca. 20 Tage
- Anöstrus: Ruhephase, Dauer: 4 bis 10 Monate
- Präproöstrus: Übergang zum Proöstrus, Dauer: bis zu ca. 21 Tagen

CHECKLISTE

Die Apotheke für den Hund

Die Hundeapotheke liegt immer griffbereit in der Wohnung und ein Notfallset im Auto. Wichtig: Bitte regelmäßig alles prüfen und nach Ablauf des Verfallsdatums ersetzen.

- Regelmäßig benötigte Medikamente
- Zeckenzange
- Digitales Fieberthermometer
- Coldpack und Warmhaltekissen
- Pinzette
- Plastikspritzen (ohne Nadel) zum Spülen der Augen und Eingeben von Medizin
- Verbandsmaterial: Mullbinden und elastische Binden in verschiedenen Breiten, Mullkompressen, Verbandswatte, Pflaster auf der Rolle, Verbandsschere, fusselfreie Papiertücher
- Wunddesinfektionsmittel und Wundsalbe
- Vaseline oder Pfotenschutzcreme
- Blutstillende Watte für die Krallen
- Entwurmungsmittel sowie Floh- und Zeckenprophylaxe
- Maulkorb
Augenspüllösung
Einmalhandschuhe
- Notfallmedikamente vom Tierarzt und ggf. vom Tierheilpraktiker

Praxisguide

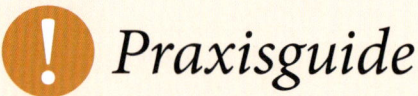

Verhütung für Vierbeiner

Kurz nicht aufgepasst – und schon ist es passiert. Es gibt verschiedene Methoden, damit es nicht zu ungewolltem Nachwuchs kommt.

Verhütung für Hunde: Möglichkeiten, damit die Liaison nicht zur großen Affäre wird.

Haben Rüde und Hündin die Gelegenheit genutzt und werden in flagranti erwischt, bleibt nur abzuwarten, bis beide wieder getrennte Wege gehen. Denn beim Deckakt schwillt der Penis in der Scheide an. Dieses »Hängen« kann bis zu einer halben Stunde dauern – eine gewaltsame Trennung führt zu schweren Verletzungen. Danach ist der Tierarzt gefragt: Mit rechtzeitig verabreichten Hormonspritzen wird eine Trächtigkeit noch verhindert.

Verhütung bei der Hündin

- Hormonspritzen unterdrücken zeitweise die Läufigkeit. Sie greifen tief in den Hormonhaushalt ein und können das Risiko für Gesäugetumoren und Gebärmuttererkrankungen erhöhen.

Seidiges Fell wie beim Langhaardackel verändert sich nach einer Kastration besonders häufig.

- Bei der Sterilisation werden die Eileiter unterbrochen oder durchtrennt. Hormonhaushalt verändert sich nicht, weiterhin Läufigkeiten.
- Bei der Kastration werden die Eierstöcke entfernt, manche Tierärzte entfernen auch die Gebärmutter ganz oder teilweise. Der Hormonhaushalt verändert sich, keine Läufigkeit mehr.

Verhütung beim Rüden

- Mit einem Hormonimplantat, einer »chemischen Kastration«, wird die Produktion der Hormone aus den Geschlechtsorganen für sechs oder zwölf Monate unterdrückt. Der Hund verhält sich, als wäre er operativ kastriert.
- Bei der Sterilisation werden die Samenleiter unterbrochen oder durchtrennt, der Hormonhaushalt verändert sich nicht.
- Bei der Kastration werden die Hoden aus dem Hodensack entfernt. Dadurch entfällt natürlich auch der größte Teil der Geschlechtshormone.

Entscheidung: Die individuell passende Methode für den Vierbeiner finden.

Hormone. Die Hormonspritze für die Hündin wird selten empfohlen. Das Implantat für den Rüden bietet sich als Testlauf auf mögliche Verhaltensveränderungen vor einer operativen Kastration an. Es ist auch eine Alternative zur Kastration, wenn das Narkoserisiko zu hoch ist.

Sterilisation. Chirurgischer Minimaleingriff zur dauerhaften Verhütung.

Kastration. Die Notwendigkeit steht bei medizinischen oder verhaltensbedingten Gründen außer Frage, etwa bei geschlechtshormonabhän-

Wer ungewollten Nachwuchs verhindern will, muss gut auf die läufige Hündin aufpassen oder vorbeugen.

giger Erkrankung, Aggression nur während der Läufigkeit, ausgeprägter Scheinmutterschaft, Gebärmuttervereiterung, Hypersexualität oder Kryptorchismus (▸ Seite 274).

Kastration – und alles ist gut? Worauf bei der Kastration geachtet werden sollte.

Ein Hund darf entsprechend § 6 Tierschutzgesetz (▸ Seite 274) nicht zur Vorbeugung gegen Krankheiten oder Erziehungsprobleme kastriert werden. Stehen keine medizinischen Gründe entgegen, sollte der Hund ausgewachsen sein. Dies entspricht dem Alter, wenn eine Hündin dieser Rasse die dritte Läufigkeit samt Scheinmutterschaft durchlebt hat. Die Hündin möglichst im Anöstrus (▸ Seite 185) kastrieren lassen. Für und Wider sollten im Einzelfall immer mit dem Tierarzt und Verhaltensberater oder Trainer abgewogen werden.

Risiken der Kastration. Manche Hunde, Rüden und Hündinnen, profitieren im Verhalten von der Kastration, bei anderen verschlechtern sich Verhaltensprobleme, so etwa mit Ressourcenaggression, Angst und Unsicherheit (▸ Seite 235).

- Fellveränderungen, ausgeprägt bei seidenhaarigen Hunden wie Setter und Langhaardackel
- Gewichtszunahme (▸ Seite 134) und die durch Übergewicht verursachten Erkrankungen
- Rüde: Muskelabbau, Bindegewebsschwäche
- Hündin: Harninkontinenz
- Nachgewiesen sind bei kastrierten Hunden auch ein erhöhtes Demenzrisiko sowie eine Reihe von Folgeerkrankungen zum Beispiel der Schilddrüse, Tumoren und Gelenkprobleme.

Der alte Hund

Eines Tages schauen Sie Ihren kleinen Freund an und stellen vielleicht mit Erstaunen fest, dass er in die Jahre kommt. Wann das so weit ist, kann sehr unterschiedlich sein (▸ Seite 36), große Hunde können schon mit sechs Jahren Alterserscheinungen zeigen, kleine vielleicht erst mit zwölf.

MÖGLICHE ALTERSVERÄNDERUNGEN

Der Körper verändert sich im Alter, es zeigen sich erste weiße Haare im Gesicht, und es kann zu Beschwerden und Krankheiten kommen.

Sinne. Die Sinne lassen nach, am auffälligsten bei Gehör und Sehvermögen. Manche Tiere werden taub oder blind. Der Hund kann sich immer noch gut mit seiner Nase orientieren, doch auch deren Leistung kann nachlassen. Beim Freilauf sollte er, wenn nötig, an langer Leine gesichert sein.

- Ist der Hund blind, sollten die Möbel in der Wohnung nicht oft umgestellt werden. Sprechen Sie den Hund an, bevor Sie ihn streicheln, damit er sich nicht erschreckt und versehentlich beißt.
- Taube Hunde können mit Sichtzeichen (▸ Info, Seite 219) gelenkt werden, manche reagieren auch gut auf ein Vibrationshalsband (▸ Seite 277).

Verdauung. Bewegungsmangel und falsche Ernährung können zu Verstopfung führen (▸ Tabelle, Seite 171). Kot- und/oder Urininkontinenz können durch hormonelle Störungen oder Erkrankungen verursacht werden. Stellen Sie den Hund dem Tierarzt vor und geben Sie ihm öfter die Gelegenheit, sich draußen zu lösen.

Verhalten. Oft verändert sich das Verhalten positiv, und der Hund wird ruhiger und gelassener. Er schläft mehr und liebt es vielleicht, sich vor den warmen Ofen zu legen. Der Oldie schätzt meist die alltägliche Routine und toleriert Trubel und Stress nicht mehr so gut. Einige entwickeln einen regelrechten Altersstarrsinn. Wird ein alter Hund plötzlich aggressiv, hat er vielleicht Schmerzen und sollte dem Tierarzt vorgestellt werden.

DEMENZ BEIM HUND?

Betroffene Hunde wirken verwirrt und desorientiert. Sie können plötzliche Aggression, Unsicherheit, nächtliche Unruhe oder Teilnahmslosigkeit zeigen. Manche starren Wände an oder sind vergesslich, auch Unsauberkeit oder Jammern sind möglich. Demenzähnliches Verhalten beim Hund wird als Cognitives Dysfunktionssyndrom bezeichnet. Für die Diagnose werden andere Erkrankungen ausgeschlossen. Durch spezielle Ernährung und körperliche und geistige Förderung kann der Prozess manchmal verlangsamt werden.

RENTNER-PROGRAMM

Alt zu sein bedeutet aber noch lange nicht, dass der Vierbeiner reif fürs Abstellgleis ist: Er will mitmachen, so gut er kann. Geben Sie ihm dazu die Gelegenheit, damit Körper und Geist lange fit bleiben. Seien Sie noch etwas fürsorglicher und nehmen Sie Rücksicht auf sein Befinden.

Seniorenteller. Achten Sie auf eine altersgemäße Ernährung (▸ Seite 131).

Fitness. Passen Sie die Dauer und Art der Bewegung der individuellen Leistungsfähigkeit an. Gehen Sie öfter, aber kürzer spazieren, machen Sie mehr Pausen und sorgen Sie dafür, dass Bewegungen, die die Gelenke belasten, vermieden werden, sei es beim Treppensteigen (▸ Tabelle, Seite 115, Sturz), Spiel oder Sport (▸ Seite 249).

Vorsorge. Untersuchen Sie den Hund wöchentlich (▸ Seite 158), helfen Sie ihm, wenn nötig, mehr bei der Körperpflege, stellen Sie ihn zweimal jährlich dem Tierarzt vor, der dann auch eine Blutuntersuchung machen sollte. Bleiben Sie aufmerksam bei möglichen Krankheitsanzeichen und erklären Sie diese nicht nur mit dem normalen Alterungsprozess – auch im hohen Alter gibt es noch Hilfe bei vielen Erkrankungen. Leidet der Oldie unter Arthrose (▶ Seite 179) oder anderen chronischen Schmerzen, verbessern eine auf ihn abgestimmte Schmerztherapie und eventuell eine Bewegungstherapie seine Lebensqualität.

DER ABSCHIED

Der geliebte Hund geht immer zu früh, ob er nun 8, 12, 17 oder gar biblische 20 Jahre alt wird. Nur wenige Hunde gehen von selbst in die ewigen Jagdgründe und liegen eines Morgens leblos in ihrem Körbchen. Und so bleibt es den meisten Hundehaltern nicht erspart, den Zeitpunkt zu bestimmen. So schwer die Entscheidung auch fällt, ersparen Sie Ihrem Hund unnötige Leiden – das macht wahre Freundschaft aus. Steht die Lebensqualität in keinem Verhältnis mehr zum Leiden des Hundes, hat der Tierarzt keine Hoffnung auf Besserung und kann er die Schmerzen nicht mehr lindern, ist der Tag gekommen. Viele Tierärzte kommen dafür nach Hause, damit der Hund in seinem vertrauten Umfeld aus dem Leben scheiden kann. Das Einschläfern erfolgt schmerzlos mit einer überdosierten Narkose. Bleiben Sie bei Ihrem langjährigen Gefährten, damit er seinen letzten Weg nicht allein gehen muss und friedlich einschlafen kann. Wenn Sie einen Garten besitzen und rechtliche Vorgaben dies erlauben, können Sie Ihren Hund dort beerdigen (▶ Tierbestattung, Seite 277). Alternativ besteht die Möglichkeit der Bestattung des Hundes auf einem Tierfriedhof oder die Verbrennung.

Muskelaufbau: Vom Training auf dem Unterwasserlaufband können alte Hunde mit Arthrose und meist auch anderen Beschwerden des Bewegungsapparats profitieren und so ihre Mobilität erhalten oder verbessern.

Natürlich helfen

Aktivierung der Selbstheilungskräfte ist die Devise der natürlichen Heilmethoden. Mit ihrer Hilfe wurde schon vielen Hunden geholfen, vor allem bei chronischen Erkrankungen. Doch frei von Nebenwirkungen sind sie nicht. Sie gehören in die Hände von gut ausgebildeten Therapeuten.

PHYSIOTHERAPIE

Aktive Übungen und passive Behandlungen wie Massagen und Wärme erhalten oder verbessern die Bewegungsfähigkeit. Häufige Anwendungsgebiete sind chronische Beschwerden des Bewegungsapparats, im Rahmen der Rehabilitation nach Operationen an Gelenken oder Wirbelsäule und Erhaltung der Mobilität alter Hunde. Chiropraktische Behandlung löst schmerzhafte Blockierungen, und das Training auf einem Unterwasserlaufband hilft beim Muskelaufbau.

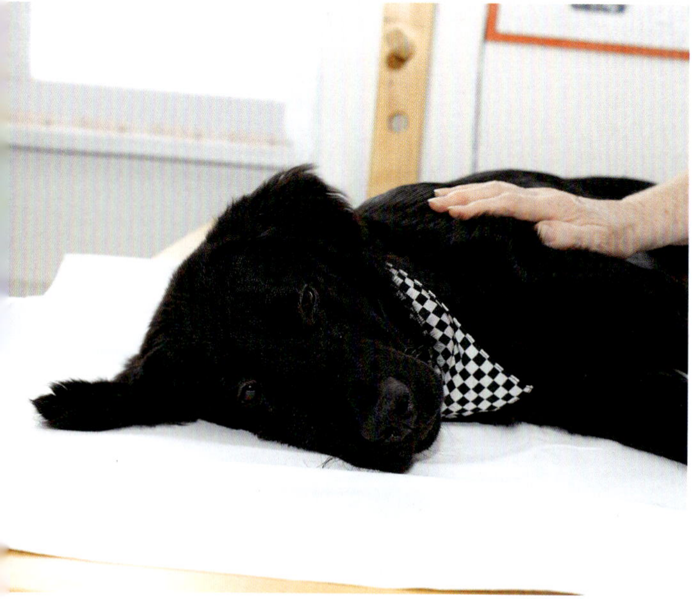

Massage ist eine Möglichkeit, die tierärztliche Behandlung zu unterstützen.

NATURHEILVERFAHREN

Die Wirkung ist nicht bei allen Naturheilverfahren wissenschaftlich erwiesen. Doch wenn's hilft, ist es Hund und Halter ganz egal, warum. Weitere Naturheilverfahren, ▸ Seite 275.

Akupunktur. Nach der Lehre der Traditionellen Chinesischen Medizin verlaufen im Körper Energiebahnen (Meridiane). Nadelstiche in Meridianpunkte lösen Energieblockaden und -störungen, die für Beschwerden und Krankheiten verantwortlich gemacht werden. Akupunktur wird vielfältig eingesetzt und hat sich besonders bei Erkrankungen des Bewegungsapparats und bei Schmerzzuständen bewährt.

Laser-Akupunktur. Moderne Alternative der klassischen Akupunktur, wobei die Akupunkturpunkte mit einem Laserstrahl stimuliert werden.

Akupressur. Akupunkturpunkte werden durch Druck oder Massage stimuliert. Nach Einweisung kann dies auch der Hundehalter durchführen.

Magnetfeldtherapie. Bereiche des Körpers werden einem Magnetfeld ausgesetzt, um Durchblutung und Stoffwechsel anzuregen. Häufigen Einsatz findet die Magnetfeldtherapie zum Beispiel bei Hunden mit Bandscheibenvorfällen, Kreuzbandrissen oder Knochenbrüchen.

Phytotherapie. Die Pflanzenheilkunde ist eine jahrtausendealte Therapie. Heilpflanzen werden als Tee, Tinktur, Extrakt, Tabletten, in Kapseln sowie frisch und getrocknet verwendet. Viele Heilpflanzen sind traditionelle Hausmittel, die Anwendung sollte aber mit dem Tierarzt oder -heilpraktiker besprochen werden, zum Beispiel Fencheltee bei Bauchschmerzen, schwarzer Tee bei Durchfällen, Augentrosttropfen (Euphrasia) bei Bindehautreizungen, Mariendistel zur Entgiftung und Regeneration der Leber, Kamillentee bei Harnwegsinfektionen, Teufelskralle zur Schmerzlinderung und Weißdorn zur Herzstärkung.

Homöopathie. »Gleiches mit Gleichem« zu behandeln, ist die Philosophie der von dem Arzt Dr. Samuel Hahnemann entwickelten Heilmethode. So wird das homöopathisch aufbereitete Gift der Honigbiene (Apis) bei Insektenstichen eingesetzt, und der giftige Samen der Brechnuss (Nux vomica) ist ein bewährtes Mittel gegen Übelkeit und verdorbenen Magen.

Verabreicht werden die Ausgangsmittel unterschiedlich verdünnt (▸ Homöopathische Potenz, Seite 273). Homöopathische Mittel gibt es zum Beispiel als Kügelchen (Globuli), Tabletten oder Tropfen. Die klassische Homöopathie nutzt nach ausführlicher Anamnese (Erfassung der Symptome) individuell auf den Patienten ausgewählte Einzelmittel. Komplexmittel enthalten mehrere Einzelmittel für bestimmte Beschwerdenbilder.

Schüßler-Salze. Eine von Dr. Wilhelm Heinrich Schüßler entwickelte Behandlung mit homöopathisch aufbereiteten Mineralsalzen, um die Biochemie des Körpers wieder ins Gleichgewicht zu bringen. Schüßler-Salze werden zum Beispiel bei Beschwerden und Erkrankungen des Bewegungsapparats im Wachstum und Alter sowie unterstützend bei Stoffwechselerkrankungen eingesetzt.

Bach-Blütentherapie. Die nach Dr. Edward Bach benannte Therapie soll mit 38 Blütenessenzen aus dem Gleichgewicht geratene Seelenzustände wieder regulieren. Dies unterstützt die Behandlung von Beschwerden und Krankheiten, etwa wenn ein Tier wegen einer Krankheit zur Depression neigt, lustlos, mürrisch oder leicht reizbar ist. Populärstes Bach-Blütenmittel ist die Essenzenmischung »Rescue Remedy« in Form von Tropfen (Notfalltropfen), Globuli oder Drops für Hunde. Sie soll den Hund in allen stressigen und ihn sehr aufregenden Situationen beruhigen und ist eine ergänzende naturheilkundliche Maßnahme der Ersten Hilfe bei Notfällen.

INFO

Homöopathische Hausapotheke für den Hund

Stellen Sie in Absprache mit Ihrem Tierarzt oder Tierheilpraktiker eine homöopathische Hausapotheke zusammen. Die hier mit Anwendungsbeispielen aufgeführten Mittel können individuell durch weitere ergänzt werden. Wichtig: Verabreichen Sie die Mittel nur nach Empfehlung des Therapeuten und in der verordneten Potenz.

- **Aconitum:** Erschrecken, Angst, Schock
- **Allium cepa:** Erkältung, Schnupfen
- **Apis**: Insektenstiche, Juckreiz
- **Arnica:** Schmerzen, Prellung, Verstauchung, Bluterguss, nach Operationen
- **Belladonna:** Hitzschlag, Sonnenstich, Gehirnerschütterung
- **Bryonia:** Husten, Bronchitis, Gelenkentzündung
- **Carbo vegetabilis:** Kollaps, Schock, Vergiftung
- **Echinacea:** Stärkung des Immunsystems
- **Euphrasia:** Augenreizung, -entzündung, tränende Augen
- **Hepar sulfuris:** eitrige Entzündung von Haut, Penis, Analdrüsen
- **Hypericum:** Nervenschmerzen oder -verletzungen durch Stoß, Quetschung, Prellung
- **Ipecacuanha:** Erbrechen, Durchfall, Vergiftung
- **Lachesis:** Reizbarkeit vor der Läufigkeit
- **Ledum**: Hundebiss, Insektenstich, Splitter, nach Operationen
- **Nux vomica:** Übelkeit, Erbrechen, Überfressen, Verdauungsbeschwerden
- **Okoubaka:** Vergiftungen
- **Pulsatilla:** ausgeprägte Scheinmutterschaft
- **Rhus toxicodendron:** Zerrung, Verstauchung, mühsames Aufstehen, läuft sich ein
- **Silicea:** gestörte Wundheilung

Interview

Naturheilkunde hilft

Natürliche Heilmethoden sind längst Alltag bei der Behandlung von Hunden. Was die Naturmedizin kann und wo die Grenzen sind, verrät die Tierärztin Dr. Heidi Kübler im Interview.

DR. MED. VET. HEIDI KÜBLER, TIERÄRZTIN

Sie ist seit 1996 Vorsitzende der Gesellschaft für Ganzheitliche Tiermedizin e. V. (GGTM), hält regelmäßig Vorträge und Seminare über Naturheilverfahren bei Tieren und ist aktiv bei der Aus- und Weiterbildung von Tierärztinnen und Tierärzten. In ihrer eigenen Praxis setzt sie neben der Schulmedizin noch weitere Therapieformen ein, wie Homöopathie, Biochemie nach Schüßler, Bach-Blütentherapie oder Phytotherapie. Frau Dr. Kübler schreibt Bücher und Beiträge in Tierzeitschriften.

Worin unterscheidet sich die Naturheilkunde von der Schulmedizin?

HEIDI KÜBLER: Naturheilkunde bietet zusätzliche Therapien zur Schulmedizin bei leichten Erkrankungen, chronisch kranken Patienten und Tieren, bei denen bestimmte Medikamente kontraindiziert sind oder nicht vertragen werden. Für mich ergänzen sich beide zu einer ganzheitlichen Medizin.

Kann beides parallel erfolgen?

HEIDI KÜBLER: Das kommt sehr auf die Erkrankung an. So kann bei Herzerkrankungen etwa ein Weißdornpräparat zusätzlich zu schulmedizinischen Medikamenten vorteilhaft sein. Ein das Immunsystem anregendes Präparat wie Echinacea ist bei Allergikern mit akuten Allergiesymptomen völlig fehl am Platze. Grundsätzlich sollte das immer der Therapeut entscheiden.

Gibt es Gesundheitsprobleme, die besonders gut auf Naturheilkunde ansprechen?

HEIDI KÜBLER: Sehr gute Erfahrungen habe ich bei Erkältungen, einfachen Magen-Darm-Störungen mit Homöopathie und bei Verhaltensproblemen mit Bach-Blüten. Bei chronisch kranken Tieren oder Senioren mit unheilbaren Krankheiten wie Tumoren helfen individuell zusammengestellte naturheilkundliche Therapien, möglichst lange eine gute Lebensqualität zu bieten.

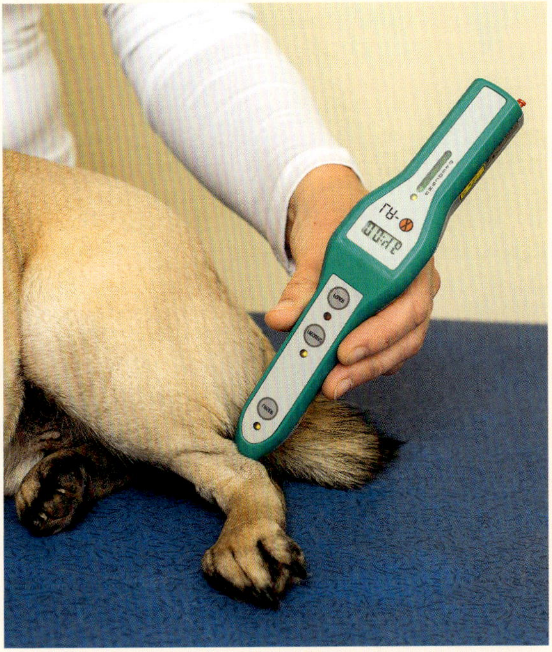

Naturheilkunde ergänzt die Behandlung des Tierarztes. Eine ausführliche Vorbesprechung ist wichtig. Akupunktur mit dem Laser ist eine für den Hund angenehme Alternative zur Akupunktur mit Nadeln.

Wo hat die Naturmedizin ihre Grenzen?

HEIDI KÜBLER: Naturheilkunde kann nicht bei angeborenen Missbildungen, Vitamin-, Mineralstoff- oder Hormonmangel sowie Verhaltensproblemen durch fehlenden Menschenkontakt im Welpenalter helfen und keine zerstörten Gewebe heilen, wie bei Knochenbruch oder geschädigter Niere. Nach der chirurgischen Behandlung eines Knochenbruchs kann der Homöopath die Wundheilung fördernde Globuli verordnen.

Wie findet der Hundehalter einen qualifizierten Naturmediziner?

HEIDI KÜBLER: Zuerst sollte er seinen Haustierarzt fragen. Viele Tierarztpraxen bieten naturheilkundliche Therapien an oder arbeiten mit erfahrenen Spezialisten zusammen. Denn leider gibt es Therapeuten mit zum Teil fantasievollen Diplomen, die ihr Können überschätzen. Tierärzte mit der Zusatzbezeichnung »Akupunktur«, »Homöopathie« oder »Biologische Tiermedizin« haben eine mehrjährige Zusatzausbildung. Adressen gibt es bei der Gesellschaft für Ganzheitliche Tiermedizin e. V.

Worauf sollte der Hundehalter achten?

HEIDI KÜBLER: Ein seriöser Therapeut stellt Fragen zu Entwicklung der Erkrankung, vorausgehenden Untersuchungen und Vorbehandlungen. Er wird das Tier eingehend untersuchen, um zu einer Diagnose zu kommen, bevor er eine Therapie einleitet. Er verspricht nicht die Heilung eines chronisch kranken Tieres, sondern erklärt, was er mit welchen Therapiemaßnahmen erreichen kann. Und er wird Ihnen auch ehrlich sagen, wenn es Zeit ist, Abschied vom geliebten Kameraden zu nehmen.

Die Pflege des kranken Hundes

Ist der Hund krank, leidet auch sein Mensch. Gute Pflege und liebevolle Zuwendung helfen Ihrem kleinen Freund am besten, schnell wieder auf seine vier Beine zu kommen.

GENAU INFORMIEREN

Besprechen Sie Folgendes mit dem Tierarzt:
Ernährung. Braucht der Hund einen Fastentag, Schonkost (▸ Seite 133) oder Diät (▸ Seite 132)? Klären Sie das bereits bei kurzzeitigem Durchfall oder Erbrechen. Füttern Sie per Hand, wenn er nicht fressen will, oder erwärmen Sie das Futter.
Trinken. Darf er trinken? Gerade Hunde mit Erbrechen oder Durchfall brauchen viel Flüssigkeit. Rinderbrühe kann den Durst steigern – vorausgesetzt, sie widerspricht nicht der Diät.

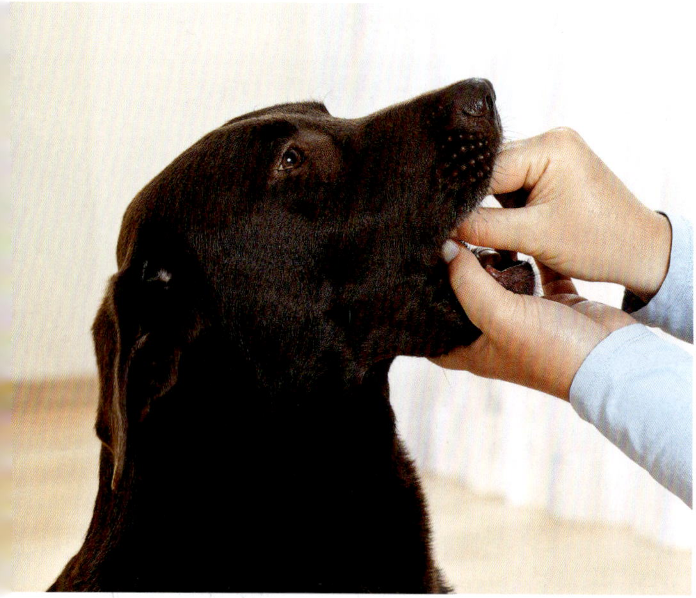

Hundetabletten gibt es oft auch mit Fleischgeschmack. Nimmt er sie trotzdem nicht, werden sie eingegeben.

Bewegung. Soll der Vierbeiner geschont werden, bestimmte Bewegungen vermeiden oder gezielt trainieren? Unterstützt es die Behandlung, wenn er zusätzlich Krankengymnastik bekommt?

WUNDEN UND VERBÄNDE

Lassen Sie sich von Ihrem Tierarzt genau anleiten, wie Wunden versorgt und Verbände erneuert werden, sofern das von Ihnen erledigt wird. Damit der Hund nicht an der Wunde oder am Verband kratzt oder leckt, muss er vielleicht eine Halskrause oder einen Halskragen tragen. Es gibt verschiedene Modelle, testen Sie aus, womit er gut klarkommt. Die Handhabung wird Ihnen in der Tierarztpraxis erklärt.
Über einem Pfotenverband kann ein Strumpf oder über einem Körperverband ein Kinder-T-Shirt oder ein Hundebody gute Dienste leisten. Draußen können Pfotenverbände mit Hundeschuhen oder Plastiktüten geschützt werden.
Wichtig: Der Verband und alles, was seinem Schutz dient, dürfen das Bein nicht einschnüren, damit die Blutversorgung nicht gestört wird. Der Plastikverband muss in der Wohnung sofort wieder abgenommen werden, damit sich darin keine Feuchtigkeit bildet.

MEDIKAMENTE GEBEN

Verabreichen Sie Medikamente genau nach Anweisung des Arztes. Erlaubt es die Diät und spielt der Hund mit, können Sie Tabletten und einzunehmende flüssige Arznei in Wurst, Käse oder Brot geben. Geht das nicht, wird sie direkt verabreicht. Holen Sie sich Hilfe einer weiteren Person dazu, wenn dies nötig ist.
Tabletten. Öffnen Sie das Hundemaul und legen Sie die Tablette auf den Zungengrund. Dann halten Sie das Maul zu und streicheln dem Hund sanft über den Kehlkopf, bis er schluckt.

Globuli. Ziehen Sie eine untere Lefze etwas ab und lassen Sie die Globuli (auf einem Kunststofflöffel) in die Backentasche rutschen.

Tropfen und Flüssigkeiten. Tropfen werden in die Backentasche gegeben. Träufeln Sie größere Mengen flüssiger Arznei mit einer Plastikspritze (ohne Nadel) in die Backentasche. Machen Sie dabei Pausen, damit der Hund abschlucken kann.

Ohrentropfen und -lotion. Reinigen Sie zuerst das Ohr (► Seite 159). Wärmen Sie die Arznei in der Hand oder Hosentasche an. Heben Sie die Ohrmuschel hoch und träufeln Sie die Tropfen oder die Lotion vorsichtig in den Gehörgang. Anschließend das Ohr massieren.

Augentropfen und -salben. Halten Sie den Kopf des sitzenden Hundes fest. Ziehen Sie mit dem Daumen das untere Lid etwas nach unten und geben Sie die Tropfen oder die Salbe hinein. Nun den Hund noch einen kurzen Moment festhalten.

Salben. Damit sie wirken, muss das Fell an der zu behandelnden Stelle geschoren sein. Ziehen Sie Einmalhandschuhe an und reiben Sie die Salbe in die Haut ein. Lenken Sie den Hund anschließend mit Spielen, Kuscheln oder einem Gassigang ab, damit er die Salbe nicht ableckt.

FÜRSORGLICHE ZUWENDUNG

Zeigen Sie Ihrem Vierbeiner, dass Sie für ihn da sind – auch und gerade, wenn es ihm nicht so gut geht. Das schweißt Sie beide enger zusammen. Viele Hunde lassen sogar geduldig unangenehme Prozeduren über sich ergehen, weil sie spüren, dass ihr Mensch ihnen helfen will.

Setzen Sie sich öfter zu Ihrem Patienten, sprechen Sie liebevoll und zuversichtlich auf ihn ein und streicheln Sie ihn behutsam. Körperkontakt tut einfach gut und fördert die Produktion des Hormons Oxytocin und anderer Substanzen, die die Heilung unterstützen.

INFO

Wenn der Hund operiert werden muss

Klären Sie mit dem Tierarzt vorher alle Fragen.

- Der Hund muss nüchtern sein. Wie lange vor der Operation darf er nicht fressen und trinken?
- Wenn der Hund regelmäßig Medikamente bekommt: Was ist bei der Einnahme zu beachten?
- Beim Tierarzt bekommt der Hund vor der Operation eine Beruhigungsspritze. Bleiben Sie so lange bei ihm, bis er eingeschlafen ist.
- Klären Sie mit dem Tierarzt ab, dass Sie dabei sein dürfen, wenn der Hund aufwacht.
- Halten Sie ihn nach der Operation warm.
- Nach der Operation ist der Hund benommen. Beaufsichtigen Sie ihn, damit er nicht stürzt und sich verletzt. Eine Box kann hilfreich sein.
- Wann sollte der Hund wieder fit sein?
- Wann darf er wieder fressen und trinken und ggf. seine Medikamente bekommen?
- Wann sollte er spätestens Kot und Urin absetzen? Wann darf er wieder spazieren gehen?
- Bei welchen Anzeichen sollten Sie umgehend den Tierarzt informieren?

Erste Hilfe

Die richtige Hilfe kann Ihrem Hund im Notfall das Leben retten. Besuchen Sie einen Erste-Hilfe-Kurs für Hundehalter, damit Sie wissen, was zu tun ist, bis der Patient zum Tierarzt kommt.

DAS IST BEI EINEM UNFALL WICHTIG

Bleiben Sie ruhig und konzentriert. Sichern Sie die Unfallstelle, bitten Sie weitere Personen um Hilfe und geben Sie konkrete Anweisungen.

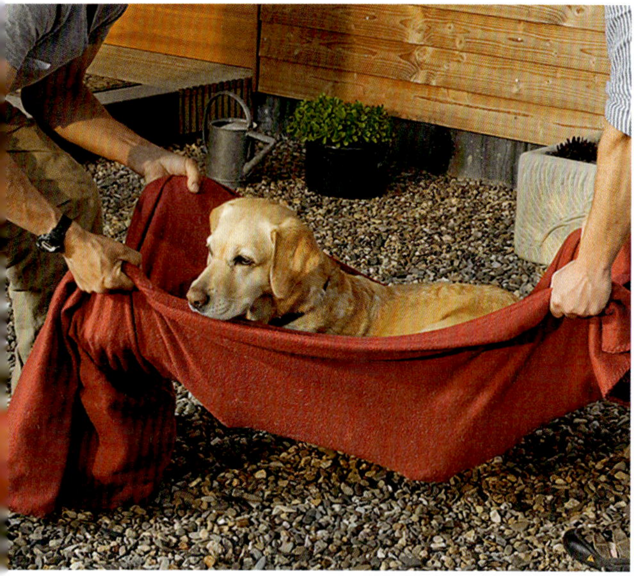

Transport: Ein großer Hund wird von zwei Personen auf einer Decke getragen.

Maulschlaufe: Mit einer Mullbinde (im Notfall ein Schlips) wird eine Schlinge um das Maul gelegt und leicht zugezogen.

Legen Sie dem Hund eine Leine und wenn nötig Maulkorb oder Maulschlaufe (▸ Foto oben) an; hat er Panik, kann auch der liebste Hund beißen. Untersuchen Sie ihn und testen Sie seine Lebenszeichen (▸ Seite 274). Bringen Sie ihn schnell zum Tierarzt, ohne ihn viel zu bewegen: Kleine Hunde vorsichtig tragen, große Hunde zu zweit auf einer Decke (▸ Foto oben), bei Brüchen, Schädel- oder Wirbelsäulenverletzungen auf einem Brett tragen. Informieren Sie den Tierarzt über Ihr Kommen.
Richtig lagern. Ist der Hund bewusstlos, ihn mit gestrecktem und etwas nach unten gelagertem Kopf möglichst auf die rechte Seite legen und seine Zunge nach vorne herausziehen.

SCHOCK

Lebensgefährlicher Zustand. Auslöser gibt es viele, zum Beispiel Unfälle oder Beißereien auch ohne erkennbare schwere Verletzungen, schwere Erkrankungen, starke Durchfälle, starkes Erbrechen, starke Blutungen, allergische Reaktionen, Magendrehung, Vergiftung, Hitzschlag, Unterkühlung. Anzeichen sind blasse Schleimhäute (▸ Kreislauftest, Seite 274), kalte Pfoten und Haut, schneller und pochender Puls, schnelle und flache Atmung, der Hund wirkt zunehmend apathisch. Machen Sie die Atemwege frei und halten Sie den Hund warm. Ohne schnelle tierärztliche Hilfe (Kreislaufstabilisierung mit Infusionen) kann er sterben. Bei Schockverdacht muss der Hund auf schnellstem Weg zum Tierarzt gebracht werden!

WIEDERBELEBUNG

Atmet und reagiert der Hund nicht, muss er wiederbelebt werden:

- Atemwege frei machen. Gut erreichbare Fremdkörper in Mund oder Rachen vorsichtig entfernen, tiefer sitzende dem Tierarzt überlassen.
- Beatmung: Atmet der Hund trotz freier Atemwege nicht, ihn richtig lagern und entsprechend seiner Größe Luft bei geschlossenem Maul in die Nase pusten (▸ Seite 272), bis sich der Brustkorb hebt. Die Beatmung etwa alle sechs Sekunden wiederholen (▸ Foto rechts unten).

- Herzmassage: Zusammen mit Beatmung, wenn weder Puls (der normale Ruhepuls hat 80 bis 120 Schläge pro Minute) noch Herzschlag zu fühlen sind (▸ Seite 273).

SOFORTHILFE IM NOTFALL

Die Notfallmaßnahmen überbrücken die Zeit bis zum Eintreffen in der Tierarztpraxis.

Beißerei. Untersuchen Sie den Hund. Blutungen mit einem provisorischen Verband versorgen.

Blutungen. Stark blutende Wunden am Körper mit einem Tuch abdecken. An den Beinen oberhalb der Blutung mit elastischer Binde, einem Tuch oder Gürtel abbinden (maximal 30 Minuten!). Alternativ mit Kompressen bis zu drei Minuten auf die Wunde drücken. Dann Druckverband anlegen und direkt zum Tierarzt fahren!

Knochenbruch. Den Hund möglichst wenig bewegen. Ihn liegend und gut gepolstert sofort zum Tierarzt bringen (▸ Foto Seite 196 links).

Epilepsie. Krampfanfall (▸ Seite 184). Verletzungsgefahren aus der Umgebung entfernen und Hund beruhigen. Dauert der Anfall länger als drei Minuten, sofort zum Tierarzt. Danach braucht der Hund Ruhe und muss warm gehalten werden.

Fieber. Bei Fieber über 40 °C kalte Wadenwickel machen, ein kaltes, nasses Tuch über den Hund legen und sofort zum Tierarzt fahren.

Fremdkörper. Fremdkörper in den Ohren müssen immer vom Tierarzt entfernt werden. Ist ein Fremdkörper im Auge, mit Augenspüllösung spülen und dann zum Tierarzt fahren.

Insektenstich. Mit Eis oder kaltem Wasser kühlen. Schwillt der Rachen an und/oder hat der Hund Atemnot, sofort zum Tierarzt. Bei Allergie immer das Notfallpräparat griffbereit halten.

Hitzschlag. Anzeichen sind geweitete Pupillen, Benommenheit, hohes Fieber, Erbrechen, Durchfall und eventuell Kollaps. Den Hund schnell in den Schatten bringen. Seinen Körper mit nassen, kalten Tüchern kühlen. Sofort zum Tierarzt! Hunde vertragen keine große Hitze. Sie dürfen bei warmen Temperaturen niemals im Auto bleiben, auch nicht im Schatten!

Verbrennung. Mehrere Minuten lang mit kaltem Wasser abspülen. Sofort zum Tierarzt.

Vergiftung. Anzeichen sind meist Erbrechen, Zittern, Krämpfe, möglich sind auch Durchfall, Blutungen, Atemnot, Apathie, blasse Schleimhäute. Sofort mit dem Hund zum Tierarzt fahren und wenn möglich Rest oder Verpackung der giftigen Substanz mitnehmen.

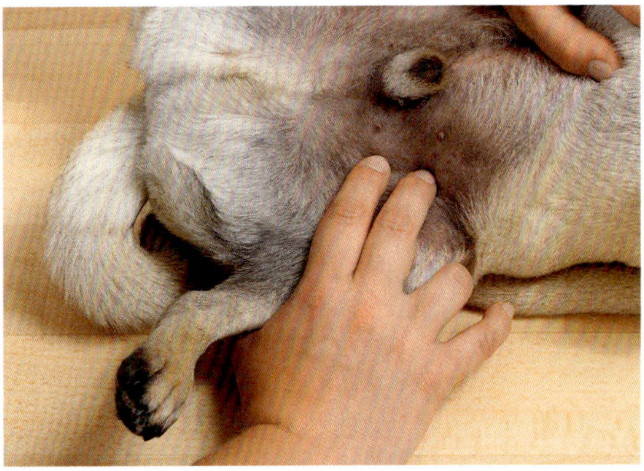

Puls fühlen: Ertasten Sie den Puls Ihres auf dem Boden liegenden Hundes mit zwei Fingern an der Arterie in der Innenseite eines Oberschenkels.

Beatmung: Schnauze zuhalten, mit den Lippen die Nase umschließen. Ausatmen, bis sich der Brustkorb hebt, dann die Luft entweichen lassen.

Fragen und Antworten

Pflege & Gesundheit

Ich gehe mit meinem Hund viel spazieren. Trotzdem sind die Krallen zu lang. Wieso?

Die Krallen nutzen sich meist durch das Laufen auf harten Untergründen wie Asphalt sowie beim Buddeln ab. Gehen Sie viel auf Wiesen oder weichem Waldboden spazieren, schont das die Krallen, sie nutzen sich weniger ab. Auch bei älteren Hunden sind die Krallen oft zu lang. Es gibt einige Krankheiten, die zu vermehrtem Wachstum der Krallen führen, wie Leishmaniose und Hyperkeratose.

Spaß im Schnee: Einreiben der Pfoten mit Vaseline beugt lästigen Schneeklumpen vor.

Wieso gibt es unterschiedliche Preise für Kastration und Impfung je nach Tierarzt?

In der Gebührenordnung für Tierärzte sind die Honorarsätze für die Leistungen festgelegt. Wie der Arzt kann der Tierarzt diese Leistungen mit ein-, zwei- oder dreifachem Satz berechnen. Welchen Satz er berechnet, hängt etwa vom Aufwand einer Behandlung ab, vom angebotenen Service und ob sie zu den normalen Sprechzeiten oder während des Nachtdienstes erfolgt. Zusätzlich zum Honorar werden Verbrauchsmittel und Medikamente in Rechnung gestellt. So können die Preise für eine Kastration je nach Narkoseart und für die Impfung je nach Impfstoff erheblich voneinander abweichen.

Wie kann ich Schneeklumpen an den Pfoten am schonendsten entfernen?

Die Klumpen verkleben mit den Haaren, was eine manuelle Entfernung schmerzhaft macht. Baden Sie die Pfoten in warmem Wasser, dafür eignet sich eine Schüssel oder ein Plastiknapf.

Können Schutzhöschen für Hündinnen auch einer Trächtigkeit vorbeugen?

Definitiv nein! Diese Hosen halten keinen Rüden davon ab, eine Hündin zu decken. Die Hose soll lediglich verhindern, dass die Hündin während der Läufigkeit Blutstropfen in der Wohnung verliert, und dient der Hygiene.

5 Mein Hund hat eine Lebererkrankung. Muss das bei einer Narkose beachtet werden?

Eine Narkose belastet die Entgiftungsorgane Leber und Nieren. Sprechen Sie den Tierarzt auf die Leberproblematik an. Lassen Sie direkt vor einer Narkose die Leberwerte testen. Der Tierarzt kann, wenn die Umstände es erlauben, die Dosierung der Narkose anpassen und mit begleitenden Maßnahmen vorbeugen, damit das Risiko von Komplikationen möglichst gering ist.

6 Schadet es meinem Pudel, wenn beim Scheren auch die Tasthaare im Gesicht entfernt werden?

Die Tasthaare an Augen und Nase sind mit vielen Nerven verbunden. Sie dienen dem Schutz der wichtigen Sinnesorgane vor allem auf kurze Distanzen, da der Hund automatisch zurückgeht oder die Augen schließt, wenn die Tasthaare zum Beispiel einen Gegenstand oder eine Hand berühren. Wachsen die oberen Tasthaare in die Augen, können sie gekürzt werden.

7 Der Tierarzt hat bei meinem Berner Sennenhund einen »Hot Spot« diagnostiziert. Wie entsteht so etwas?

Hot Spots (»heiße Punkte«) sind gerötete, nässende Entzündungen der Haut, die starken Juckreiz verursachen. Sie entstehen, wenn ein Hund sich ständig an einer Stelle der Haut leckt. Ursachen können ein Insektenstich, Milbenbefall, Stress, eine kleine Verletzung oder eine Allergie sein. Neben der tierärztlichen Behandlung muss weiteres Lecken verhindert werden.

8 Ich möchte meinen Hund selbst trimmen. Worauf muss ich achten?

Die einfachste Variante ist das Auszupfen mit den Fingern. Richtig angewendet, ist es dem Hund manchmal zwar etwas unangenehm, schmerzt aber nicht. Lassen Sie sich die Technik vom Züchter oder im Hundesalon zeigen, ebenso das Trimmen mit speziellen Messern. Je nach Felltyp gibt es verschiedene Trimmwerkzeuge, mit dem richtigen geht es besser.

9 Unser alter Schäferhund knurrt seit Kurzem, wenn sein bester Freund mit ihm spielen will. Wieso macht er das?

Eine Ferndiagnose ist natürlich nicht möglich. Doch da Ihr Schäferhund ein älteres Semester ist, kann es durchaus sein, dass er Schmerzen hat. Indem er seinen Freund mit Knurren auf Abstand hält, versucht er vielleicht Schmerzen zu vermeiden, die beim Toben auftreten. Lassen Sie das vom Tierarzt abklären.

5

HUNDE RICHTIG ERZIEHEN

Was darf ein Hund und was nicht? Ist das nicht geklärt, kommt es früher oder später zu Missverständnissen, und die Beziehung zum vierbeinigen Gefährten leidet darunter. Erziehung gibt dem Hund einen Rahmen vor, bietet ihm Orientierung und damit auch Sicherheit und Freiheit. Sie hat nichts mit Drill oder Dressur zu tun, sondern sollte von Partnerschaft und Respekt geprägt sein und Spaß machen. Wer mit seinem Hund arbeitet, kann Teamfähigkeit und Zuverlässigkeit fördern und bekommt einen Begleiter auf vier Pfoten, der voller Vertrauen mit ihm durchs Leben geht.

Reine Beziehungssache

Als bester Freund des Menschen gilt der Hund. Freundschaft setzt Vertrauen voraus – und das müssen sich beide verdienen. Ihr Vierbeiner schließt sich Ihnen gerne an, wenn Sie ihm die richtigen Angebote machen.

Wer sich gut versteht, der braucht nicht viele Worte. Ein kurzer Blick, ein schneller Wink – und schon ist das Gegenüber voll im Bilde. Wenn dieses Vertrauen und gegenseitiger Respekt vorhanden sind, ist die Erziehung des Vierbeiners fast ein Kinderspiel.

»Bindung« wird es auch genannt, dieses unsichtbare Band, das so vieles möglich macht. Sie muss wachsen und braucht Zeit – auf beiden Seiten. Gemeinsam Erfahrungen sammeln, im Team arbeiten und Erfolgserlebnisse teilen, alles das trägt dazu bei, dass Ihre Beziehung wächst und stärker wird. Wenn Sie sich einen Vierbeiner ausgesucht haben, der von vorneherein gut zu Ihnen passt, wird er schneller zum Gefährten. Lassen Sie sich auf Ihren Hund ein, nehmen Sie ihn so, wie er ist, und entwickeln Sie sich gemeinsam und aufeinander zu, denn es wird sich lohnen.

Familienmitglied auf vier Beinen

Wenn Sie Ihren neuen Hund abholen, zieht ein weiteres Familienmitglied bei Ihnen ein. Ihr Hund sieht das jedenfalls so. Denn in diesem Moment übernehmen Sie die Rolle des Leittieres, des Familienoberhaupts. Eine ziemlich große Aufgabe, in die auch so mancher Zweibeiner erst noch hineinwachsen muss. Manche bringen dafür mehr Talent mit, andere müssen dazulernen, um diesen Job mit Bravour zu meistern. Und wie sieht die Jobbeschreibung eigentlich aus?

DAS UNSICHTBARE BAND

Familienoberhaupt zu sein, fängt mit Bindung an, einer sehr exklusiven Beziehung, die sich nicht leicht ersetzen lässt. Stellen Sie sich folgende, ganz typische Situation vor: Frauchen verbringt mit ihrem Vierbeiner einen Nachmittag bei Freunden. Der Hund spielt ausgelassen mit den Kindern, er bekommt trotz anderslautender Anweisungen Leckereien zugesteckt, und er genießt es sichtlich, neben den Freunden auf dem Sofa zu liegen, von ihnen gestreichelt und gekuschelt zu werden. Ist das nicht das Paradies für jeden Hund, das er um nichts in der Welt wieder verlassen möchte? Doch in dem Moment, in dem Frauchen die Jacke von der Garderobe nimmt und damit den Aufbruch signalisiert, steht der Hund ohne ein Wort der Anweisung schwanzwedelnd vor seiner Halterin und möchte angeleint werden. Er will mit ihr gehen, denn er weiß, dass er zu ihr gehört. Die Beziehung zu ihr ist ihm viel wichtiger als all die verlockenden Leckereien, Streicheleinheiten und Spiele bei den Freunden. Frauchen ist so schnell durch nichts zu ersetzen. Und genau das macht die Exklusivität dieser Beziehung aus.

Bindung allein macht einen Menschen noch nicht zum guten Familienoberhaupt oder den Hund im Alltag kontrollierbar. Doch sie ist die Voraussetzung dafür. Und so können Sie eine Bindung mit Ihrem Hund aufbauen:

Nähe bieten. Kuscheln und Schmusen – ganz einfach die innige und sorglose Nähe zwischen Mensch und Hund – sind unverzichtbar für den Aufbau einer von Vertrauen geprägten Beziehung. Liegt Ihr Hund bei oder sogar auf Ihnen, während Sie auf dem Sofa ein Buch lesen oder Fernsehen schauen, kratzt das nicht an Ihrem Image als Familienoberhaupt. Im Gegenteil: Sie können sich das erlauben. Und gibt es einen schöneren Beweis der Zuneigung als einen Hund, der eng an seinen Menschen geschmiegt liegt, dabei selig schläft und alle viere in die Luft streckt – voller Vertrauen darauf, dass er in diesem Moment vollkommen sicher ist?

Vertrauen und Respekt sind die Basis einer gelungenen Beziehung zwischen Zwei- und Vierbeiner.

Etwas bieten. Hunde sind nicht die selbstlosen Wesen, die wir Menschen gerne in ihnen sehen. Auch sie sind darauf bedacht, gut durchs Leben zu gehen. Nur wenn sich die Beziehung zu Ihnen lohnt, wird sich Ihr Hund Ihnen überzeugt anschließen. Ganz oben auf der Wunschliste steht natürlich die Erfüllung der Grundbedürfnisse wie Nahrung und sichere Unterkunft. Das richtige Maß an körperlicher und geistiger Auslastung ist abhängig von Rasse und Individuum. Um attraktiv für Ihren Hund zu sein, müssen Sie natürlich auch mit ihm spielen. Ausgelassenes Toben ist ausgesprochen beziehungsfördernd, da darf auch gerne einmal der Vierbeiner die Oberhand haben, solange er sich an die Spielregeln (▸ Seite 243) hält. Und was schweißt ein Team sonst noch zusammen? Natürlich etwas zu leisten und sich über Erfolge zu freuen: bei einer schwierigen Übung, im Sport oder im Alltag. Seien Sie aufmunternd, wenn Ihr Hund sich nicht auf Anhieb traut, eine hohe Treppenstufe zu erzwingen oder über einen Graben zu springen. Zeigen Sie, wie es geht, strahlen Sie Zuversicht aus und geben Sie ihm dann genau die Unterstützung, die er braucht, um zuversichtlich durchs Leben zu gehen. So stärken Sie das Selbstbewusstsein Ihres Hundes, und er ist bald davon überzeugt, dass er mit Ihnen an seiner Seite jeder Situation gewachsen ist.

TEST: WIE GUT IST IHRE BEZIEHUNG ZU IHREM HUND?

Nähe und Vertrauen sind wichtig für eine gute Beziehung zu Ihrem vierbeinigen Gefährten. Testen Sie, wie eng das Band zwischen Ihnen und Ihrem Hund ist und ob er Ihnen vertraut.

	JA	NEIN
1. Achtet Ihr Hund beim Spaziergang auf Sie? Dreht er sich zum Beispiel nach Ihnen um, um sich zu vergewissern, ob Sie noch in Sichtweite sind?	☐	☐
2. Kuscheln Sie zu Hause zwischendurch mit Ihrem Vierbeiner? Genießt er das und ist dann völlig entspannt?	☐	☐
3. Freut sich Ihr Hund, wenn Sie nach Hause kommen?	☐	☐
4. Angenommen, Ihr Hund wird von einem Artgenossen bedrängt oder ist durch etwas anderes verunsichert: Sucht er dann Schutz bei Ihnen?	☐	☐
5. Können Sie an seinem Blick ablesen, wie sich Ihr Vierbeiner gerade fühlt: Ob er zum Beispiel Spaß hat, etwas ausheckt, müde oder besorgt ist?	☐	☐

Auflösung: Sie konnten alle fünf Punkte mit »JA« ankreuzen? Glückwunsch, Sie scheinen eine gute Bindung mit Ihrem Hund zu haben. Eine oder mehrere »NEIN«-Antworten: Sie sollten an Ihrer Beziehung arbeiten.

DEN WEG WEISEN

Als Familienoberhaupt weisen Sie Ihrem Hund den Weg – Sie geben ihm Orientierung. Da sind klare Ansagen und Konsequenz genauso wichtig wie Geduld und Einfühlungsvermögen: Alles im passenden Moment und in richtiger Dosierung.

Verlässlicher Partner. Wichtigste Aufgabe des Oberhaupts ist es, seine Familie zu beschützen. Das nimmt den Hund nicht aus, der zwar selbst je nach Veranlagung mit mehr oder weniger Eifer sein Heim bewacht, Fremde meldet und diese notfalls auch des Grundstücks verweist. Doch sich vorne in Position zu bringen, wenn es brenzlig wird, und Verantwortung zu übernehmen, ist Ihre Aufgabe – ganz egal, ob beim Spaziergang, wenn Ihr Hund von einem Artgenossen bedrängt wird (▸ Seite 237), Kinder im Spiel zu weit gehen (▸ Seite 120), er sich unbehaglich fühlt oder in einer Situation ist, aus der er selbst keinen Ausweg findet. Überlassen Sie es Ihrem Vierbeiner, heikle Situationen zu klären, können Sie sich früher oder später von Ihrem Status des Häuptlings verabschieden, weil er kein Vertrauen mehr in Ihre Führungsqualitäten hat.

VON WEGEN CHEFALLÜREN

Wer genau weiß, was er darf, kann sich in diesem Rahmen ungezwungen bewegen. Grenzen zu setzen bedeutet nicht, den Hund einzuschränken, es bietet Orientierung. Ein Hund, der zuverlässig auf Rückruf kommt, kann ohne Leine toben. Ein Hund, der verträglich mit Artgenossen ist, darf mit diesen spielen und neue Freunde kennenlernen. Und ein Hund, der sich im Restaurant benimmt, darf seine Leute dorthin begleiten. Weiß Ihr Gefährte nicht, wo die Grenzen sind, wird er sie zwangsläufig überschreiten und Verhalten zeigen, das Ihnen nicht gefällt und vielleicht sogar zu ernsthaften Problemen führt.

Einschätzbar sein. Zum klaren Rahmen gehört auch berechenbares Verhalten. Willkürliche Entscheidungen, Verbotenes plötzlich zu erlauben und drei Tage später wieder zu verbieten, sind die Beziehungskiller Nummer eins. Berechenbarkeit macht Menschen für Hunde attraktiv, Unberechenbarkeit führt zu Dauerstress. »Konsequenz« ist das Zauberwort, ein fast abgenutzter Begriff, der in der Beziehung und Erziehung aber nicht an Aktualität verloren hat. Einer klaren und fairen Linie kann der Hund leicht folgen.

ENTSCHEIDUNGSBEFUGNIS

Müssen Sie dominant sein, um ein guter Hundehalter zu sein? Ja, natürlich. Denn das bedeutet, dass Ihr Hund anerkennt, dass Sie Entscheidungs befugnis und Privilegien besitzen. Und zwar überall dort, wo es Ihnen wichtig ist. Sie können entscheiden, wo es beim Spaziergang langgeht, ob Sie in diesem Moment mit Ihrem Hund spielen möchten, es Zeit für die Fellpflege ist oder wann Sie eine Aktion beenden. Sie sind nicht immer für Ihren Hund verfügbar und unterbrechen Ihre Tätigkeit nicht, weil ihm nach Unterhaltung oder Kuscheln zumute ist. Sie widmen ihm viel Zeit, doch wann, liegt in Ihrem Ermessen. Wer sich etwas rarmacht, wird wichtiger.

Führungsqualitäten. Dominant zu sein heißt nicht, dass Sie Ihren Hund ständig kontrollieren und jede seiner Handlungen kommentieren müssen. Sie haben es gar nicht nötig, Ihre Privilegien immer auszuspielen. Geben Sie Ihrem vierbeinigen Gefährten Freiräume und gehen Sie partnerschaftlich mit ihm um. Übernehmen Sie aber die Führung dann, wenn es nötig oder Ihnen wichtig ist. Hunde wünschen sich Menschen, denen sie sich anschließen können, die ihnen Halt und einen Rahmen bieten. Wenn Sie das leisten, wird Ihr Hund zu Ihrem besten Freund.

Das Tätscheln des Kopfes ist den meisten Hunden unangenehm, auf viele wirkt es bedrohlich.

Entspannt: Die Frau rückt ihrem Hund nicht auf die Pelle und streichelt mit der von unten geführten Hand seine Brust.

Verständigung

Damit eine Bindung zwischen Ihnen und Ihrem Hund entsteht, Sie ihn erziehen und lenken können, ist Kommunikation Voraussetzung – und zwar eine, die Mensch und Hund verstehen.

SIGNALE GEBEN

Sie haben mehrere Möglichkeiten, sich mit Ihrem Hund zu verständigen.

Hörzeichen. Die bewusste Kommunikation mit dem Hund läuft meist über akustische Signale. Geben Sie Ihrem Vierbeiner ein Hörzeichen wie »Sitz!« oder »Platz!«, dann weiß er, was Sie von ihm erwarten, wenn Sie zuvor das Wort mit einer Handlung verknüpft und ihm beigebracht haben, sich bei »Sitz!« zu setzen (▸ Seite 223).

Sichtzeichen. Genauso verhält es sich mit Sichtzeichen. Dies sind optische Signale wie der erhobene Zeigefinger als das Zeichen, sich zu setzen. Auch dabei muss der Hund zuerst lernen, welche Handlung Sie von ihm erwarten.

Die Theorie von Hör- und Sichtzeichen ist ganz einfach. Doch Kommunikation ist wesentlich komplexer, und Sie übermitteln Ihrem Hund viel mehr Signale, als Sie denken (▸ Info, Seite 209).

IHR HUND KANN MEHR

Hunde sind sehr mitfühlend und äußerst talentiert darin, emotionale Zustände zu erkennen, das gehört sozusagen zu ihrer »Grundausstattung«. Anhand von Mimik, Gesten, Körperhaltung und -spannung sowie Gerüchen vermögen sie ihr Gegenüber einzuschätzen.

Zwischen den Zeilen. Ihr Hund kennt Sie so gut wie kein anderer. Wenn Sie ein Kommando geben, weiß er genau, wie ernst es Ihnen ist:

- Er nimmt sofort wahr, ob Ihre Stimme fest ist oder zittert.
- Er erkennt unsichere Körpersprache, die so gar nicht zum vermeintlich forsch ausgesprochenen Kommando passt.
- Er hat schnell raus, dass Sie über sein Verhalten amüsiert sind, obwohl Sie mit ihm schimpfen.

- Und er kann es wirklich riechen, wenn Sie Stress haben, obwohl Sie in einer Situation den Anschein von Gelassenheit vermitteln möchten.

ABSICHTEN DEUTLICH MACHEN

Sie wollen, dass Ihr Hund Sie eindeutig versteht und keine Missverständnisse aufkommen? Dann kommunizieren Sie auch so mit ihm. Lernen Sie die »Hundesprache« (▶ Seite 25) und orientieren Sie sich daran, wie Hunde miteinander umgehen: Sie sind eindeutig, reagieren direkt und setzen ihre körpersprachlichen Möglichkeiten ein.

Freundlich und versöhnlich. Den Oberkörper zurückzunehmen oder zur Seite zu drehen, schafft Abstand und trägt zur Entspannung bei. Der Hund sollte dabei nicht direkt angeschaut werden, visieren Sie lieber seine Ohren an. Wenn Sie ihn streicheln, dann von unten an der Brust und nicht auf dem Kopf. »Freundliches« Tätscheln von oben wirkt auf viele Hunde bedrohlich.

Selbstsicherheit. Aufrechte Körperhaltung macht Sie groß und signalisiert Selbstbewusstsein. Lasche Körperhaltung mit hängenden Schultern und einem gebeugten Rücken hingegen vermittelt Unentschlossenheit oder sogar Unsicherheit.

Entschlossenheit. Ihr Hund reagiert nicht auf Ihr Kommando? Gehen Sie aufrecht und mit forschen Schritten auf ihn zu, das macht Eindruck und unterstreicht Ihre Entschlossenheit. Ein kurzes »Na!« oder »Lass es!« unterstreicht Ihr Anliegen.

Bedrohlich. Sich zum Hund hin oder sogar über ihn zu beugen und/oder ihm direkt und fest in die Augen zu schauen, wirkt bedrohlich auf ihn, kann sogar provozieren.

- Vermeiden Sie es, wenn Sie Ihren Hund nicht verunsichern wollen. Beugen Sie sich zum Beispiel beim Anleinen über ihn und weicht er zurück, duckt sich oder züngelt sogar, fühlt er sich unwohl. Hocken Sie sich dann lieber hin.
- Sie können, wenn nötig, entschlossenes oder bedrohliches Verhalten aber auch gezielt anwenden, um Ihrem Hund mitzuteilen: »Jetzt ist Schluss mit lustig!« Je nach Hund reicht schon ein strenges Anschauen zum Beeindrucken aus, bei anderen ist dazu das ganze Programm nötig.

Vorsicht: Beides kann bei manchen Hunden zu einer heftigen, sogar gefährlichen Reaktion führen. Setzen Sie das nur ein, wenn Sie den Hund sicher einschätzen können.

SPIELEN SIE IHREM HUND NICHTS VOR

Versuchen Sie nicht, Ihrem Hund etwas vorzumachen, das wird das clevere Kerlchen schnell durchschauen. Und es wird ihn verwirren und die Kommunikation erschweren. Haben Sie den Eindruck, dass Sie nicht immer klar und eindeutig rüberkommen, können Sie zusammen mit einem Hundetrainer daran arbeiten, dies zu verbessern.

Ein forscher Schritt auf den Hund zu demonstriert Entschlossenheit – der Hund weicht zurück.

Lernen leicht gemacht

Hunde lernen gerne und haben Spaß dabei. Und sie lernen leicht, wenn ihnen richtig vermittelt wird, worauf es ankommt. Nutzen Sie das, um Ihrem vierbeinigen Freund all das beizubringen, was Ihnen wichtig ist.

Sich auf Ihr Signal hinzusetzen, ist für Ihren Vierbeiner eine seiner leichtesten Übungen. Wie schnell ein Hund lernt, gerade dann, wenn es um komplexere Übungen wie Tricks geht, ist jedoch unterschiedlich – manche brauchen etwas länger, andere sind ganz fix.

Rassespezifische Veranlagung, frühe Lernanreize in einer anregenden Umgebung und der Erfahrungsschatz eines Hundes wirken sich auf sein Lernvermögen aus. Und natürlich gibt es noch weitere Faktoren, die das Lernen beeinflussen, zum Beispiel das momentane Befinden des Hundes, Ihre Stimmung und die Umgebung mit all ihren Ablenkungen.

Passen Sie das Training den individuellen Lernbedürfnissen Ihres Hundes an – so kommt Frust erst gar nicht auf, und es stellen sich viel schneller die ersten Erfolge ein.

Hunde sind immer im Lernmodus

Ein Welpe ist auf Lernen programmiert. Im Gehirn bilden sich Verbindungen zwischen den Nervenzellen, und was jetzt erlernt wird, sitzt tief. Ab der Pubertät (▸ Seite 36) strukturiert sich das Gehirn teilweise neu. Mancher vierbeinige Teenager scheint plötzlich an Gedächtnisverlust zu leiden, zumindest wenn es um den Gehorsam geht. Das geht vorbei: Üben Sie geduldig weiter, auch wenn scheinbar nichts bei ihm ankommt. Lernen hat keine Altersgrenze, auch der erwachsene oder alte Vierbeiner lernt noch dazu oder Erlerntes um. Es braucht nur etwas länger, da sich neue Verbindungen im Gehirn bilden und diese manchmal Umwege gehen müssen. Ihr Hund freut sich sein Leben lang, wenn er Neues dazulernen kann.

LERNEN NACH STUNDENPLAN?

Sie gehen mit Ihrem Vierbeiner in die Hundeschule und üben danach, was Ihnen als Hausaufgabe aufgetragen wurde. Doch das Lernen ist damit nicht vorbei. Ihr Hund ist allzeit bereit zu lernen. Sie geben ihm ständig Signale, und zwar nicht nur jene, die Sie ihm als Hör- oder Sichtzeichen beigebracht haben (▸ Info rechts). Sie wollen, dass er am Tisch nicht bettelt? Dann geben Sie ihm nichts. Jeder ausnahmsweise verteilte Happen und jeder aus Versehen heruntergefallene Krümel lehrt ihn, dass sich Geduld lohnt und er nur hartnäckig bleiben muss. Nachlässigkeiten können zu Fehlverhalten führen. Achten Sie deswegen darauf, dass Ihr Vierbeiner nicht das lernt, was er lieber unterlassen soll. Hundeerziehung ist gerade in den ersten Monaten ein Fulltimejob und endet nicht am Ausgang der Hundeschule. Bauen Sie das dort Erlernte in Ihren Alltag ein.

Wer seine Mahlzeiten am Tisch mit dem Hund teilt, darf sich nicht wundern, wenn er später bettelt.

INFO

Unbeabsichtigte Signale

Sie übermitteln Ihrem Hund mehr Signale, als Sie denken. Welche, hängt ganz von Ihrem Alltag ab:

- Der Griff zu den Wanderschuhen signalisiert ihm den anstehenden Spaziergang.
- Legen Sie die Hundehandtücher im Badezimmer zurecht, ahnt er, dass er in die Wanne muss – und versteckt sich vielleicht schnell.
- Nehmen Sie einen Joghurt aus dem Kühlschrank, freut er sich schon darauf, danach wie üblich den Becher auslecken zu dürfen.
- Ihr Hund spürt Ihre Abneigung gegen eine Person und reagiert oft ebenfalls feindselig.
- Sie korrigieren ungebührliches Verhalten nur halbherzig, denn eigentlich gefällt es Ihnen. Folge: Ihr Hund zeigt es immer wieder.

Viele Wege führen zum Lernziel

Ihr Hund lernt auf unterschiedliche Weise. Er beobachtet Artgenossen und übernimmt vielleicht das eine oder andere Verhalten. Er testet Menschen und Hunde und lernt dabei durch Versuch und Irrtum, welches Verhalten sich lohnt beizubehalten. Und manches Verhalten wird mit anderen Reizen verknüpft.

LERNEN DURCH VERKNÜPFUNG

Verknüpfen bedeutet, einen Reiz mit einer Handlung in Zusammenhang zu bringen. Beides wird verknüpft – konditioniert (▶ Pawlow, Seite 135). Greifen Sie zur Leine, weiß Ihr Hund, dass nun ein Spaziergang ansteht. Nehmen Sie seine Zahnbürste zur Hand, weiß er, dass Sie nun beabsichtigen, ihm seine Zähne zu putzen.

Das Lernen mit dem Clicker beruht auf Konditionierung: Der Hund verknüpft das Klickgeräusch positiv.

Erfahrungslernen. Es wird auch Lernen aus Versuch und Irrtum oder operante Konditionierung genannt und basiert auf einem einfachen Prinzip: Folgt der Handlung des Vierbeiners eine für ihn vorteilhafte Reaktion, möchte er das wiederholen (▶ Tipp, Seite 221). Folgt hingegen eine ihm unangenehme Reaktion, meidet er das künftig.

- Das Lernen von Signalen in Form von Hör- oder Sichtzeichen bedeutet, ein bestimmtes Signal mit einem Verhalten zu verknüpfen. Beispiel: Sie üben mit Ihrem Hund, dass er sich setzen soll, wenn Sie »Sitz!« sagen oder Ihren Zeigefinger heben (▶ Seite 223). Führt er das richtig aus, wird er gelobt und bekommt sogar ein Leckerchen zur Belohnung (▶ Seite 212). Ihre positive Reaktion zeigt ihm, dass sich sein Verhalten lohnt.
- Angenommen, Ihr Hund möchte etwas aus dem Mülleimer stibitzen. Er schafft es, den Deckel anzuheben. Doch dann fällt dieser laut scheppernd und schmerzhaft auf seinen Kopf, und Ihr Hund schreckt zurück. Sein Verhalten hatte eine negative Folge – und hoffentlich wird ihn diese Erfahrung künftig davon abhalten, sich aus dem Mülleimer zu bedienen.

Reaktionen, die sich für den Hund lohnen, sind positive Verstärker des Verhaltens, negative Reaktionen führen zu einem Verhalten der Vermeidung. Beides gehört zum Prinzip von Belohnung und Strafe. Ob Ihr Hund jedoch wie erwartet reagiert, hängt davon ab, ob die Reaktion eine ausreichend große Motivation bietet, um nach einer Wiederholung zu streben oder es künftig besser zu unterlassen. Einfach gesagt: Das Leckerchen ist verlockend genug, und die negative Reaktion hinterlässt einen bleibenden Eindruck (▶ Seite 216). Wiederholungen sind nötig, um das Erlernte sicher zu festigen. Bei der Erziehung sollen die positiven Elemente überwiegen, doch es wird auch nötig sein, Grenzen deutlich zu machen.

Vorbilder. Bringen Sie Ihren Hund mit gut erzogenen Artgenossen zusammen. Er schaut sich viel von ihnen ab und lernt fast nebenbei. Ideal ist es, wenn bereits ein Vierbeiner bei Ihnen lebt, der das leuchtende Vorbild sein kann.
Jede Medaille hat zwei Seiten: Sie müssen aufpassen, dass sich Ihr Racker nicht die Unarten der anderen zu eigen macht. Fördern Sie nicht den Kontakt Ihres Hundes mit solchen, die durch unangemessenes oder aggressives Verhalten auffallen, oder wirken Sie zumindest frühzeitig erzieherisch den ersten Anzeichen entgegen, wenn Ihr Hund unerwünschtes Verhalten von seinen Artgenossen übernimmt.

TRAINING IM ALLTAG

Sie sind gehetzt zwischen zwei Terminen, haben Migräne, oder die Kinder quengeln im Hintergrund? Gestresst haben Sie nicht die nötige Geduld und auch nicht die positive Ausstrahlung, damit das Üben optimal läuft. Verschieben Sie die Übungseinheit auf einen entspannteren Moment, damit Sie beide mit Freude bei der Sache sind.
Flexibel üben. Nutzen Sie zusätzlich Trainingsgelegenheiten mit Ihrem Hund, die sich im Alltag bieten. Üben Sie zum Beispiel »Sitz! am Straßenrand, wenn Sie beim Spaziergang von einem Trupp Fahrradfahrer überholt werden oder auf dem Markt am Gemüsestand bezahlen. Sie sind in einem Gebäude mit Fahrstuhl? Eine gute Möglichkeit, damit Ihr Hund lernt, dass dies keine große Angelegenheit ist.
Nicht stören lassen. Beim Üben wird es sicher einmal nötig sein, den Vierbeiner zu korrigieren. Stören Sie sich nicht daran, wenn Passanten Sie dabei beobachten. Ihr Hund merkt schnell, ob Sie weniger konsequent reagieren, wenn Zuschauer dabei sind. Und es ist durchaus möglich, dass Ihr cleveres Kerlchen das dann ausnutzt.

TIPP

Schaffen Sie optimale Lernbedingungen

Viele Faktoren spielen beim Üben eine Rolle. Wenn Sie diese beachten, klappt's besser.

- **Lernbereit:** Üben Sie dann, wenn Ihr Hund die nötige Konzentration dazu aufbringen kann und Sie die nötige Muße dazu haben.
- **Abwechslung:** Beim Training ist Ihr Hund stark gefordert, und bei manchen Übungen lässt die Konzentration schon nach wenigen Minuten nach. Bauen Sie Pausen ein – bevor der Hund keine Lust mehr hat.
- **Nicht zu viel:** Hat eine Übung gut geklappt, wird sie in dieser Sitzung nicht wiederholt.
- **Tempo:** Passen Sie das Lerntempo Ihrem Hund an und verlangen Sie nur das von ihm, was er leisten kann. Wird es zu schwierig, gehen Sie wieder auf eine leichtere Stufe zurück.
- **Häppchenweise**: Teilen Sie Übungen in kleine Schritte auf.
- **Konzentriert:** Ihr Hund kann sich nur konzentrieren, wenn er sich nicht ablenken lässt. Beginnen Sie neue Übungen in einer Umgebung ohne Ablenkung (Haus, Garten). Führt er die Übung dort zuverlässig aus, steigern Sie die Ablenkung (abgelegene Wiese). Klappt das, darf es mehr Ablenkung sein, wie Fußgänger im Hintergrund. Gelingt die Übung dort sicher, wird der Grad der Ablenkung wieder erhöht. Ziel ist es, dass der Hund sich auch von starken Reizen wie anderen Hunden nicht ablenken lässt.
- **Ortswechsel:** Hunde verknüpfen Erlerntes mit bestimmten Orten. Damit es überall gelingt, müssen Sie auch an verschiedenen Orten üben.
- **Immer wieder:** Manche Übungen sitzen erst nach hundert oder mehr Wiederholungen.

Falsch: Hier wird der Hund nicht für das Sitzen belohnt, sondern für das Aufstehen.

Richtig: Belohnen Sie genau in dem Moment, wenn Ihr Hund korrekt sitzt und den Boden berührt.

ÜBUNGEN RICHTIG AUFBAUEN

Signale in Form von Hör- und Sichtzeichen (▸ Tipp, Seite 219) helfen Ihnen, Ihren Hund zu lenken. Damit er Ihr Signal korrekt verknüpft, muss der Übungsaufbau stimmen. Überlegen Sie vorher, was Sie erreichen wollen, und lassen Sie sich und Ihren Hund von einem Trainer anleiten.

Ziele definieren. Sie möchten zum Beispiel mit Ihrem Hund das Herankommen üben: Soll er vor Ihnen stehen bleiben, soll er herankommen und sich setzen oder sich sogar an Ihre Seite setzen? Je besser Sie das Übungsziel definieren, desto gezielter können Sie üben.

Kleine Schritte. Teilen Sie Übungen in kleine Schritte auf, etwa »Sitz!« (▸ Seite 223) auf Distanz:

- Üben Sie zuerst auf kurze Distanz und achten Sie darauf, ausschließlich das erwünschte Verhalten zu bestätigen (▸ Fotos oben).
- Wiederholen Sie das, bis es an verschiedenen Orten und auch mit Ablenkung klappt.
- Gelingt die Übung zuverlässig, können Sie schrittweise die Distanz vergrößern (▸ Seite 222).

Statt Ihren Hund ständig korrigieren zu müssen, weil er die Übung nicht richtig ausführt, können Sie ihn so bereits für Zwischenerfolge loben.

Ablenkung steigern. Erleichtern Sie Ihrem Hund das Training, indem Sie zuerst in einer Umgebung mit wenig Ablenkung üben (▸ Tipp, Seite 211).

Gezielt belohnen. Nur erwünschtes Verhalten wird belohnt. Belohnen Sie den Hund zum Beispiel bei der Sitz-Übung nicht, während er aufsteht (▸ Foto oben links). Belohnen Sie genau in dem Moment, wenn der Vierbeiner korrekt sitzt und den Boden berührt (▸ Foto oben rechts). So entstehen erst gar keine Missverständnisse.

Positiver Abschluss. Üben Sie nur so lange, wie Ihr Hund konzentriert bei der Sache ist. Lässt seine Aufmerksamkeit nach einigen Wiederholungen nach, schließen Sie die Übungseinheit mit einer leichten Aufgabe ab, für die er eine Belohnung bekommt. So freut er sich auf das nächste Mal.

Auflösungssignal. Ist die Übungseinheit beendet, geben Sie ein abschließendes Signal, etwa »Lauf«. Dies signalisiert dem Hund das Ende der Übung.

Forschung & Praxis

Über das Lernen

› Ein Hund weiß, was sein Zweibeiner sieht. Und viele Vierbeiner nutzen das aus.
Hunde wissen, was ihre Menschen sehen können und was nicht. Manche Hunde sind echte Streber, aber nur so lange, wie Herrchen oder Frauchen sie beobachten. Wenden die Zweibeiner ihnen den Rücken zu, ist es bei vielen Hunden schnell aus mit dem Gehorsam.

› Hunde bauen bei der Lösung von Problemen auf die Hilfe ihrer Menschen.
Kommt ein Wolf bei der Lösung eines Problems, zum Beispiel der Suche nach verstecktem Futter, nicht voran, verfolgt er sein Ziel ausdauernd. Insbesondere Hüte- und Apportierhunde schauen schon nach kurzer Zeit Hilfe suchend ihre Menschen an und bauen auf Unterstützung. Fordert der Mensch den Hund zum Weitersuchen auf, steigt die Ausdauer erheblich. Wissenschaftler gehen davon aus, dass diese Kommunikation zwischen Hund und Mensch als Folge der Domestikation genetisch gefestigt ist.

› Aus Beobachtungen und Erfahrungen schließen Hunde, wie Menschen und Artgenossen reagieren.
Es gibt Hunde, die gezielt an der Haustür bellen und so tun, als wäre ein Besucher da, um ihren Artgenossen von seinem Knochen wegzulocken. Andere laufen ein Stück weiter weg als erlaubt, haben dabei aber immer ihren Menschen im Blick, um sich zu vergewissern, dass er es sieht und ihn heranruft. So kassiert der Hund ein Extraleckerchen für das »brave« Herankommen. Manche Hunde denken strategisch und können täuschen – lassen Sie sich nicht austricksen.

Ein »schlechtes Gewissen« haben Hunde aber nicht. Entsprechendes Verhalten ist eine Reaktion auf das erwartete Schimpfen des Menschen, aber weder Beweis noch Einsicht einer Missetat.

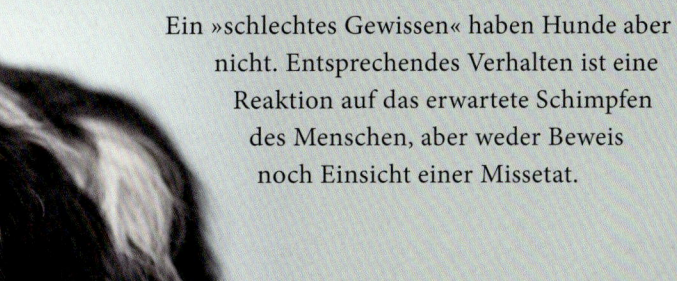

Hundgerecht zeigen, was richtig ist

Sich in eine soziale Gruppe zu integrieren und das dazu notwendige Verhalten müssen Hundekinder erst lernen. Durch das Beobachten der Großen erfahren sie schon eine ganze Menge. Eltern und andere Rudelmitglieder leiten den Nachwuchs an und korrigieren ihn, wenn dies nötig ist. Die Kleinen müssen lernen, sich manierlich zu verhalten und Frustration auszuhalten – sie bekommen nicht alles, was sie wollen, und können sich auch nicht alles erlauben. Dies geschieht meist spielerisch und mit großer Geduld. Doch wenn es sein muss, werden die Grenzen mit körperlichem Einsatz auch sehr deutlich gemacht.

Verhalten üben. Durch gezielte Übungen schulen die Erwachsenen den Nachwuchs, etwa indem sie vor seiner Nase demonstrativ mit einem Objekt spielen und es ihm erst dann überlassen, wenn er die diesmal auf dem Stundenplan stehende Lektion verstanden hat (▸ »Nein!«, Seite 220). Es ist sehr beeindruckend, solch eine Lehrstunde zu beobachten und zu sehen, wie gelassen und zielgerichtet die Großen dabei sind.

Beißhemmung. Im wüst anmutenden Spiel mit den Geschwistern lernen Hundekinder, dass es unangenehme Konsequenzen hat, wenn sie ihre spitzen Zähnchen unbedacht einsetzen: Beißt ein Welpe zu fest zu, wird das Geschwisterchen das Spiel beenden – der Spaß ist vorbei. Oder es beißt zurück – und das tut weh. Sehr bald wissen die Kleinen, wo die Grenzen des Erlaubten sind.

Hunde lernen auf vielfältige Weise. Auf die Aufforderung des Hundes einzugehen, wenn er wie hier zum Beispiel die Leine bringt, ist für ihn die Bestätigung seines Verhaltens. So kann sich Verhalten etablieren.

PUNKTGENAU ARBEITEN

Zieht Ihr Hund bei Ihnen ein, ist es fortan Ihr Job, ihm zu zeigen, was erlaubt ist und was nicht. Damit er versteht, was genau Sie von ihm erwarten, können Sie ihn zur Bestätigung eines Verhaltens loben und belohnen oder deutlich machen, dass Sie das gezeigte Verhalten nicht dulden. Was auch immer Sie tun, es wird nur Erfolg haben, wenn das Timing stimmt und Ihre Reaktion annähernd zeitgleich dem Verhalten des Hundes ist. Sind mehr als zwei oder drei Sekunden vergangen, kann es bereits passieren, dass Ihr Vierbeiner Ihre Reaktion nicht mehr wie gewünscht mit seinem Verhalten in Verbindung bringt und beides nicht miteinander verknüpft (▸ Fotos Seite 212).

LOBEN MACHT GUTE LAUNE

Loben ist eine prima Sache, die keine Hilfsmittel braucht und die Beziehung zum Hund verbessert. Sie können Ihren Vierbeiner für alles loben, was Ihnen gefällt. Überlegen Sie sich einige freundliche Worte, die ihm Bestätigung signalisieren sollen. Authentisch zu sein, ist auch hier wichtig: Spürt Ihr Hund Ihre echte Freude über seine Leistung, vervielfacht sich der Effekt.

Missverständnisse vermeiden. Achten Sie darauf, mit dem Lob nicht das Ende einer Übung zu signalisieren. Eine Übung ist erst dann beendet, wenn Sie Ihrem Hund ein Auflösungssignal geben und er weiß, dass er seiner Wege gehen kann, oder wenn Sie eine andere Anweisung geben.

Individuell. Die Intensität des Lobes sollte zum Hund passen. Vierbeiner, die leicht aufdrehen, können durch ein enthusiastisches Lob derart außer Rand und Band geraten, dass es aus ist mit der Konzentration. Ein oder zwei Level niedriger sind da besser. Hingegen brauchen schüchterne oder unsichere Gesellen in der Regel eine deutlichere Bestätigung.

CHECKLISTE

Richtig korrigieren

Korrigieren Sie das Verhalten Ihres Hundes, wenn es unangebracht ist. Seien Sie dabei eindeutig und zielgerichtet.

- ○ Korrigieren Sie nur »in flagranti«. Spätere Disziplinierung kann der Hund nicht zuordnen, und es schadet Ihrer Beziehung.
- ○ Nicht nachtragend sein.
- ○ Korrigieren Sie angemessen und nach Hundepersönlichkeit. Zu lasch ist es ineffektiv, zu heftig kontraproduktiv.
- ○ Bleiben Sie ruhig und gelassen.
- ○ Die Korrektur muss schnell genug erfolgen, damit sie effektiv sein kann.

BELOHNUNG ALS VERSTÄRKER

Wenn eine Belohnung winkt, strengen sich viele Hunde noch mehr an. Richtig angewendet, helfen sie dabei, neue Übungen schneller zu verstehen.

Gezielt belohnen. Zu Übungsbeginn wird jedes korrekte Verhalten gelobt und belohnt. Je besser die Übung klappt, desto seltener gibt es diese Belohnung und dann schließlich nur noch für besondere Leistungen.

Individuell. Belohnung wird meist mit Leckerchen gleichgesetzt, doch liebevolles Streicheln oder ein Spiel können genauso gute und je nach Vierbeiner sogar effektivere Belohnungen sein. Ob ein Hund sich eher durch die Aussicht auf ein Spiel, eine Streicheleinheit oder Leckerei motivieren lässt, ist unterschiedlich: Nicht jeder hat einen gesegneten Appetit, und manche interessieren sich nicht für Spielzeug. Achten Sie auf Folgendes:

- Leckerchen sollten klein, schnell zu schlucken und begehrt sein. Sie werden von der Tagesration abgezogen (▸ Seite 144).
- Spielzeuge motivieren am besten, wenn sie nicht ständig zur Verfügung stehen (▸ Seite 244).
- Streicheleinheiten müssen einen eindeutig liebevollen Charakter haben. Vermeiden Sie es gerade bei unsicheren Hunden, sich dabei über sie zu beugen, denn das kann schnell einschüchternd (▸ Seite 206) sein. Am besten hocken Sie sich vor den Hund und kraulen ihn an Brust oder Ohren.

IST STRAFEN ERLAUBT?

Ihr Ziel ist es, unerwünschtes Verhalten zu unterbrechen und künftig möglichst zu verhindern. Das muss mit Mitteln erfolgen, die Ihr Hund auch versteht. Diese sollen aber nicht als Strafe gedacht sein, Sie üben ja keine Vergeltung. Sie korrigieren Ihren Vierbeiner. Das muss angemessen, aber eindrucksvoll erfolgen. Sie setzen Grenzen. Und das ist unerlässlich für ein harmonisches Miteinander, denn nur wenn Ihr Hund die Grenzen akzeptiert, kann er auch Freiräume genießen.

Abbruchsignal. Das kann ein Hörzeichen (▸ Seite 220), eine Geste oder eine körperliche Einwirkung sein. Welche Intensität es haben sollte, hängt immer individuell von der Hundepersönlichkeit ab.

- Bei manchen reicht schon ein strenger Blick, ein mahnendes Wort oder ein Räuspern.
- Andere müssen daran erinnert werden, dass ihr Mensch handlungsbereit ist. Dies kann der Zweibeiner tun, indem er zum Beispiel forsch auf den Hund zugeht und so seinen Bewegungsspielraum einschränkt (▸ Foto Seite 207), sich wenn nötig über ihn beugt und ihn dabei fixiert.
- Ändert er sein Verhalten nicht, kann es nötig sein, ihn nach Hundemanier mit angemessener Intensität zu zwicken oder anzurempeln. Situationsgerecht angewendet, ist das sehr effektiv.

ANGEMESSEN ABBRECHEN UND KORRIGIEREN

Züchtigung und Gewalt haben in der Hundeerziehung nichts verloren. Trotzdem kann es nötig sein, körperlich auf den Vierbeiner einzuwirken. Verhalten Sie sich dabei immer fair, situationsgerecht und zielgerichtet:

- Werden Sie nicht hektisch und lassen Sie Ihre Wut nicht am Hund aus! Wählen Sie die Maßnahme passend zu seiner Persönlichkeit. Und korrigieren Sie nur genau in der betreffenden Situation und nicht, wenn diese schon vorbei ist.
- Geben Sie Ihrem Hund dann eine alternative Handlung vor, zum Beispiel zu Ihnen zu kommen, sich hinzulegen oder ein anderes Signal auszuführen. Dann wird er es verstehen, und es schadet Ihrer Bindung nicht – im Gegenteil.

SINNVOLLE ERZIEHUNGSHILFEN

Leckerchen. Leckere Belohnungshappen sind Verstärker für erwünschtes Verhalten.

Leckerchenbeutel. Er sollte eine Gürtelschlaufe und einen Clip haben, sich sicher verschließen lassen und waschbar sein.

Futterdummy. Ideal im Rahmen des Apportiertrainings (▸ Seite 257). Der Reißverschluss sollte stabil und verdeckt sein. Mit Seil dran kann der Futterdummy weit geworfen werden.

Hundepfeife. Jeder Hund kann lernen, auf Pfiff zu reagieren (▸ »Hier!«, Seite 223). Fortgeschrittene können unterschiedlichen Tönen andere Kommandos zuordnen, zum Beispiel einen Ton für »Hier!« und einen anderen für »Sitz!«.

Clicker. Der Knackfrosch ist ein Mittel zur positiven Hundeerziehung (▸ Info, Seite 221).

Schleppleine. Sie ist ein sinnvolles Hilfsmittel für das Rückruftraining oder für das Training einer Verhaltenskorrektur. Die Einweisung sollte von einem Hundetrainer erfolgen.

Erziehung leicht gemacht

Verschiedene Hilfsmittel aus dem Fachhandel können Ihrem Vierbeiner das Lernen leichter machen oder sind einfach praktisch im Alltag mit Hund, wie der Leckerchenbeutel und die Hundepfeife.

Leckerchenbeutel Am Gürtel, an der Hose oder Jacke befestigt, sind so die Leckerchen schnell zur Hand.

Leckerchen Zur Belohnung. Mit leckeren Happen lernen manche Hunde leichter.

Futterdummy Bringt der Hund den Dummy, darf er sich daraus bedienen.

Clicker Das Klicken zeigt dem Hund, dass sein Verhalten richtig ist.

Hundepfeife Liefert ein eindeutiges akustisches Signal über weite Distanz.

Schleppleine 5–10 m lange Leine ohne Handschlaufe für das Freilauftraining.

Grunderziehung muss sein

Lernen gehört zum Hundsein dazu, von Anfang an. Im Spiel und durch die Anleitung von Artgenossen lernt ein Vierbeiner, welches Verhalten toleriert wird, welches ihm Ärger oder Vorteile einbringt. Und jetzt lernt er bei Ihnen.

Ist ein Hund ein guter und angenehmer Begleiter, weil er »Sitz!«, »Platz!« und »Fuß!« kann? Es ist hilfreich dafür. Doch der Vierbeiner, der sich auf Kommando hinsetzt oder legt, kann trotzdem ein Rüpel und unangenehmer Zeitgenosse sein.

Und so ist das Erlernen der Grundkommandos nur ein Teil dessen, was allgemein unter »Hundeerziehung« verstanden wird. Noch wichtiger sind soziale Kompetenzen, deren Grundsteine beim Welpen gelegt werden und an deren Festigung im Alltag weiterhin gearbeitet werden muss. Natürlich muss ein Hund auch lernen, dass er nicht immer im Mittelpunkt des Interesses steht und sich wenn nötig zurückzunehmen hat. Die Erziehung ist ein »All-Inclusive-Paket«, das alle Aspekte des Miteinanders beinhaltet. Sie werden sehen, wie stolz es Sie macht, wenn aus Ihrem Hund ein vorbildlicher Gefährte geworden ist.

Für den Alltag

Konzentrieren Sie sich bei der Erziehung Ihres Hundes zuerst auf das, was für Ihr gemeinsames alltägliches Leben wichtig und sinnvoll ist. Wenn es später mehr sein soll, können Sie das immer noch üben. Wichtig ist jetzt, dass Ihr Vierbeiner so viel lernt, dass er möglichst viel an Ihrem Leben teilhaben kann.

Dazu gehört es auch zu lernen, mit Frustration umzugehen. Die Nichterfüllung von Wünschen oder Erwartungen gehört zum Leben, auch bei einem Hund. Sie haben nicht die Zeit, ständig mit Ihrem Vierbeiner zu spielen, er muss auch einmal allein bleiben und sich gelegentlich im Körbchen oder in der Box ruhig verhalten. Er darf sich nicht alles nehmen, und Sie können ihm nicht alles geben, was er haben möchte. Das alles führt zu Frustration. Ob Ihr Hund dadurch gestresst ist oder die Situation akzeptiert, hängt davon ab, wie hoch seine Frustrationstoleranz ist. Lernt er, Frustration zu bewältigen und auch Auswege aus frustrierenden Situationen zu finden, ist er zufriedener und ausgeglichener.

Erziehung ist individuell, und es hängt immer vom Hund ab, was für ihn genau richtig ist. Nachfolgend finden Sie einige Vorschläge. Es ist immer sinnvoll, sich von einem kompetenten Hundetrainer anleiten zu lassen.

STUBENREINHEIT WILL GELERNT SEIN

Zieht Ihr Welpe bei Ihnen ein, gilt Ihre erste Aufmerksamkeit sicher der Stubenreinheit. Wenn Sie aufmerksam sind, wird das schnell gelingen.

Der Löseplatz. Zeigen Sie dem Welpen vom ersten Tag an, wo er im Garten oder vor dem Haus sein Geschäft erledigen kann.

- Jedes Mal, wenn er draußen Kot oder Urin absetzt, loben Sie ihn freudig zur Bestätigung.

Auszeit im Körbchen – das muss der Welpe lernen. Dort darf er dann aber auch nicht gestört werden.

TIPP

Klare Signale: Hör- und Sichtzeichen

Üben Sie von Anfang an Hör- und Sichtzeichen, das nützt bei nachlassenden Sinnen im Alter.

- **Hörzeichen:** Die Führung des Hundes mit akustischen Signalen. Das können Worte, also Kommandos wie »Hier!« und »Sitz!« sein, aber auch der Pfiff mit der Hundepfeife.
- **Sichtzeichen:** Sich über Gesten zu verständigen, ist hundetypisch. Sie können Handzeichen und Körpersprache einsetzen.
- **Eindeutig:** Wählen Sie für Hör- und Sichtzeichen einfache Signale, die nicht leicht mit anderen zu verwechseln sind. Achten Sie auf klare Aussprache und Gestik.
- **Auflösungssignal:** Überlegen Sie Hör- und Sichtzeichen zum Beenden einer Übung.

- Wenn Sie das mit einem Kommando verbinden, lässt sich Ihr Hund auch später dadurch animieren, sich zu lösen. Wählen Sie dafür ein Wort, das Ihnen nicht peinlich ist, wenn Passanten es hören.

Beeilung. Wenn ein Welpe muss, dann dringend. Denn lange aushalten kann der Kleine noch nicht. Der Schließmuskel der Blase muss noch trainiert werden. Gehen Sie deswegen anfänglich alle ein oder zwei Stunden mit ihm nach draußen und dehnen Sie das nach einer Weile weiter aus.

- Gehen Sie zusätzlich raus, wenn er geschlafen, gefressen, gespielt oder Aufregendes erlebt hat.
- Dringend wird es, wenn Ihr Welpe unruhig wird, am Boden schnüffelt, sich beim Schnuppern im Kreis dreht, zur Tür läuft oder jammert.

»Schnappen« Sie sich dann den Kleinen und tragen Sie ihn zum Löseplatz, alles andere dauert zu lange. Warten Sie dort einige Minuten. Passiert nichts, gehen Sie wieder rein und behalten ihn im Auge. Beim ersten Anzeichen eines Bedürfnisses: Ab nach draußen!

Nachts. Der Welpe sollte nachts neben Ihnen in einer Box schlafen (▸ Seite 117). Da gesunde Hunde ihr Lager in der Regel nicht verunreinigen, wird der Kleine unruhig, wenn er muss. Für Sie heißt das: Rasch aufstehen und das Hundekind nach draußen bringen, egal bei welchem Wetter!

Ein Malheur. Es ist ganz normal, dass während des Trainings hin und wieder ein Geschäft in der Wohnung verrichtet wird. Strafen Sie den Hund nicht und stoßen Sie ihn schon gar nicht mit der Nase hinein. Das hätte nur zur Folge, dass er es künftig versteckt macht. Wischen Sie die Bescherung einfach weg. Plötzliche Unsauberkeit kann auch ein Anzeichen für einen Harnwegsinfekt (▸ Seite 183) sein und sollte vom Tierarzt abgeklärt werden. Übrigens: Auch ein erwachsener Hund, der unsauber ist, muss die Stubenreinheit neu lernen – und zwar genau wie ein Welpe.

Outdoor bitte. Die wenigsten Hunde melden sich, wenn sie müssen. Ziel des Trainings ist es, dass der Hund lernt, für einige Zeit einzuhalten und sich draußen zu lösen. Bei »Welpentoiletten« für die Wohnung lernt ein Hund das Gegenteil.

ABBRUCHSIGNALE

Lässt Ihr Hund auf Ihr Signal hin etwas fallen oder unterbricht eine Handlung, ist das nicht nur im Alltag nützlich, sondern kann ihn auch vor Gefahren schützen. Deswegen sind Hörzeichen für Abbruchsignale (▸ Seite 216) so wichtig.

»Nein!« Ein präventives Signal, das den Hund an der Ausführung seiner Absicht hindern soll, wie einen zu Boden gefallenen Keks zu nehmen oder zu Spaziergängern zu laufen. Auch Hundeeltern bringen das dem Nachwuchs bei, indem sie vor ihm mit einem Objekt spielen. Will der Welpe es nehmen, wird durch Drohen gezeigt, dass er das nicht darf. So üben Sie mit Ihrem Hund »Nein!«:

- Hocken Sie sich vor Ihren Vierbeiner und legen Sie einen Hundekeks auf Ihre flache Hand. Will Ihr Hund den Keks schnappen, schließen Sie schnell die Hand und sagen »Nein!«.
- Probiert der hartnäckige Geselle, trotzdem an den Keks zu gelangen, sagen Sie streng »Na!«, räuspern sich oder schubsen ihn weg.
- Wiederholen Sie das so lange, bis er nicht mehr versucht, den Keks zu schnappen, sondern abwartet und Sie anschaut. Dann gibt es ein Lob, und Sie können ihm mit einer auffordernden Geste und dem Signal »Jetzt!« erlauben, den Keks zu nehmen. So lernt er, Ihre Erlaubnis einzuholen.

»Schluss!« Es soll den Hund veranlassen, eine Handlung zu unterbrechen. Sie können es mit einer Bell-Übung verbinden:

- Bringen Sie Ihren Hund zum Bellen.
- In einer Bellpause sagen Sie »Schluss!« und belohnen ihn. Nach einigen Wiederholungen sollte

der Hund verstanden haben, was das Signal bedeutet. Üben Sie »Schluss!« in verschiedenen Situationen, beim Spielen, beim Schnuppern usw.

»Aus!« Häufig auch »Pfui!«. Der Hund soll ausspucken, was er im Maul hat. Dabei ist es gleich, ob es sich um ein geklautes Brot, Ihre Socken, Unrat am Wegesrand oder Spielzeug handelt. Führen Sie die Übung nicht mit Futter oder Spielzeug durch, wenn Ihr Hund das verteidigt (▶ Seite 235). Wenden Sie sich dann an einen Hundetrainer.

- Geben Sie Ihrem Hund ein Spielzeug. Halten Sie ein noch attraktiveres Spielzeug oder beliebte Leckerchen griffbereit, mit diesen wird getauscht.
- Spielen Sie mit Ihrem Hund. Zeigen Sie ihm dann das Tauschobjekt. Lässt er das Spielzeug fallen, sagen Sie »Aus!« und geben ihm das Tauschobjekt. Üben Sie das gelegentlich, wenn es sich anbietet – aber nicht zu oft – mit verschiedenen Objekten, auch Futter und Kauknochen. So lernt Ihr Hund, dass es sich lohnt, etwas herzugeben.

GLÜCKLICH IN DER BOX

Die Box (▶ Seite 114) ist keine Abstellkammer oder Strafmaßnahme! Sie soll für Ihren Hund ein gemütlicher Rückzugsraum sein, wo er kurzzeitig untergebracht wird, wenn das Umfeld gefährlich für ihn ist oder er eine Auszeit braucht, um zur Ruhe zu kommen. Dort wird er von niemand gestört. Gewöhnen Sie ihn behutsam an seine Minihöhle, damit er sich darin so richtig wohlfühlt.

- Richten Sie die Box mit kuscheligen Kissen, einem gefüllten Wassernapf und Spielzeug ein.
- Gehen Sie mit dem Welpen nach draußen oder machen Sie einen Spaziergang, damit er sich lösen kann und vielleicht sogar etwas müde ist – dann klappt das Boxentraining besser.
- Füttern Sie ihn dann in der Box und bieten Sie Kauknochen nur dort an. Lassen Sie die Tür dabei immer geöffnet.

INFO

Clickertraining – der sanfte Weg

Mit dem Clicker zu arbeiten, ist eine Trainingsmethode, die auf positiver Verstärkung basiert.

- Zuerst wird der Hund auf das Geräusch des Clickers konditioniert. Er lernt, dass ein »Klick« Futter bedeutet. Der Klick ist positiv belegt.
- Hat der Hund Futter und Klick verknüpft, kann sein Verhalten geformt werden.
- Bietet er ein erwünschtes Verhalten an, folgt zeitgleich ein Klick, dann die Futterbelohnung.
- Entscheidend ist das genaue Timing des Klicks.
- Der Vierbeiner lernt durch Versuch und Irrtum.
- Clickertraining kann zum Einüben einfacher Kommandos angewendet werden, bietet sich aber auch sehr gut für komplexe Aufgabenstellungen und Tricks an.

Ball gegen Leckerchen: Der Welpe lernt mit einem Tauschgeschäft das Hörzeichen »Aus!«.

Grundtraining: Üben Sie mit Ihrem Hund zuerst aus kurzer Distanz. Erst wenn das zuverlässig klappt, vergrößern Sie die Entfernung Schritt für Schritt.

Distanztraining: Entfernen Sie sich einen Meter und geben das Signal. Steht der Hund auf, von vorn beginnen. Klappt das, schrittweise die Distanz vergrößern.

Belohnung: Distanztraining verlangt dem Hund viel Geduld ab. Ist er brav liegen geblieben, bekommt er etwas Leckeres und reichlich Lob.

- Liegt der Welpe in seiner Box, kaut an seinem Knochen oder schläft sogar, können Sie die Tür anfangs anlehnen, bis Sie sie nach mehreren Wiederholungen dann kurz schließen.
- Stört das den Kleinen nicht, bleibt die Tür immer etwas länger geschlossen.
- Jammert der Welpe aus Frust, lassen Sie ihn erst raus, wenn er für einen Moment ruhig ist. Sonst verknüpft er: »Wenn ich jammere, darf ich raus.«
- Haben Sie Geduld. Schon bald wird Ihr Hund sicher selbstverständlich in seine Höhle gehen.

BELLO ALLEIN ZU HAUS

Von ihren Menschen getrennt zu sein, ist für Hunde nicht leicht zu ertragen. Ihr Hund muss lernen, allein zu bleiben, damit er entspannt auf Ihre Rückkehr wartet. Lassen Sie Ihren Welpen nachts nicht allein, das kann ihn traumatisieren.

- Fangen Sie behutsam an, indem Sie für wenige Sekunden den Raum verlassen, die Tür hinter sich schließen und sofort wieder zurückkommen.
- Toleriert er das, können Sie die Dauer weiter ausdehnen und variieren: mal länger, mal kürzer.
- Gelingt das, können Sie kurz aus der Haustür gehen und dann schrittweise die Zeit verlängern, bis Sie eine halbe Stunde und länger wegbleiben.
- Kommen Sie nicht zurück, wenn der Welpe jammert, sondern warten Sie ab, bis er einen kurzen Moment still ist. Er soll nicht verknüpfen, dass Sie auf sein Jammern hin zurückkommen. Ein Babyfon kann dabei sehr nützlich sein.
- Geduld: Das Training braucht Zeit. Gehen Sie vorher mit ihm Gassi, dann ist er müde und hat sich gelöst. Lassen Sie ihn nicht länger allein, als er es von seinem Stubenreinheitstraining her kann.
- Bedauern Sie Ihren Hund nicht vor dem Weggehen, das erschwert es ihm, allein zu bleiben. Aber verabschieden Sie sich mit einem Ritual. So weiß er, dass Sie zu ihm zurückkommen.

»SCHAU HER!«

Wenn Ihr Hund Sie auf Ihr Signal hin anschaut, können Sie ihn besser lenken. Aufmerksamkeitstraining ist einfach und macht Spaß:

- Nehmen Sie ein Leckerchen in die Hand und verstecken Ihre Hand hinter dem Rücken.
- Sagen Sie auffordernd »Schau her!«. Schaut Ihr Hund Sie an, bekommt er auf die Sekunde genau das Leckerchen. Üben Sie oft, damit er schnell verknüpft. Sie können natürlich auch ein anderes Hörzeichen wählen.

»HIER!«

Beginnen Sie von Anfang an, spielerisch das Herankommen zu üben, denn das muss klappen.

- Verknüpfen Sie die Fütterung mit Hörsignalen: Ist der Welpe in freudiger Erwartung auf seine Mahlzeit, rufen Sie »Hier!« und pfeifen mit der Hundepfeife. Bei Ihnen angekommen, bekommt er sofort den Napf und wird gelobt.
- Üben Sie auch draußen, aber zuerst mit wenig Ablenkung (▸ Tipp, Seite 211). Gehen Sie in die Hocke und rufen Sie den Namen Ihres Hundes, um seine Aufmerksamkeit zu gewinnen. Klopfen Sie sich auf Ihren Bauch oder halten Sie Ihre Arme als einladende Geste seitlich nach unten.
- Kommt Ihr Hund, rufen Sie fröhlich »Hier!« und pfeifen den Signalpfiff. Feuern Sie ihn an, damit er sich noch mehr beeilt.
- Halten Sie ihm schon das Leckerchen entgegen, wenn er bei Ihnen ankommt, loben Sie ihn enthusiastisch und zeigen Sie, wie sehr Sie sich freuen.
- In sicherem Gelände können Sie die Übung abwandeln, indem Sie vor ihm wegrennen oder sich hinter einem Baum verstecken und ihn rufen.

Schleppleinentraining. Freilauf ist nur möglich, wenn der Hund das Hier-Signal befolgt. Hapert es damit, kann eine Schleppleine (▸ Seite 216) helfen, ihn beim Training besser zu kontrollieren. Je weiter das Training fortschreitet, desto stärker wird die Leine gekürzt. Lassen Sie sich für die Anwendung von einem Hundetrainer einweisen.

»SITZ!«

Sich auf Signal hinzusetzen, ist eine leichte Übung für Ihren Vierbeiner.

- Nehmen Sie ein Leckerchen so in Ihre Hand, dass Ihr Zeigefinger erhoben ist, und ziehen Sie es direkt vor seiner Nase über seinen Kopf.
- Voraussichtlich wird sich Ihr Hund setzen, um das Leckerchen weiter zu beobachten. Sitzt er richtig (▸ Fotos, Seite 212), sagen Sie »Sitz!«, geben zeitgleich ein Leckerchen und loben ihn.
- Ist die Übungseinheit beendet, geben Sie das Auflösungssignal »Lauf!« (▸ Seite 212).

»PLATZ!«

Ziel ist es, dass sich Ihr Hund auf ein Signal hin legt, später auch auf Distanz (▸ Fotos links).

- Klemmen Sie ein Leckerchen zwischen Daumen und Handfläche. Lassen Sie Ihren Hund daran schnuppern und führen Sie Ihre Hand langsam vor der Hundenase zum Boden. Ihre Handfläche zeigt dabei nach unten.
- Vermutlich wird Ihr Hund sich hinlegen, um dem Leckerchen zu folgen. Liegt Ihr Hund, folgt das Signal »Platz!«, Sie geben ihm währenddessen das Leckerchen und loben ihn. Führen Sie alles ganz ruhig und ohne Hektik aus, damit er nicht zum Aufstehen verleitet wird.
- Legt sich Ihr Hund nicht hin, kann es helfen, das Leckerchen am Boden etwas von ihm wegzuziehen. Alternativ ziehen Sie das Leckerchen unter einem Stuhl oder einer Bank entlang. Da muss der Hund auf den Boden gehen, um zu folgen.
- Beenden Sie die Übung mit »Lauf!«.
- Gelingt das zuverlässig, können Sie »Platz!« auf Distanz üben (▸ Fotos, Seite 222).

Begegnungen auf schmalen Wegen sind stressfrei, wenn die Hunde außen geführt werden.

Der gut erzogene Vierbeiner wartet immer so lange im Auto, bis er das Signal zum Herausspringen bekommt.

»BLEIB!«

Ihr Vierbeiner soll so lange sitzen oder liegen, wie Sie ihm das vorgeben. Beginnen Sie das Training mit dem liegenden Hund, dann ist die Übung für ihn viel einfacher.

- Ihr Hund liegt. Nun sagen Sie das Signal »Bleib!« und halten Ihre Hand mit der Handfläche vor ihn, wie ein Stoppschild.
- Gehen Sie einen Schritt zurück. Bleibt er liegen, gehen Sie wieder zum Hund, geben ihm ein Leckerchen und loben ihn.
- Bleibt er zuverlässig liegen, können Sie langsam die Distanz vergrößern, für jeden Erfolg wird er belohnt und gelobt. Variieren Sie später Richtung und Entfernung und umkreisen Sie ihn, bei fortgeschrittenem Training können Sie in sicherem Gelände auch kurz außer Sichtweite gehen.
- Steht Ihr Hund zwischendurch auf, bringen Sie ihn ruhig und gelassen wieder zur Ausgangsposition und üben erneut mit kürzerer Distanz oder kürzerer Dauer.
- »Lauf!« signalisiert das Ende der Übung.

DER LEINENTRICK

Sie wollen sich nicht von Ihrem Hund ablenken lassen, wenn Sie Freunde treffen und plaudern? Stellen Sie sich auf die Leine, sodass Ihr Hund noch einen Meter Radius hat. So ist er gesichert und stellt keinen Unfug an.

»FUSS!«

Ziel der Übung ist es, dass Ihr Hund manierlich neben Ihnen läuft. Angenommen, er soll auf Ihrer linken Seite laufen:

- Bringen Sie den Vierbeiner auf Ihre linke Seite und halten Sie die Leine in der rechten Hand. Die Leine soll locker durchhängen.
- Nehmen Sie mehrere ganz kleine, weiche Leckerchen in die linke Hand und halten Sie eines vor seine Nase. Er wird der Leckerei folgen, wenn Sie losgehen. Sagen Sie immer dann »Fuß!«, wenn er auf der gewünschten Höhe läuft, geben Sie ihm ein Leckerchen und loben Sie ihn.
- Kurze Trainingseinheiten sind besser, sonst verliert Ihr Hund die Lust am Üben.

IN WALD, FELD UND STADT

Unterwegs auf dem Land oder in der Stadt gibt es viel zu erleben. Gute Manieren und Kinderstube zeigt nur der, der Rücksicht auf andere nimmt.

Hundebegegnung an der Leine. Zwei Menschen begegnen sich mit ihren angeleinten Hunden auf einem Weg. Nicht selten gelingt es nur mit Mühe, die zum Artgenossen ziehenden Hunde zurückzuhalten – und einer fühlt sich dabei meistens bedrängt. Dabei ist die Lösung einfach: Führen Sie Ihren Hund auf der vom Artgenossen abgewandten Seite. Zieht er rüber, schieben Sie energisch Ihr Knie vor ihn und machen deutlich, dass Sie die Situation kontrollieren. Sie sind das Schutzschild, Ihr Hund kann entspannt vorbeigehen.

Hundebegegnung ohne Leine. Lassen Sie Ihren Hund nicht einfach zu Artgenossen hinrennen. Leinen Sie ihn an und klären Sie ab, ob ein Kontakt erwünscht ist. Und wenn das nicht der Fall ist? Akzeptieren Sie es und gehen Sie weiter.

Jogger, Radfahrer und Co. Sie können dazu beitragen, das Image der Hunde und ihrer Halter zu verbessern. Treffen Sie unterwegs Jogger und Co., rufen Sie Ihren Hund heran und lassen ihn absitzen oder leinen Sie ihn an. Lassen Sie Ihren Vierbeiner auch nicht zu Spaziergängern laufen und erlauben Sie schon gar nicht, diese anzuspringen.

Begegnung der dritten Art. Selbstverständlich lassen Sie es nicht zu, dass Ihr Hund auf Viehweiden läuft und/oder andere Tiere belästigt. Und im Wald hat er nichts im Unterholz zu suchen, wo er Wild aufscheuchen kann. Er bleibt bei Ihnen auf dem Weg, wo Sie ihn unter Kontrolle haben.

Straßentauglich. Üben Sie mit Ihrem Hund, mit Ihnen am Bordstein zu warten und erst auf Ihr Signal hin die Straße zu überqueren.

Hinterlassenschaften. Kotbeutel sind immer griffbereit. Natürlich erlauben Sie Ihrem Hund nicht, die Ware vor einem Laden zu markieren.

CHECKLISTE

Hund im Auto

Mit Auto sind Sie mobil – und dadurch auch Ihr Hund. Wenn Sie einige Punkte beachten, haben Sie beide Spaß am Fahren.

- ○ Ist Ihr Hund gut gesichert? Das ist sogar gesetzlich vorgeschrieben und dient dem Schutz aller Insassen.
- ○ Sind Pausen auf langen Fahrten geplant?
- ○ Ist das Auto sicher geparkt? In der Sonne droht ein gefährlicher Hitzschlag. Ein Spaltbreit geöffnetes Fenster hilft nicht.
- ○ Kann der Hund im Auto trinken?
- ○ Gibt es während der Fahrt keine Zugluft durch offene Fenster oder Klimaanlage?

IM AUTO

Gewöhnen Sie Ihren Hund durch kurze, entspannte Fahrten an das Auto. Hat er am Ziel Spaß, fährt er bald gerne mit Ihnen mit (▸ Seite 269).

Ist er im Auto nicht gesichert, kann er den Fahrer ablenken und wird bei einem Unfall nach vorne katapultiert – das ist lebensgefährlich für Mensch und Hund. Zur Sicherung bieten sich eine auf dem Rücksitz oder im Heck gut befestigte Transportbox, ein Hundesicherheitsgurt mit TÜV- und GS-Siegel oder für den Hund im Heck ein fest mit der Karosserie verbundenes Schutzgitter an.

Ausgestiegen wird nicht ohne Aufforderung, Sie müssen sich ja erst vergewissern, dass die Umgebung sicher ist. Mit »Bleib!« wartet ein großer Hund so lange, bis er das Signal zum Rausspringen bekommt, ein kleiner wird zur Schonung seines Rückens und seiner Gelenke herausgehoben.

Praxisguide

Gute Hundeschulen

Wählen Sie die Hundeschule oder den Hundetrainer sorfältig aus, denn er muss zu Ihnen und Ihrem Vierbeiner passen.

Natürlich sollte der Trainer vielseitig qualifiziert sein. Fragen Sie nach seiner Ausbildung, welche Workshops und Seminare er besucht und bei welchen Kollegen er hospitiert hat.

Sympathie. Gefällt es Ihnen, wie der Trainer mit Ihnen und Ihrem Hund umgeht? Beides ist wichtig. Denn sowohl Ihr Hund als auch Sie müssen sich wohlfühlen. Haben Sie keinen »Draht« zum Trainer, können Sie auch nicht umsetzen, was er Ihnen empfiehlt.

Ziele. Will der Trainer viel über Sie und Ihren Hund wissen? Nur so kann er Sie beide einschätzen und realistische Ziele setzen.

Verständlich. Erklärt der Trainer seine Arbeitsweise nachvollziehbar? Kann er begründen, was er macht? Neben der praktischen Arbeit muss er auch Theorie vermitteln. Sie müssen die Informationen verstehen, die Sie erhalten.

Spielen im Bällchenbad macht Spaß, bietet zusätzliche Umweltreize und fördert die Motorik.

Offen. Ein guter Trainer macht keine Schuldzuweisungen, sondern erklärt sachlich, wo das Problem liegt. Sie haben den Eindruck, dass er Sie und Ihr Anliegen ernst nimmt und sich Ihrer einfühlsam annimmt. Er vermittelt Ihnen Zuversicht, sagt Ihnen aber auch, woran Sie arbeiten müssen. Und das Training macht Spaß!

Ortsunabhängig. Der Trainer ist nicht abhängig von einem Hundeplatz, sondern arbeitet auch im freien Feld, in der Stadt, in einem Tierpark und wenn nötig im Zuhause des Hundes.

Gibt es eine Trainingsmethode, die für jeden Hund richtig ist?

Nein! Viele Hundeschulen werben mit speziellen Methoden. Ein eingetragenes Warenzeichen, Copyright, eine wohlklingende Trainingsphilosophie oder hohe Medienpräsenz garantieren keine auf den Hund abgestimmte Ausbildung, schließen das aber auch nicht aus.

Individuell. Entscheidend für den Erfolg in jeder Hundeschule ist immer, dass der Trainer einen Trainingsplan erstellt, der individuell auf den Hund und seinen Zweibeiner zugeschnitten ist – ob im Gruppen- oder Einzeltraining. Rassespezifische Eigenschaften des Vierbeiners fließen darin genauso ein wie die Persönlichkeiten von Mensch und Hund und die Rahmenbedingungen ihres Alltags.

Flexibel. Das Training kommt nicht so voran wie gedacht? Ein guter Trainer überprüft die Trainingserfolge. Und er hat kein Problem damit, einen anderen Weg einzuschlagen.

Mit der Hundeschule wird überall dort geübt, wo es sich anbietet: auf dem Hundeplatz, im Park oder in der Stadt.

Worauf sollte noch geachtet werden?

Überzeugend. Schauen Sie sich das Training unverbindlich an und buchen Sie eine Probestunde. Fühlen Sie sich dort gut aufgehoben?
Überschaubar. An Gruppenkursen sollten nicht mehr als sechs Hunde pro qualifiziertem Trainer teilnehmen. Nur so ist gewährleistet, dass das Geschehen sicher beaufsichtigt werden kann.
Kontrolliert. Der Trainer lässt heftiges Spiel zu, solange es allen Beteiligten Spaß macht. Er greift aber frühzeitig ein, wenn ein Hund schikaniert oder zum »Spielball« eines stärkeren wird.
Angemessen. Er leitet Sie an, Ihren Hund hundgerecht in die Schranken zu weisen. Er setzt aber keine körperliche Züchtigung oder Starkzwangmittel wie Würge- oder Stachelhalsband oder Stromreizgerät (▸ Telereizgerät, Seite 276) ein.
Welpengruppe. Im Vordergrund stehen das Spiel mit Gleichaltrigen, Bindungsübungen und das Kennenlernen von Umweltreizen mit der Bezugsperson. Junghunde (16 Wochen und älter) sollten in einer eigenen Gruppe sein.

Was disqualifiziert einen Hundetrainer?

Ihr Bauchgefühl. Vertrauen Sie Ihrer Intuition. Haben Sie ein ungutes Gefühl beim Training, sollten Sie das ansprechen. Ändert sich danach nichts, ist es besser, den Trainer zu wechseln.
Floskeln. Sätze wie »Das treiben wir dem schon aus«, »Das haben wir schon immer so gemacht« oder »Das müssen die Hunde unter sich ausmachen«, während einer untergebuttert wird, lassen berechtigte Zweifel an der Kompetenz des Trainers aufkommen.

Wenn es Probleme gibt

Der einst süße Welpe wird zum Wadenzwicker oder stadtbekannten Raufer, gibt Heulkonzerte oder macht sich über Nachbars Hühner her. Es gibt unterschiedliche Probleme – und unterschiedliche Lösungsansätze.

Viele Faktoren können dazu beitragen, dass ein Verhalten zum Problem (▸ Info, Seite 231) wird. Schuldzuweisungen bringen niemand weiter, doch eine sachliche Problemanalyse kann helfen, der Ursache auf den Grund zu gehen.
Wichtiger als das »Warum?« sind das »Wie?«, das »Wann?« und das »Was?«. Wie zeigt sich das Problemverhalten? Wann zeigt der Hund es? Was will der Halter erreichen? Was ist zu tun, damit das Problemverhalten nicht mehr oder nur noch vermindert auftritt? Holen Sie sich einen guten Hundetrainer zur Unterstützung an Ihre Seite und gehen Sie das Problem an: fachlich fundiert, einfühlsam und pragmatisch. Bei Problemen gibt es noch weniger als bei der Erziehung schubladengerechte 08/15-Rezepte. Genauso individuell wie Ihr Hund, Sie und Ihre Lebensumstände sind, so individuell ist die Problemlösung.

Problemverhalten als Team meistern

Wer sich den passenden Hund ausgesucht hat, ihn souverän führt, angemessen beschäftigt, richtig ernährt und fürsorglich pflegt, läuft seltener Gefahr, dass es zu Problemen kommt. Doch sich ändernde Lebensumstände oder andere Gründe können dazu führen, dass der Hund ein Verhalten zeigt, das für seine Menschen belastend ist. Und auch der Vierbeiner leidet, weil er Dauerstress hat und spürt, dass die Zuneigung seiner Menschen nicht mehr vorbehaltlos ist.

SIE KÖNNEN ETWAS VERÄNDERN

Was auch immer die Ursache des Problemverhaltens ist – Ihr Hund reagiert auf Ihr Verhalten und die Lebensumstände. Und nur Sie können daran etwas verändern: Ist er aufmüpfig, müssen Sie mehr Grenzen setzen. Ist er unausgelastet, müssen Sie mehr typgerechte Beschäftigung bieten. Ist er unsicher, müssen Sie ihm mehr Geborgenheit geben. Ist das Verhalten die Folge einer Erkrankung, müssen Sie Sorge für die tierärztliche Behandlung tragen.

Es liegt in Ihrer Hand. Manchmal kann schon eine kleine Veränderung das Geschehen zum Positiven verändern, manchmal braucht es Zeit, bis sich erste Erfolge zeigen.

AN DER AUFGABE WACHSEN

Sehen Sie ein Problem nicht als Last, sondern als Möglichkeit. Gemeinsam diese Aufgabe zu bewältigen, schweißt Sie enger zusammen. Die Hunde, die den Halter am meisten Zeit, Mühe und vielleicht auch Sorge gekostet haben, wachsen ihm oft besonders eng ans Herz. Ein guter Hundetrainer wird Ihnen zeigen, wie Sie das meistern können.

Jagdhunde haben eine gute Nase. Es ist oft eine Herausforderung, dass sie nicht jeder Fährte nachgehen.

INFO

Reflektieren Sie die Beziehung zu Ihrem Hund und Ihr Verhalten

Kleinigkeiten im Alltag können zur Belastungsprobe für die Beziehung werden. Prüfen Sie, ob es Punkte gibt, die verbessert werden können.

- Bestätigen Sie vielleicht unbeabsichtigt unerwünschtes Verhalten, indem Sie zum Beispiel darüber lachen, dass Ihr Hundezwerg zum Berserker wird, wenn der Postbote kommt?
- Überlassen Sie es eventuell Ihrem Hund, unangenehme Situationen zu regeln, etwa wenn er von Artgenossen massiv bedrängt wird?
- Üben Sie vielleicht zu viel Nachsicht und setzen dadurch die Ausführung von Kommandos nicht konsequent durch, zum Beispiel weil Sie Mitleid mit Ihrem Hund aus dem Tierheim haben?

Lösungsansätze bei Problemen

Treten Probleme auf, ist es höchste Zeit, die Grunderziehung aufzufrischen und konsequenter auf die Einhaltung von Regeln zu achten. Sinnvoll sind auch ein Beziehungs- und ein Alltags-Check, um festzustellen, wo es nicht rund läuft.

Individuell. Welcher Lösungsansatz sich bei einem Problem anbietet, hängt vom Einzelfall ab. Dies muss immer in Kenntnis der Akteure und Umstände bewertet werden. Einschätzung und individuelles Verhaltenstraining gelingen am besten mit einem guten Hundetrainer. Nachfolgend wird beispielhaft eine Auswahl von Lösungsansätzen bei verschiedenen Problemen vorgestellt.

Ignorieren als Lösung? Den Hund bei unerwünschtem Verhalten zu ignorieren, ist selten erfolgreich. Besser ist meist ein punktgenaues Abbruchsignal. Bringt sich der Hund mit seinem Verhalten in Gefahr, darf das genauso wenig ignoriert werden wie Aggression oder die Belästigung von Zwei- und Vierbeinern. Ignorieren kann auch als stillschweigende Erlaubnis gewertet werden, zum Beispiel wenn der Hund vor Ihren Augen etwas stibitzt – wollen Sie das? Ob das Einfordern von Aufmerksamkeit ignoriert werden sollte, hängt davon ab, ob es Sie stört – anhaltendes Quengeln kann nervenaufreibend sein. Längeres Ignorieren als Strafmaßnahme ist absolut nicht hundgerecht und schadet Ihrer Beziehung mehr, als es dem Hund Einsicht vermittelt. Er versteht es nicht und verliert an Vertrauen zu Ihnen.

Unerwünschtes Verhalten zu ignorieren, ist wie ein stillschweigendes Einverständnis. Wer das Ziehen an der Leine toleriert, muss sich nicht wundern, wenn es weitere Probleme gibt. Wer führt durchs Leben?

DER HUND BLEIBT NICHT ALLEIN

Der Hund bellt oder heult, zerlegt oder zerkratzt Möbel, Teppiche, Türen etc., er hat großen Stress.
Mögliche Ursachen. Der Hund hat nicht gelernt, allein zu bleiben. Trennungsangst ist häufig eine Folge unsicherer oder chaotischer Bindung, zum Beispiel durch traumatische Vorerfahrungen wie Besitzerwechsel oder für den Hund nicht einschätzbares Verhalten seines Halters.
Lösungsansätze. Die Beziehung zum Hund sollte stabilisiert werden, damit er Vertrauen gewinnt.

- Alleinbleiben wird neu aufgebaut (▸ Seite 222). Dabei wird ein Trennungsritual eingeführt, das die Situation für den Hund einschätzbar macht.
- Manche Hunde sind entspannter in der Gesellschaft eines souveränen Artgenossen.
- Schwere Trennungsangst mit Panikattacken, die durch Zittern, Hecheln und Speicheln begleitet ist, macht eventuell die Gabe von Medikamenten (unter Aufsicht eines Fachtierarztes) erforderlich. Dies verringert den Stresslevel, damit der Hund offen für die Verhaltenstherapie ist.

DER HUND KLÄFFT STÄNDIG

Der Halter kann für das häufige oder lang anhaltende Bellen keinen Anlass erkennen.
Mögliche Ursachen. Der Hund gehört zu einer bellfreudigen Rasse, wird durch Artgenossen animiert, unbewusst dabei bestätigt, er bellt aus Langeweile oder will Aufmerksamkeit.
Lösungsansätze. Bellen ist normales Verhalten, es kann aber auch zur Stereotypie werden. Ziel ist nicht die komplette Abgewöhnung, sondern das Bellen in einem maßvollen Rahmen.

- Bellen darf nicht bestätigt werden durch schimpfen (mitbellen), lachen oder sogar Lob.
- Etablierung eines Abbruchsignals (▸ Seite 220), dem Hund wird beigebracht, auf Kommando zu bellen und auf Kommando damit aufzuhören.
- Angebot für alternatives Verhalten, das bestätigt werden kann.
- Wasserspritzer (▸ Info, Seite 235) während des Bellens können den Hund erschrecken, ihn aufmerksam machen und für ein Folgekommando oder Alternativverhalten zugänglich machen.

INFO

Mögliche Ursachen für Problemverhalten:

- Krankheiten und/oder Schmerzen (▸ Seite 170)
- Rassetypisches Verhalten wurde unterschätzt
- Mangelhafte Sozialisation
- Kontakt zu Artgenossen reicht nicht aus
- Keine souveräne Führung – der Hund agiert, nicht der Mensch
- Beschäftigung passt nicht zum Hund
- Die ersten Anzeichen von Problemverhalten wurden ignoriert, zu nachsichtige Erziehung
- Nicht hundgerechte Kommunikation
- Vermenschlichung ohne Rücksicht auf die Bedürfnisse des Hundes
- Falsche, zu späte oder zu heftige Disziplinierung
- Veränderte Lebensbedingungen, wie ein neuer Hund, ein Umzug, weniger Zeit für den Hund

DER HUND IST NICHT STUBENREIN

Der Hund ist nicht stubenrein, er lässt bei der Begrüßung Urin laufen oder »tröpfelt«.
Mögliche Ursachen. Zuerst sollte tierärztlich geklärt werden, ob eine Erkrankung oder Hormonstörung vorliegt. Bei der Begrüßung ist der Hund vielleicht unsicher oder extrem unterwürfig.
Lösungsansätze. Stubenreinheit (▸ Seite 219) erneut trainieren. Die Begrüßung sollte freundlich, aber nicht enthusiastisch sein. Bedrohliche Gesten (▸ Seite 207) und lautes Reden vermeiden.

Interview

Rund um Probleme

Probleme belasten Hund und Halter. Doch wie entsteht ein Problem? Und wann ist es besser, professionelle Hilfe in Anspruch zu nehmen? Die Hundetrainerin Susanne Blank gibt Antworten auf häufige Fragen.

SUSANNE BLANK

Vierbeiner fit für das Leben in der Familie zu machen und Hund und Mensch beim Aufbau einer vertrauensvollen Beziehung zu helfen, liegen der Hundetrainerin Susanne Blank besonders am Herzen. Das dazu Nötige vermittelt sie im Einzeltraining und in Gruppenkursen. Nach umfassender Qualifikation gründete sie 2005 die Hundeschule Sulzbach im Taunus, wo sie auch mit ihren drei Hunden lebt. Ihr Wissen gibt sie zudem in Vorträgen, Fachbüchern und Artikeln in Fachzeitschriften weiter.

Was sind die häufigsten Gründe für problematisches Verhalten?

SUSANNE BLANK: Passt die Rasse nicht zu den Lebensbedingungen oder dem Halter, sind Probleme vorprogrammiert. Oft spielen dem Halter auch seine Emotionen einen Streich, und er vermenschlicht den Hund. Probleme gibt es vor allem, wenn der rote Faden in der Erziehung, ein Verhaltensrahmen und die Erziehungsbasics fehlen.

Wann treten Probleme meistens auf?

SUSANNE BLANK: In den Entwicklungsschüben der ersten zwei Lebensjahre, vor allem ab der Pubertät. Schwierig kann es auch werden, wenn sich ein Tierschutzhund eingewöhnt hat, meist nach 4 bis 6 Monaten. Viele Halter sind überfordert, wenn das genetische Erbe wie jagdliches oder territoriales Verhalten zutage tritt, das so gar nicht in den Alltag passt, oder ihr Hund die mentale Reife erlangt und ernsthaft wird.

Wie kann Problemen vorgebeugt werden?

SUSANNE BLANK: Durch körperliche und geistige Auslastung, genug Hundekontakte und die Möglichkeit zum sozialen Lernen. Der Hund sollte nicht nur kritisiert werden, sondern die Chance zur Entwicklung haben, Erfahrungen und auch Fehler machen dürfen. Die Beziehung muss auf der Basis von Respekt und Vertrauen aufbauen.

Gesteigertes Aggressionsverhalten sollte immer mit Hilfe eines Hundetrainers behandelt werden. Ist der Hund übermäßig ängstlich, sind viele Halter überfordert und brauchen Unterstützung.

Welche ersten Anzeichen deuten auf ein mögliches Problem hin?

SUSANNE BLANK: Wenn der Halter in bestimmten Situationen ein schlechtes Bauchgefühl hat und er sich damit nicht mehr wohlfühlt; wenn er glaubt, einer Situation nicht gewachsen zu sein und keinen Einfluss mehr nehmen zu können; wenn seine Versuche, etwas zu ändern, nichts bewirken oder die Situation sogar verschlimmern. Und wenn der Halter sich nicht sicher ist, das Verhalten seines Hundes richtig einschätzen und bewerten zu können.

In welchen Fällen ist die Unterstützung eines Hundetrainers sinnvoll?

SUSANNE BLANK: Der Halter sollte sich spätestens dann Hilfe holen, wenn er mit dem Verhalten des Hundes überfordert ist, immer bei Aggression. Sinnvoll ist die Hilfe eines Trainers dann, wenn der Halter erstmals einen Hund bei sich aufnimmt oder beim neuen Hund bereits Problematiken wie Jagen, Futterverteidigung, Trennungsangst o. Ä. bekannt sind. Mit dem Trainer kann auch Problemen vorgebeugt werden, wenn zum Beispiel Nachwuchs ansteht oder ein zweiter Hund dazukommen soll.

Was kann ein Hundetrainer leisten?

SUSANNE BLANK: Er ist Ansprechpartner für alle Fragen und arbeitet mit dem Halter in allen den Alltag betreffenden Bereichen. Er erklärt Verhalten, Stärken und Schwächen des Hundes und gibt Feedback zur Körpersprache des Halters – er »übersetzt« in beide Richtungen. Oft gibt es mehrere Erklärungen und Lösungsansätze. Der Trainer kann Wege zeigen; ob der Halter dem folgt, entscheidet er immer selbst.

DER HUND ZIEHT AN DER LEINE

Mit Hund an der Leine wird der Spaziergang zum anstrengenden und nervenden Tauziehen.

Mögliche Ursachen. Die Leinenführigkeit wurde nicht ausreichend geübt, der Hund ist nicht ausgelastet, er hat keinen Respekt vor seinem Halter – Probleme mit der Leinenführigkeit deuten oft auf ein grundlegendes Beziehungsproblem hin.

Lösungsansätze. Mehr Bewegung und Kopfarbeit bieten, damit sich nicht so viel Energie aufstaut.

- Leinenführigkeit neu einüben (▸ Seite 224).
- Stehen bleiben, wenn der Hund an der Leine zieht, und erst bei lockerer Leine weitergehen.
- Durch häufige Richtungswechsel an der kurzen Leine oder Schleppleine üben, dass der Hund sich mehr an seinem Halter orientiert.
- Mit dem Kopfhalfter (▸ Info, Seite 235) trainieren, um den Vierbeiner besser unter Kontrolle zu halten und seine Aufmerksamkeit auf den Halter zu lenken.

Abbruchsignale als Hörzeichen, mit der Rappeldose oder Wasserpistole müssen in flagranti erfolgen.

DER HUND SPRINGT MENSCHEN AN

Anspringen darf nicht toleriert werden: Der Angesprungene kann sich bedroht fühlen, verletzt werden oder stürzen.

Mögliche Ursachen. Oft ist es einfach Ausdruck der Freude. Häufig wurde das Anspringen auch durch freudige Reaktion oder Leckerchen bestätigt. Manche Hunde fordern damit Leckerchen oder Zuwendung ein, andere zeigen es zur Bewegungseinschränkung (▸ Seite 29).

Lösungsansätze. Oft hilft es, dem Hund ein alternatives Verhalten vorzugeben, etwa »Sitz!«.

- Ein Abbruchsignal einüben.
- Forsch auf den Hund zugehen, um ihn im Ansatz am Anspringen zu hindern.
- Rückruftraining mit Schleppleine üben.

DER HUND JAGT

Der Hund folgt jeder Fährte, jagt Wild oder verfolgt Jogger, Radfahrer und Co.

Mögliche Ursachen. Jagen ist natürliches und mehr oder weniger veranlagtes Verhalten. Schon das Verfolgen macht Spaß und ist selbstbelohnend. Jede Jagderfahrung, ob von erfolgreichem Abschluss gekrönt oder nicht, steigert die Jagdleidenschaft. Unausgelastete und/oder autarke Hunde neigen eher dazu, sich selbstständig zu machen. Mangelhaftes Rückruftraining trägt dazu bei.

Lösungsansätze. Jagdleidenschaft kann nicht abgewöhnt, sie muss gemanagt werden. Bei Jagdhunden ist das sehr schwierig, und kontrollierter Freilauf gelingt nicht immer.

- Mehr gemeinsame Beschäftigung draußen bieten, vor allem anspruchsvolle Kopfarbeit.
- Den Hund nur an der Schleppleine führen und Distanzkommandos (▸ Fotos, Seite 222), den Rückruf mit Pfeife und ein Abbruchsignal üben.
- Sorgsam darauf achten, dass der Hund keine weitere Jagderfahrung macht.

AGGRESSIVES VERHALTEN

Aggressives Verhalten gegen Mensch oder Hund, das nicht angemessen und situationsgerecht ist.

Mögliche Ursachen. Aggression kann viele Gründe haben. Häufig spielen dabei Ressourcen wie Futter, Spielzeug oder die Nähe zum Menschen eine Rolle, oder dem Hund wurden keine Grenzen gesetzt. Oft ist Aggression Ausdruck der Unsicherheit, der Hund sieht sie als vorbeugende Maßnahme oder letzten Ausweg. Hunde können wegen Überforderung oder Stress aggressiv reagieren, zum Beispiel wenn sie nicht genug Rückhalt von ihren Menschen bekommen. Auch Unterforderung kann zu Aggression führen, genauso wie Mängel bei der Sozialisation oder Erziehung. Manche Hunde zeigen auch durch Veranlagung ein gesteigertes Aggressionspotenzial.

Lösungsansätze. Bei Aggressionsverhalten stets einen spezialisierten Hundetrainer hinzuziehen. Geht vom Hund eine Gefahr aus, ist das Tragen eines Maulkorbs sinnvoll.

ANGST UND FURCHT

Angst ist unbestimmt, Furcht objektbezogen, zum Beispiel Furcht vor Menschen, Artgenossen, Gegenständen oder Geräuschen.

Mögliche Ursachen. Nicht ausreichende oder fehlende Sozialisation ist sicher der häufigste Grund. Unsicherheit, Angst und Furcht können auch durch traumatische Erlebnisse entstehen. Oft wird es durch Trösten bestätigt und verstärkt.

Lösungsansätze. Den Hund nicht bedauern, sondern Gelassenheit und Zuversicht ausstrahlen und versuchen, ihn aufmunternd abzulenken.

- Bei ängstlichen Hunden ist es wichtig, die Persönlichkeit aufzubauen und zu stabilisieren.
- Langsame Heranführung (Desensibilisierung) an den Furchtauslöser kann helfen, der Hund darf dabei aber nicht unter Druck gesetzt werden.

INFO

Erziehungshilfsmittel für die Sicherheit und die Verhaltenskorrektur

Hilfsmittel sind nicht als bequeme Lösung bei Verhaltensproblemen gedacht. Sachkundig eingesetzt, unterstützen sie das Training. Anfänger sollten sich von einem Hundetrainer anleiten lassen.

- **Hausleine:** Bis zu 2 m lange Leine, die im Haus getragen wird, damit der Hund kontrollierbar ist. Gut geeignet bei unsicheren Hunden und für die Grunderziehung, damit der Hund nicht lernt, sich dem Menschen zu entziehen.
- **Kopfhalfter (Halti):** Hilft bei an der Leine ziehenden oder pöbelnden Hunden, die Aufmerksamkeit auf den Menschen zu lenken. Unbedingt von einem Trainer anleiten lassen!
- **Wasserstrahl:** Ein Spritzer aus der Wasserpistole oder Trinkflasche zur Verhaltensunterbrechung, damit der Hund wieder aufnahmebereit für Anweisungen ist. Zielen Sie nicht ins Gesicht, sondern auf Ohren oder Hals. Korrektes Timing ist entscheidend für den Erfolg.
- **Rappeldose, Schelle (Disc):** Dient der Verhaltensunterbrechung über ein Klappergeräusch. Nicht für alle Hunde geeignet. Die Konditionierung sollte unbedingt ein erfahrener Hundetrainer durchführen. Vorsicht in der Öffentlichkeit, damit andere Hunde nicht beeinträchtigt werden.
- **Maulkorb:** Besteht durch Aggressionsverhalten eine Gefahr für Menschen, Hunde oder andere Tiere, dient der Maulkorb der Sicherheit und hilft dem Hundeführer, gelassener zu sein. Nur einen Maulkorb mit Gitter verwenden, damit der Hund damit hecheln und trinken kann. Zur Gewöhnung wird der Hund durch den Maulkorb gefüttert, bis er Anlegen und Tragen toleriert.

? *Fragen und Antworten*

Erziehung & Probleme

Fördern Leckerchen die Bindung?

Leckerchen können Vierbeiner zur Mitarbeit motivieren und eine Bestätigung für besondere Leistungen sein. Mit Leckerchen können Sie aber keine Bindung zu Ihrem Hund aufbauen. Folgt Ihr Hund Ihnen nur wegen der Snacks in Ihrer Tasche, wird er sich vom Acker machen, sobald er etwas Schmackhafteres aufgetan hat. Die Bindung mit Ihrem Hund müssen Sie durch vertrauensbildende Maßnahmen erarbeiten, wie Nähe, Spielen und positive Erfahrungen.

Zuverlässiges Herankommen auf Ruf wird am besten mit der Schleppleine eingeübt.

Mein Terrier wurde auf die Schelle konditioniert, die anfangs gute Wirkung gezeigt hat. Warum reagiert er jetzt nicht mehr darauf?

Schelle, Rappeldose, Wasserspritzer und andere Hilfsmittel zur Verhaltensunterbrechung führen zur Gewöhnung, wenn sie zu oft verwendet werden. Am besten wirken sie, wenn sie selten, aber sehr eindrucksvoll eingesetzt werden. Hilfsmittel können dem Halter eine falsche Sicherheit vermitteln, deren Anwendung sollte niemals auf den Dauereinsatz angelegt sein. Sie sollen das Verhaltenstraining unterstützen und dem Halter helfen, den Hund zu kontrollieren. Ziel des Trainings mit Hilfsmitteln ist es immer, den Hund auch ohne sie sicher führen zu können.

Unser Hund windet sich oft aus dem Halsband heraus. Gibt es da einen Tipp?

Verwenden Sie Halsband und Geschirr und befestigen Sie die Leine an beidem, zum Beispiel mit einem Koppelstück mit zwei Karabinern. So kann sich der Hund nicht herauswinden.

Wenn ich meinen Hund draußen rufe, schaut er sich zuerst immer um. Ist das normal?

Ihr Hund hat verknüpft, dass es immer einen Anlass gibt, wenn Sie ihn rufen – und den sucht er. Rufen Sie ihn gelegentlich auch ohne Grund heran, loben Sie ihn und lassen Sie ihn dann weiter ohne Leine laufen.

Wie funktioniert Schleppleinentraining?

Der Hund ist unter Kontrolle. Folgt er etwa beim Rückruftraining Ihrem Signal nicht, können Sie durch einen ganz leichten Ruck an der Leine seine Aufmerksamkeit bekommen. Er lernt, dass er Sie nicht ignorieren kann. Nehmen Sie öfter Richtungswechsel vor, wird er sich besser an Ihnen orientieren. Lassen Sie sich das Training von einem Hundetrainer zeigen. Wichtig ist das Tragen eines Geschirrs.

Warum ist mein Boxer auf dem Trainingsplatz ein richtiger Streber, gehorcht mir aber nicht auf den Spaziergängen?

Ihr Hund hat vermutlich die Kommandos mit dem Hundeplatz verküpft. Das kann vorkommen, und daher ist es so wichtig, sie an verschiedenen Orten zu üben, damit sie generalisiert werden. Möglich ist auch, dass die Anwesenheit des Hundetrainers Ihnen Sicherheit gibt und Sie dadurch überzeugender wirken oder es mehr Ablenkung auf den Spaziergängen gibt.

Was können wir tun, wenn unser Papillon beim Spaziergang an der Leine von anderen Hunden bedrängt wird?

Halten Sie die Leine kurz und den Hund hinter sich. Sie stehen davor und beschützen ihn. Drücken Sie Ihre Entschlossenheit mit Ihrer Körpersprache aus: Stellen Sie sich aufrecht hin und schicken Sie den anderen Hund weg. Nehmen Sie den Kleinen nur auf den Arm, wenn es nicht anders geht. Aber möglichst nicht dann, wenn er zuerst gestänkert hat.

Wir bekommen einen zweiten Hund. Worauf muss ich bei der Erziehung achten?

Sie müssen erreichen, dass Ihr neuer Hund sich an Ihnen orientiert, nicht am anderen Hund. Beschäftigen Sie sich oft allein mit ihm, um eine Bindung aufzubauen, und üben Sie Kommandos einzeln und zusammen mit beiden Hunden. Setzen Sie dem neuen Hund Grenzen, wenn er den anderen zu sehr bedrängt. Achten Sie darauf, Ihren ersten Hund nicht zu vernachlässigen.

Unser Husky raubt uns den letzten Nerv. Wir haben fünf Trainer ausprobiert, nichts hat geholfen. Was können wir noch tun?

Wenden Sie sich an einen Trainer, der mit dieser Rasse Erfahrung hat. Hilft das nicht, sollten Sie überlegen, ob Ihr Husky und Sie wirklich zusammenpassen. So schwer die Einsicht ist, manchmal ist eine Trennung die beste Entscheidung für alle, und man sucht Menschen, die dem Hund das bieten können, was er braucht.

6

SPIEL & SPASS FÜR HUNDE

Gemeinsam etwas zu erleben, sich auszupowern, hoch konzentriert zu arbeiten und den Erfolg miteinander zu teilen – diese zusammen intensiv genutzte Zeit ist sehr wertvoll für die Beziehung von Zwei- und Vierbeinern. Ob rasanter Sport, anspruchsvolle Sucharbeit, verblüffende Tricks oder lustige, kleine Spiele – gemeinsame Hobbys zu entdecken und ihnen mit Leidenschaft nachzugehen, macht einfach Spaß. Und wer Rücksicht auf die Veranlagung und Leistungsfähigkeit seines tierischen Freundes nimmt, trägt auch zu seiner Gesunderhaltung bei und steigert seine Lebensqualität.

Spielen tut gut

Wer ausgelassen spielt und dabei die Welt um sich herum vergisst, der hat keine Sorgen, sondern einfach Spaß. Spielen ist für Hunde wichtig – sowohl mit Artgenossen als auch mit ihren Menschen.

Geben Sie Ihrem Hund Gelegenheit zu spielen, jeden Tag. Nutzen Sie Spaziergänge und andere Möglichkeiten, um passende Spielpartner für ihn zu finden. Und vor allem: Spielen Sie selbst mit Ihrem Vierbeiner. Nehmen Sie sich Auszeiten vom Alltag, machen Sie Ihrem Hund Spielangebote und genießen Sie es, mit ihm herumzualbern. Ignorieren Sie es nicht immer, wenn er Sie mit einer »Verbeugung«, keckem Grinsen oder einem verlockend präsentierten Spielzeug zu einer Spielrunde einlädt. Klar, Sie haben nicht immer die Zeit dazu und sollten Ihrem Hund auch nicht stets zur Verfügung stehen, wenn er Entertainment wünscht. Doch wenn Sie niemals auf seine Offerten eingehen, werden diese bald ausbleiben. Und das ist nicht nur eine Enttäuschung für Ihren Hund – Ihnen beiden entgeht jede Menge Spaß. Worauf warten Sie noch? Zeit zu spielen!

Spielen – Spaß mit vielen Extras

Spielen findet um des Spielens willen statt und dient keinem höheren Zweck. Trotzdem hat das Spiel auch einen großen Nutzen, von dem schon die Hundekinder profitieren.

SPIELEN MACHT FIT

Miteinander zu spielen macht junge Hunde in allen Bereichen fit: Es fördert Motorik, Muskelaufbau und Körpergefühl. Die meisten Welpen beginnen bereits in der dritten Lebenswoche, erstes Spielverhalten zu zeigen. Auf tapsigen Pfoten wird zahnlos in das nächstbeste Geschwisterchen gebissen, das dem kleinen Halunken in die Quere kommt. Steigt mit zunehmendem Alter die Körperbeherrschung, wird gerauft, verfolgt und erkundet, welche Spielobjekte die Umgebung bietet.

UNTERSCHIEDLICHE SPIELVORLIEBEN

Bereits Welpen zeigen Spielpräferenzen, die dem veranlagten Verhalten entsprechen und oft einen großen Teil des Spiels einnehmen: Stämmige Typen wie Boxer und Labrador spielen eher rau und körperbetont und verteilen dabei gern Bodychecks, taffe Jagdhunde wie Terrier und Dackel buddeln mit Leidenschaft und schütteln begeistert Geschwister oder Spielobjekte (»Totschütteln« der Beute), Hütehunde zeigen oft vermehrt Anpirschen und Fixieren, und Windhunde veranstalten gern Rennspiele. Dies gilt auch für Mischlinge entsprechend der beteiligten Rassen. Spielvorlieben behalten meist auch erwachsene Hunde bei. Lernen sie schon jung unterschiedliche Spielarten kennen, können sie später besser damit umgehen. Der beste Ort dafür ist die Welpengruppe mit anderen Rassen und Mischlingen.

Rollentausch gehört zum Spiel dazu, und die Welpen lernen dabei, sich auch einmal zurückzunehmen.

INFO

Echtes Spiel ist nur möglich, wenn …

- der Hund sich in dem Spielumfeld sicher und geborgen fühlt.
- er seinen Spielpartnern vertraut und er keine Übergriffe fürchten muss.
- das Spiel von jedem der Beteiligten jederzeit beendet werden kann.
- körperlich stärkere Spielpartner rücksichtsvoll sind und ihre Kraft dosiert einsetzen.
- die Spielpartner die Rollen tauschen – jeder darf einmal die Oberhand haben oder ist auch einmal der Unterlegene. Die Stärkeren nehmen sich dafür zurück.
- das Spiel keinen Zweck hat, zum Beispiel den anderen einzuschüchtern.
- am Ende keiner gewinnt oder verliert.

Für das Spiel mit Welpen nehmen sich erwachsene Hunde oft zurück. Doch nicht jeder erwachsene Hund toleriert es, wenn ein Hundekind ihm seinen Stock abnehmen möchte.

Gleich und Gleich gesellt sich gern: Spielvorlieben wie die Rennspiele bei Windhunden hängen oft von der Rasse, bei Mischlingen von den beteiligten Rassen ab.

Übertriebene Mimik und Gestik sind typisch für übermütiges Spiel. Solange beide Hunde Spaß an der spielerischen Rauferei haben, darf das heftige Treiben gern weitergehen.

SPIELE FÜRS SOZIALVERHALTEN

Spielen ist unerlässlich, damit ein Welpe Sozialverhalten lernen kann. Denn beim Spiel werden nicht nur Schnelligkeit, Reaktionsvermögen und Fertigkeiten wie Jagdtechniken trainiert, sondern auch der Umgang miteinander. Dazu gehören die Beißhemmung (▸ Seite 214), Deeskalation von konfliktträchtigen Situationen, strategisches Handeln sowie das Kennenlernen und Verstehen von rassetypischem Ausdrucksverhalten (▸ Info, Seite 25). Die Welpen eines Wurfs, die am meisten spielen (▸ Seite 70), sind auch später gesellige Typen, die sich oft gut anpassen können.

Nicht nur für Welpen. Auch erwachsene Hunde spielen, je nach Typ mehr oder weniger. Wer miteinander spielt, lernt sich kennen, gegenseitig einzuschätzen und hat zusammen Spaß. Manche Vierbeiner müssen erst (wieder) lernen, sich für ein Spiel zu öffnen. Und wenn sie das geschafft haben, wächst das Vertrauen. Denn Spielen ist beziehungsfördernd.

WENN'S NICHT MEHR LUSTIG IST

Nicht alles, was Spiel zu sein scheint, ist auch wirklich harmloses Vergnügen. Spiel funktioniert nur unter ganz bestimmten Rahmenbedingungen (▸ Info, Seite 241). Wer in ein Spiel geht, um zu beweisen, dass er der Stärkere oder Schnellere ist, will nicht spielen, sondern Kräfte messen. Und wenn der Stärkere den Schwächeren nicht zum Zug kommen lässt, macht es auch keinen Spaß. Übel wird es, wenn ein Hund wider Willen zum Spielobjekt oder zur Beute wird und sich gegen einen Stärkeren oder eine ganze Meute zur Wehr setzen muss. Ein Hund in dieser misslichen Lage versucht panisch, dem Peiniger zu entkommen, erst recht, wenn er von einer Gruppe gejagt wird. Achten Sie mit sensiblem Blick darauf, damit Sie nicht zu den Hundehaltern gehören, die sich das anschauen und sich über das »schöne Spiel« der Hunde freuen. Kann ein Hund das »Spiel« nicht beenden, ohne von den anderen in die Mangel genommen zu werden, braucht er Hilfe.

SPIELEN MIT DEM ZWEIBEINER

Die meisten Hundehalter verwenden für das Spiel mit ihrem Vierbeiner Spielzeug (▸ Seite 244). Vergessen Sie aber nicht, auch ohne Stofftier und Co. mit Ihrem tierischen Freund zu spielen, das fördert zusätzlich die Bindung.

Auf einer Ebene. Nehmen Sie sich als Beispiel das Hundespiel und gehen Sie in die Hocke, noch besser auf alle viere auf den Boden. »Schleichen« Sie sich an, oft nimmt der Hund dann auch seine Spielhaltung ein. Alles, was Spaß macht, ist erlaubt: dosiertes Zwicken, Festhalten, Raufen und Toben. Legen Sie sich auf den Boden, der Hund darf über Sie hüpfen oder auf Ihnen herumturnen, wenn seine Größe das erlaubt. Wirkt er gestresst, lassen Sie es ruhiger angehen und beenden das Spiel mit Kuscheln. Diese Art des Spiels ist aber nur dann ratsam, wenn Sie Ihrem Hund vertrauen und seine Reaktion einschätzen können.

Der überdrehte Hund. Gehört Ihr Vierbeiner zu den Gesellen, die schon von Grund auf leicht erregbar sind und schnell überdrehen? Wildes Spiel kann dazu führen, dass er dann gar nicht mehr zu bremsen ist. Lassen Sie es erst gar nicht so weit kommen und lenken Sie das Spiel rechtzeitig in eine entspanntere Richtung, zum Beispiel indem Sie ihn etwas suchen lassen (▸ Seite 256).

Kein Spiel ohne Regeln. Die oberste Spielregel ist ganz einfach: Dulden Sie kein Verhalten, dass Ihnen unangenehm ist oder Schmerzen bereitet. Wird der Hund zu wild oder beißt gar in Ihre Kleidung oder Ihren Arm, geben Sie ein angemessenes Abbruchsignal (▸ Seite 220), legen eine kurze Spielpause ein oder beenden das Spiel.

Bleiben Sie nicht wie hier nur passiv, wenn Sie mit Ihrem Hund spielen. Bringen Sie sich aktiv in das Geschehen ein, indem Sie zum Beispiel miteinander toben.

Zerrspiele sind nicht mit jedem Hund möglich, denn aus dem scheinbar harmlosen Vergnügen kann ein Kräftemessen werden, das nur noch schwer zu kontrollieren ist.

Hol- und Bringspiele sind für Hunde eher Arbeit denn Spiel. Richtig angeleitet, sind sie sinnvolle Beschäftigung, falsch umgesetzt, fixieren sie den Hund zu sehr auf das Spielzeug.

Für jeden das richtige Spielzeug

Suchen Sie das Spielzeug entsprechend den Vorlieben Ihres Hundes aus, versuchen Sie aber auch, ihn ab und an für anderes zu begeistern.

LIEBLINGSSPIELZEUG

So wird's spannend. Spielen Sie selbst mit dem Spielzeug, werfen Sie es in die Luft und fangen es auf, rollen Sie es vor sich über den Boden und zeigen Sie demonstrativ, wie toll das Spielzeug ist. Bald wird sich Ihr Vierbeiner nichts sehnlicher wünschen, als genau dieses Spielzeug zu haben.

So bleibt's spannend. Hat Ihr Hund ständig alle seine Spielzeuge zur Verfügung, werden sie bald langweilig. Ein oder zwei kann er haben. Doch die restlichen sollten im Wechsel und nur beim gemeinsamen Spiel angeboten werden, damit Ihr Hund sich wieder darüber freut. Und ein Spielzeug sollten Sie als Belohnung reservieren – das kommt nur beim Training zum Einsatz.

GEMEINSAM SPIELEN

Zusammen macht es einfach mehr Spaß, außerdem sorgen Spielzeuge für Abwechslung.

Zerrspiele. Fast alles eignet sich dafür. Klassiker sind Kordeln: gedreht, mit Knoten, Griff oder Ball.

- Tauziehen geht nicht mit jedem Hund. Beißt er in Kleidung oder Arm oder erregt er sich zu stark, besser ein anderes, ruhigeres Spiel wählen. Finger weg davon bei aggressiven Hunden!
- Zerrspiele sind nur okay, wenn sich der Hund benimmt, dann darf er auch mal gewinnen. Körperhaltung und Lautgebung müssen einen eindeutig spielerischen, lustigen Charakter haben.
- Nützlich beim Zerrspiel ist das Kommando »Aus!«, damit der Hund loslässt (▸ Seite 221).

Bringspielzeug. Bringspiele (▸ Seite 257) bieten mehr als das übliche »Bällchen werfen, Bällchen holen«. Sie können die Kooperation von Mensch und Hund fördern, den Gehorsam festigen und dem Hund konzentriertes Arbeiten bieten. Wie Sie »Bring« üben, lesen Sie auf Seite 257.

- Alles, was der Hund tragen kann, eignet sich als Bringspielzeug, von ausgedienten Socken über Stofftiere und natürlich Bälle bis hin zu Dummys für anspruchsvolles Apportieren.
- Kordeln am Spielzeug sollten keine Schlaufen haben, denn darüber kann der Hund stolpern.
- Variieren Sie Ort und Art des Spiels. Werfen Sie das Spielzeug nicht nur, sondern verstecken Sie es öfter einmal (▸ Seite 260).
- Kein Spaß: Hat Ihr Vierbeiner nichts anderes als seinen Ball im Sinn, sollte nur sehr dosiert damit gespielt werden, denn häufiges Bällchen- oder anderes Wurfspiel kann süchtig machen (▸ Seite 257). Schnelles und hektisches Spiel putscht den Hund zusätzlich auf. Besser sind dann Such- und Bringspiele, die Konzentration erfordern.

Intelligenzspiele. Knifflige Spiele (▸ Futterspiele, Seite 259) für kluge Köpfe gibt es in vielen verschiedenen Schwierigkeitsgraden und Ausführungen, zum Beispiel aus Holz oder Kunststoff.

ALLEIN SPIELEN

Manchmal soll Ihr Hund sich allein beschäftigen? Auch dafür gibt es reichlich Spielzeuge.

Futterspiele. Im Spielzeug ist Futter. Um es zu bekommen, muss der Hund das Spielzeug rollen, daran knabbern oder es drücken (▸ Seite 260).

Kauen. Kauen beruhigt, macht Spaß und reinigt die Zähne. Kauspielzeuge gibt es mit Quietsche (▸ Seite 269), mit Geschmack oder zahnreinigender Oberfläche. Wichtig ist, dass das Spielzeug den Hund zum Kauen anregt, er aber keine Teile davon abknabbern und verschlucken kann.

Spielzeug für alle Felle

Spielzeuge gibt es für jede Gelegenheit und in zahlreichen Ausführungen. Achten Sie beim Kauf auf gute Verarbeitung, robuste Qualität, leichte Reinigung und die passende Größe für Ihren Vierbeiner.

Futterball Geschickte Hunde können sich Leckerchen erarbeiten.

Schwimmfähige Apportel Ideal für wasserfreudige Hunde, die dafür noch lieber ein erfrischendes Bad einlegen.

Intelligenzspiele Sie gibt es in verschiedenen Schwierigkeitsgraden.

Plüschspielzeug Beliebt nicht nur bei Welpen, besonders mit Qietsche.

Bälle Mit Schnur dran fliegen sie richtig weit oder eignen sich zum Zerren.

Zahnpflege Die besondere Struktur fördert beim Kauen die Zahnreinigung.

Seilspielzeuge Prima zum Zerren, das Kauen am Seil reinigt die Zähne.

Aktiv sein mit Hund

Fast alle Hunderassen sind zur Erfüllung anspruchsvoller Aufgaben gezüchtet worden. Kaum ein Vierbeiner steht noch aktiv im Job, doch die Freude an der Arbeit und das Bedürfnis, etwas zu leisten, sind geblieben.

Manche Hunde sind mit ausgedehnten Spaziergängen ausgelastet, andere müssen sich sportlich betätigen oder anspruchsvolle Suchaufgaben lösen, um ausgeglichen zu sein.

Die passende Beschäftigung und das richtige Maß zu finden, sind entscheidend für die Lebensfreude des Hundes und damit auch für die Qualität und Harmonie des Zusammenlebens von Zwei- und Vierbeiner: Nur ein ausgelasteter Hund ist ein glücklicher Hund. Suchen Sie ein gemeinsames Hobby, das zu ihm passt, Ihnen beiden Spaß macht und dessen zeitlicher und organisatorischer Aufwand sich problemlos in Ihren Alltag integrieren lässt. Dann bietet es die besten Voraussetzungen, damit Sie und Ihr tierischer Freund zusammen viel Spaß haben. Diese nur für Ihren Hund reservierte Zeit wird Ihre Beziehung wesentlich verbessern.

Was kann Ihr Hund?

In Hundeschulen und Hundevereinen finden Sie reichlich Kursangebote für die Freizeitgestaltung mit Ihrem Vierbeiner. Achten Sie auf Folgendes, damit Sie die richtige Wahl treffen.

GESUNDHEITLICHE ASPEKTE

Nasenarbeit (▸ Seite 256) ist für jeden Hund geeignet und kann individuell dem Leistungsstand angepasst werden. Anders sieht das beim Sport aus – dafür muss der Vierbeiner bestimmte Voraussetzungen mitbringen. Lassen Sie Ihren Hund vorher von einem Tierarzt untersuchen, um zu prüfen, ob seine Ausdauer, körperliche Eignung und individuelle Fitness zur Sportart passen.

Im Wachstum. Für Welpen und Junghunde ist Leistungssport tabu, Bewegung und Belastung müssen wohldosiert sein. Für die Teilnahme an Turnieren wird meist ein Mindestalter von 15 oder 18 Monaten gefordert.

Belastung. Hat ein Hund Beschwerden an Gelenken oder Wirbelsäule, ist alles verboten, was diese stark belastet. Dies betrifft ebenso übergewichtige Hunde. Dazu gehören häufige oder hohe Sprünge, enge Wendungen oder abruptes Abbremsen, wie beim Springen nach dem Ball, beim Frisbee, bei Agility oder Flyball.

Angepasst. Intensität und Dauer der Bewegung müssen an die Leistungsfähigkeit von jungen, alten, kranken und übergewichtigen Hunden angepasst werden. Pausen nicht vergessen! Kurznasige Hunde können bei Hitze oder zu starker Belastung einen Kollaps bekommen!

Dosiert. Jeden Tag volles Programm kann Hunde nervös machen. Wichtig sind Auszeiten, damit der Hund abschalten und seinen Stresslevel reduzieren kann. Das gilt besonders für Hunde, die schnell aufdrehen und sich leicht aufregen.

Hütehunde und viele von ihren Mischlingen sind bei Agilityturnieren oft ganz vorn platziert.

TIPP

Sport mit dem Vierbeiner

- Schaffen Sie optimale Trainingsbedingungen. Achten Sie auf die Außentemperatur, legen Sie zwischendurch Pausen ein und haben Sie immer Wasser für Ihren Hund dabei.
- Fangen Sie langsam an und setzen Sie sich kleine Zwischenziele.
- Bevor Ihr Hund Höchstleistung bringt, muss er sich aufwärmen, zum Beispiel indem er zuerst Schritt und Trab läuft, dann leichte Slalomübungen und niedrige Sprünge macht.
- Höchste Zeit für eine Pause: Der Hund hechelt stark, bleibt zurück oder wirkt müde.
- Setzen Sie weder sich noch Ihren Vierbeiner unter Druck. Überzogener Ehrgeiz degradiert den Hund zum Sportgerät.

Praxisguide

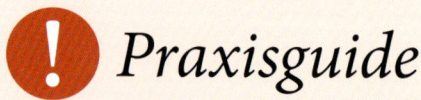

Rund um den Spaziergang

Der Spaziergang gehört zum Hund fast wie das Wasser zum Fisch. Ohne geht es nicht!

Hunde sind Lauftiere – Bewegung »liegt ihnen im Blut«. Daher dient das richtige Maß an Bewegung der Gesundheitsvorsorge und Fitness.

- Zusätzlich bietet der Spaziergang Anregung für alle Sinne und sorgt so für Abwechslung: Es gibt was zu sehen und vor allem zu riechen. Der Wind um die Nase und unterschiedliche Bodenbeschaffenheiten wie Gras, Asphalt, Schotter und Waldboden bieten unterschiedliche Empfindungen für Haut und Tastempfinden. Oft genug findet sich auch etwas Kau- oder Fressbares, das den Geschmackssinn »kitzelt«. Ein Hund, der das nicht erlebt, stumpft ab.
- Tun, was ein Hund tun muss – das macht der Spaziergang möglich: Sich beim Freilauf so richtig auszupowern, mit Kumpels zu spielen und Kräfte zu messen, sich im Gras oder in »wohlriechenden« Dingen zu wälzen – alles das gehört natürlich zum Hundsein dazu.

Herausforderungen entsprechend der Leistungsfähigkeit Ihres Hundes bieten Abwechslung.

Mit dem Vierbeiner spazieren zu gehen, ist eigentlich eine simple Sache. Trotzdem gibt es einiges zu beachten.

Das richtige Maß. Wie viel Spaziergang braucht ein Hund? Das hängt von Rasse, Alter, Gesundheit und individuellem Laufbedürfnis ab.

- Zwei Stunden täglich sind ein Richtwert für ein durchschnittliches Bewegungsbedürfnis eines gesunden, erwachsenen Hundes. Viele brauchen mehr, einige sind auch mit etwas weniger ausgelastet. Teilen Sie die Spaziergänge auf mindestens drei Einheiten auf, eine davon sollte länger als die anderen sein.
- Hunde im Wachstum dürfen noch nicht so viel laufen und benötigen vorsichtig dosierte Bewegung. Überforderung kann die noch nicht ausgereiften Knochen und Gelenke schädigen. Mit neun Wochen sind fünf bis sieben Minuten Laufen am Stück gerade genug, die Dauer wird langsam gesteigert.
- Alte oder kranke Hunde gehen so viel, wie sie gut leisten können. Gehen Sie nicht so lange, dafür öfter spazieren und planen Sie Pausen ein.

Wetter-Check. Bei Hitze in der prallen Sonne spazieren zu gehen, kann selbst einen gesunden Hund überanstrengen. Besser sind beschattete Waldwege und Routen entlang eines Bachlaufs, der sich für ein erfrischendes Bad anbietet.

- Kurznasige Hunde sind sehr hitzeempfindlich.
- Schützen Sie wenn nötig alte und/oder kranke Hunde bei Nässe und Kälte mit einem Mantel.
- Nasse Hunde nach dem Spaziergang mit einem Handtuch trocken rubbeln.

Bringen Sie Spaß in den Alltag: Einfach einmal zusammen ausgelassen und lustig zu sein wie hier beim Rennen auf der Wiese, wirkt sich positiv auf die Beziehung von Zwei- und Vierbeiner aus.

Spaziergang mit extra Spaßfaktor. Mit diesen Tipps geht das ganz einfach.

Machen Sie sich beim Spaziergang für Ihren Hund interessant, dann kommt er seltener auf dumme Gedanken. Verplanen Sie aber nicht den kompletten Spaziergang: Es ist wichtig für Ihren Hund, auch Zeit für sich zu haben.

Neue Wege gehen. Immer die gleiche Strecke gehen? Wie langweilig! Entdecken Sie, welche Touren Ihre Region noch zu bieten hat.

Zeit zu spielen. Zwischendurch ein Ballspiel, ein Suchspiel (▸ Seite 256) oder etwas aus dem Wasser (▸ Seite 257) zu apportieren, macht den Spaziergang spannender.

Aufgaben geben. Lassen Sie ihn streckenweise etwas tragen, wie die Tasche mit den Kotbeuteln.

Trickreich sein. Bauen Sie kleine Tricks in den Spaziergang ein, wenn es sich anbietet.

Sich was trauen. Springen Sie mit Ihrem Hund über einen Graben, balancieren Sie auf Baumstämmen oder nutzen Sie andere Hindernisse, um sie gemeinsam zu überwinden.

Nebenbei erziehen. »Fuß!« auf dem Gehweg, »Sitz!« bei Joggern, »Bleib!«, bis Sie um die Kurve geschaut haben – es bieten sich viele Gelegenheiten für kleine Übungen am Rande.

Verabreden. Treffen Sie Hundefreunde, um gemeinsam auf Tour zu gehen. Was gibt es Schöneres, als über die Vierbeiner zu reden? Verlieren Sie die Hunde aber vor lauter Plaudern nicht aus dem Blick – in der Gruppe stellen sie eher Unfug an.

Waldwege bieten sich für Spaziergänge und Radtouren im Sommer an. Unternehmen Sie längere Touren, dann in den frühen Morgen- oder späten Abendstunden.

Ein erfrischendes Bad macht wasserfreudigen Hunden Spaß. Der Vierbeiner darf aber nicht auskühlen und sollte danach in Bewegung bleiben.

Wandertouren müssen dem Leistungsvermögen des Hundes angepasst werden. In Naturschutzgebieten besteht in der Regel Leinenpflicht.

Sport und mehr

Jeder Hund kann beschäftigt werden, es kommt nur darauf an, ein Hobby zu finden, das zu ihm passt – auf den Folgeseiten gibt es einen kleinen Querschnitt. Neben Gesundheit und Leistungsfähigkeit sowie rassetypischer und individueller Eignung des Hundes müssen auch sein Gehorsam und seine Verträglichkeit mit Artgenossen bei der Auswahl des Hobbys berücksichtigt werden.

AUSDAUER UND NATUR

Wandern mit Hund. Zusammen auf Tour zu gehen, Natur zu erleben, gemütlich zu picknicken oder in ein Lokal einzukehren, um danach dann rechtschaffen müde zu sein – so sieht die ideale Wanderung aus. Wählen Sie die Strecke so, dass alle Beteiligten sie gut bewältigen können. Planen Sie Pausen ein und vergessen Sie nicht, Wasser und Napf für den Hund einzupacken. Der Weg sollte nicht nur über asphaltierte oder geschotterte Strecken führen, das belastet Pfoten und Gelenke Ihres Hundes. Besser sind Wiesenpfade und Waldboden. Hunde, die jagen oder nicht zuverlässig gehorchen, müssen an der Leine bleiben.

- Gesunde Vierbeiner von stämmiger Statur wie Boxer, Rottweiler oder Berner Sennenhunde können ihre Verpflegung selbst tragen – dafür gibt es spezielle Packtaschen für Hunde.
- Hundevereine und -schulen bieten organisierte Gruppenwandertouren an – dabei wird auch das Sozialverhalten der Vierbeiner geschult.
- Im Trend ist »Dogtrekking«. Die Touren sind anspruchsvoller als übliche Wanderungen und auf mehrere Stunden oder Tage angelegt. Beim individuellen Trekking wird die Tour selbst geplant und in eigenbestimmtem Tempo absolviert. Als Wettkampfvariante müssen vorgegebene Strecken in einem Zeitlimit bewältigt werden.

- Auf langen, schwierigen Touren sind Schuhe für den Hund sinnvoll, das beugt wunden Pfoten vor.

Radfahren mit Hund. Das Rad bietet dem Menschen die Möglichkeit, eine dem Hund angemessene Geschwindigkeit zu halten. Nur zu laufen ist jedoch langweilig und als einzige Maßnahme zur Auslastung ungeeignet. Denn die Begleitung am Rad steigert zwar die Kondition des Hundes, doch dabei wird nur die körperliche Leistung gefordert und nicht die geistige.

- Gewöhnen Sie Ihren Hund an die Fahrradbegleitung, indem er neben Ihnen läuft, während Sie das Rad schieben: erst geradeaus, später auch mit Kurven, bevor Sie das aufsitzend wiederholen.
- Passen Sie die Geschwindigkeit Ihrem Hund an.
- Frei laufen darf der Hund nur, wenn er zuverlässig gehorcht. Halten Sie die Leine nicht in der Hand, im Fachhandel gibt es spezielle Bügel zur Befestigung der Leine am Fahrrad.
- Lassen Sie dem Vierbeiner zwischendurch die Möglichkeit, sich zu lösen und auch ausgiebiger zu schnuppern. Legen Sie Pausen zum Spielen ein.

Joggen und Skaten mit Hund. Hier gelten die Regeln wie beim Fahrradfahren: Pausen einplanen, den Hund seine Geschäfte erledigen und schnuppern lassen und nur frei laufen lassen, wenn Grundgehorsam und Rückruf stimmen. Für Jogger gibt es spezielle Bauchgurte zur Befestigung der Leine – so haben Sie beide Hände frei.

Schwimmen. Gerade im Sommer gibt es nichts Schöneres als ein erfrischendes Bad. Die Bewegung im Wasser schont Gelenke und baut sanft Muskeln auf. Wichtig: Auskühlung vermeiden!

- Zwingen Sie den Hund nicht ins Wasser. Vermitteln Sie ihm, wie viel Freude das macht, gerne mit Unterstützung eines wasserfreudigen Hundes.
- Werfen Sie kleine, schwimmende Leckerchen ins flache Wasser, der Hund kann sie sich angeln.
- Achten Sie darauf, dass das Gewässer keine starke Stömung oder Strudel hat, damit der Hund nicht abgetrieben werden kann.
- Klären Sie vorher: Ist es für Hunde erlaubt, in dem Gewässer zu schwimmen?
- Viele Hunde apportieren (▶ Seite 257) leidenschaftlich gern aus dem Wasser. Wählen Sie dafür passende Spielzeuge (▶ Seite 245) oder schwimmfähige Dummys zum Apportieren.
- Besonders für Hunde wie Neufundländer und Landseer und deren Mischlinge bietet sich »Wasserarbeit« an. Diese Hunde haben meist große Affinität zum Wasser und können lernen, Menschen in Seenot zu helfen, indem sie zum Beispiel Rettungsringe bringen oder Boote ziehen. Informationen bekommen Sie bei den Rasseclubs.

SPEED, POWER UND AKROBATIK

Alle Sportarten, die hohe Geschwindigkeit, plötzliche Wendungen, Sprünge und schnelle Stopps erfordern, sind nicht geeignet für Vierbeiner mit Problemen an Gelenken und Wirbelsäule. Langer Rücken, kurze Beine, kurze Nase (brachyzephale Rassen) und Übergewicht sind ebenfalls ausschließende Faktoren. Die besten Kandidaten sind nicht zu schwere Hunde mit athletischer Figur, zum Beispiel hochläufige Terrier, Hütehunde, Pudel, Papillon und entsprechende Mischlinge. Fragen Sie Ihren Tierarzt (▶ Seite 247).

Hat Ihr Hund jedoch ein überschäumendes Temperament, ist eine ruhigere Beschäftigung besser geeignet, die ihn nicht noch zusätzlich aufdreht.

Agility. Spektakulär schnell durchläuft der Hund unter Anleitung des Menschen einen Parcours. Hindernisse sind zum Beispiel Hürden, Wippe, Laufsteg, Schrägwand und Tunnel. Bewertungskriterien sind Fehler bei den Hindernissen und die Zeit. Agility wird meist als Turniersport ausgeübt. Die Hunde starten in unterschiedlichen Klassen je nach Körpergröße.

Mobility. Spaßvariante zum Agility. Frei von Hektik und ohne Zeit- und Konkurrenzdruck können Mensch und Hund den Parcours angehen. Ziel ist es, eine bestimmte Anzahl der Hindernisse zu bewältigen. Beide geben ihr Bestes – und das ist immer gut genug. Mobility kann eine Alternative für Hunde mit Handicap sein.

Turnierhundesport (THS). THS fasst verschiedene Sportarten mit unterschiedlichen Laufdisziplinen mit den Schwerpunkten Leichtathletik oder Breitensport zusammen.

- Vierkampf 1 beinhaltet Gehorsamsübungen unter anderem mit Leinenführigkeit, Freifolge, Sitz- und Platz-Übungen; 60 m Hürdenlauf mit je vier 30 cm hohen Hürden; 55 m Slalom und ein 75 m langer Hindernislauf mit Hürde, Schrägwand, Tunnel, Laufsteg, Tonne, Durchsprunggerät, Hoch-Weit-Sprung und Hürde. Vierkampf 2 und 3 stellen gesteigerte Anforderungen an die Teams.
- Der Geländelauf ist 1.000, 2.000 oder 5.000 m lang und folgt einer gekennzeichneten Strecke. Der Hund muss angeleint sein.
- Combinations-Speed-Cup (CSC) setzt sich als Staffellauf aus Slalom-, Hürden- und Hindernislauf zusammen.
- Für den Breitensport gibt es den Hindernislauf; »Shorty« als hallentaugliche Kurzbahnvariante des CSC; Dreikampf mit Hürden-, Slalom- und Hindernislauf und den K.O.-Cup, wo jeweils zwei Teams auf zwei parallelen Kurzstreckenhindernisparcours gegeneinander antreten.

Dog Dancing. Zwei- und Vierbeiner üben eine Tanzchoreografie ein und führen sie zu Musik vor. Die Elemente sind frei wählbar, zum Beispiel Verbeugung, Rückwärtslaufen, Rolle, Slalom durch die Beine oder ein Sprung über den Rücken. Eingeübt werden die Elemente meist mit dem Clicker (▸ Info, Seite 221). Im Extrem ausgeübt, kann es für den Hund Suchtcharakter haben.

RASSE- UND TYPSPEZIFISCH

Für Hunde vieler Rassen gibt es die Möglichkeit, entsprechend ihres traditionellen Aufgabenbereichs zu arbeiten, zum Beispiel

- jagdlicher Einsatz verschiedenster Art vom Stöbern über die Nachsuche von verletztem Wild bis zum Apportieren für die zahlreichen Jagdhunde.
- Schlittenhundesport mit Schlitten oder Wagen für die nordischen Schlittenhunde und deren speziell dafür gezüchteten Mischlinge.
- Zughundearbeit für große, stämmige und kräftige Vierbeiner wie die Schweizer Sennenhunde.
- Trials (Hütewettbewerbe) für die arbeitsfreudigen Hüte- und Treibhunde, alternativ auch Trainings, die Elemente der Hütearbeit einbeziehen.
- für Windhunde das Verfolgen des falschen Hasen auf der Rennbahn oder das Coursing, bei dem mit zwei Hunden eine Hasenjagd inklusive Hakenschlagen simuliert wird.

Leistungsprüfungen und Wettbewerbe werden meist von den Rassezuchtvereinen oder von spezialisierten Clubs organisiert. Dort erfahren Sie, ob die Teilnahme allen Interessierten offensteht oder ob sie an Voraussetzungen (wie Vereinszugehörigkeit, Rasse, Ahnentafel, Qualifikationen) geknüpft ist. Häufig ist es möglich, auch nur am Training teilzunehmen.

ERZIEHUNG UND PRÄSENTATION

Begleithundeprüfung. Der erfolgreiche Abschluss ist die Voraussetzung für die Teilnahme an vielen Hundesportarten. Während des Trainings wird neben Gehorsamsübungen an der Verlässlichkeit des Vierbeiners in Alltagssituationen und im Straßenverkehr gearbeitet. Auch der Halter muss seine Sachkunde in einem Test beweisen. Offen für alle ist der VDH-Hundeführerschein. Im Vordergrund stehen Sachkunde des Halters, Gehorsam und Sozialverträglichkeit des Hundes.

Obedience. Gehorsam in Perfektion ist das Streben des Obedience. Wer seinen Hund positiv für die Mitarbeit begeistert, wird die Beziehung zu ihm wesentlich verbessern. Gehorsamsübungen auch auf Distanz, Apportieren und Geruchserkennung zählen zu den Inhalten.

Ralley-Obedience baut die Gehorsamsübungen in einen Parcours ein – für noch mehr Spaß.

Longieren. Mit Heringen und Flatterband wird ein Kreis von meist 10 m Durchmesser abgesteckt. Der Halter befindet sich im Kreis, für den Hund ist das die Tabuzone. Ziel des Trainings ist es, den Hund durch körpersprachliche Signale auf Distanz zu dirigieren. Dazu gehören Richtungswechsel, Sitz-, Platz- und andere Gehorsamsübungen. Es können sogar Hindernisse eingebaut werden. Der Hund lernt, besser auf seinen Menschen zu achten und sich an ihm zu orientieren. Longiertraining erfordert hohe Konzentration und lastet geeignete Hunde mental und körperlich aus.

Ausstellung. Auf Zuchtschauen und Ausstellungen wird beurteilt, wie nahe ein Hund an den Rassestandard heranreicht. Voraussetzung ist unter anderem, dass der Hund eine vom ausrichtenden Club anerkannte Ahnentafel (▸ Seite 272) hat. Viele Zuchtvereine bieten spezielle Ringtrainings zur rassegerechten Präsentation an. Auch hier gilt: Es sollte Mensch und Hund Spaß machen.

TEST: WIE SPORTLICH IST IHR HUND?

Ist Ihr vierbeiniger Freund topfit für jeden Sport? Der Test gibt Ihnen Anhaltspunkte, ob das volle Programm zur Auswahl steht. Trotzdem ist der Sport-Check beim Tierarzt unerlässlich.

	JA	NEIN
1. Hat Ihr Hund Freude an Bewegung, macht beim Freilauf zusätzlich Strecke und zeigt keinerlei Bewegungsvermeidung, zum Beispiel bei Sprüngen?	☐	☐
2. Ist Ihr Vierbeiner ein athletischer Typ ohne anatomische Besonderheiten wie einen langen Rücken, kurze Beine, kurze Nase, einen schweren und massigen Körperbau oder extreme Größe?	☐	☐
3. Ist Ihr Hund eher hitzeunempfindlich?	☐	☐
4. Ist Ihr Hund beschwerdefrei, zum Beispiel an Gelenken und Wirbelsäule, Organen und Stoffwechsel, Hormonsystem und Nerven?	☐	☐
5. Hat Ihr Vierbeiner sein optimales Gewicht?	☐	☐

Auflösung: Fünf Punkte mit »JA«: Ihr Hund scheint ein fitter Allrounder zu sein, die sportliche Auswahl ist groß. Eine oder mehr »NEIN«-Antworten: Nicht jeder Sport ist möglich, wählen Sie passend aus.

Praxisguide

Trendsportarten

Viele der beliebten Sportarten waren in deren Anfängen exotische Trends. So auch Dog Dancing und Agility, die heute längst zu den etablierten Trainingsangeboten gehören. Oft sind die neuen Sportarten Variationen bekannter Klassiker. Andere nehmen sich die ursprüngliche Aufgabe einer Rasse zum Vorbild und passen sie alltagstauglich an, was mal besser und mal nicht so gut gelingt.

Aus Trend wird Sport? Was hat die Freizeitwelt des Hundes Neues zu bieten? Machen Sie sich schlau, denn manchmal gibt es da Spannendes zu entdecken. Und vielleicht ist genau die Sportart dabei, die Ihnen und Ihrem vierbeinigen Freund Spaß macht. Ein kritischer Blick sollte aber nicht fehlen: Werden die Gelenke des Hundes stark belastet? Passt der Sport zu ihm? Wie kosten- und zeitintensiv ist der Sport? Ist die Ausübung an eine Örtlichkeit, einen Anbieter oder umfangreiches Equipment gebunden? Infos gibt es bei Vereinen oder Hundeschulen.

Beeindruckende Sprünge beim Frisbee-Fangen: Dafür muss der Hund kerngesund sein!

Frisbee (Disc Dogging)

Die Hatz nach der fliegenden Scheibe ist nichts Neues. Doch aufgepeppt mit Musik, Tricks, spektakulären Sprüngen und ansprechender Choreografie, wird »Freestyle Frisbee« zum Wettkampf-Hobby. Bei dem rasanten Spiel mit der Scheibe zeigen Vier- und Zweibeiner höchste Konzentration, Geschicklichkeit, sportlichen Einsatz und Körperbeherrschung.

- Viele Punkte zu sammeln, ist das Ziel beim Frisbee-Spiel in der »Mini-Distance«. Der Hund muss auf einem begrenzten Spielfeld in einem vorgegebenen Zeitlimit möglichst viele Scheiben in der Luft fangen. Je weiter die Scheibe entfernt ist, desto mehr Punkte gibt es. Die Teams haben dazu 60 oder 90 Sekunden Zeit.
- Beim »Long-Distance«-Frisbee gibt es drei Wurf-Versuche. Der weiteste vom Hund gefangene Wurf wird gewertet.

Gesundheit. Die waghalsigen Sprünge belasten vor allem die Gelenke des Hundes – Frisbee ist nur ein Sport für kerngesunde Vierbeiner! Es hat auch Suchtpotenzial (▸ Seite 263) für den Hund und ist deswegen nicht für jeden geeignet. Gerade Mini-Distance ist diesbezüglich kritisch.

Die Scheibe. Sie können mit Ihrem Hund natürlich auch nur zum Spaß Frisbee spielen. Nutzen Sie aber nur geeignete Scheiben, sonst besteht Verletzungsgefahr. Das Frisbee darf nicht splittern, nicht brechen, keine scharfen Kanten und keine Aussparungen haben. Gut geeignet sind Scheiben aus leicht biegsamem Kunststoff, Latex oder Stoff.

Mit Anlauf und weitem Satz springt der Hund dem Spielzeug hinterher in das große Wasserbecken: Dog Diving ist die neue Trendsportart für Vierbeiner aus Amerika.

Dog Diving

Neue Trends schwappen meist aus Amerika über den großen Teich zu uns – und bei der neuen Attraktion »Dog Diving« dreht sich alles um das kühle Nass. Dazu braucht es einen wasserbegeisterten Hund, eine Rampe und ein großes Wasserbecken.

Nur Fliegen ist schöner. Mit Anlauf springt der Vierbeiner einem Spielzeug hinterher und landet mit einem lauten Platscher im Wasser. Ein Riesenspaß für Hund und Zuschauer. Im Becken wartet bereits ein zweibeiniger Assistent, um den Hund zum Ausstieg zu begleiten.

Gesundheit. Der Sprung ins Wasser belastet die Gelenke nicht, trotzdem sollte der Hund gesund sein. Und vor allem: Mitmachen ist freiwillig!

Bikejöring

Bikejöring ist eine Variante der Fahrradbegleitung (► Seite 251), die viel mit Schlittenhundesport gemeinsam hat. Sie eignet sich für bewegungsintensive und zugfreudige Hunde mit einer Schulterhöhe ab etwa 50 cm. Der Hund trägt ein spezielles Zuggeschirr und ist über die ruckdämpfende Leine und ein Gestänge (Bikeantenne) mit dem Mountainbike verbunden. Er läuft immer vorneweg und wird mit speziellen Hörzeichen gelenkt. Bikejöring ist ein Zugsport, doch der Zweibeiner muss ordentlich in die Pedale treten, um mitzuhalten. Beide müssen sich abstimmen, was hohe Konzentration erfordert.

Gesundheit. Der Vierbeiner muss gesund und fit sein, um das Tempo dauerhaft zu halten.

Arbeit für die Nase

Nichts lastet einen Hund besser aus als konzentriertes Arbeiten mit der Nase (► Seite 18). Das Gute daran: Der Schwierigkeitsgrad kann individuell auf den Vierbeiner angepasst werden, er kann nach Spielzeugen (► Seite 244), Leckerchen, Dummys, Personen oder Alltagsgegenständen suchen, und der Schnüffelspaß ist überall möglich, sowohl draußen als auch im Haus.

Die Grundlagen lernen. Einfache Such- und Bringspiele können Sie mit Ihrem Hund selbst einüben. Haben Sie Ambitionen auf anspruchsvolle Such- oder Apportieraufgaben, ist es sinnvoll, an entsprechenden Kursen in Hundeschulen oder -vereinen teilzunehmen. So legen Sie die korrekte Basis für das fortgeschrittene Arbeiten.

Ohne Manieren geht nichts. Such- und Bringaufgaben verbessern die Zusammenarbeit und bieten Erziehung auf spielerische Art. Bevor es losgeht, sitzt der Hund und wartet auf Ihr Hör- oder Sichtzeichen, um loszuspurten.

AUF DER FÄHRTE: SCHNÜFFELSPASS

Suchspiele. Spaziergang und Alltag bieten viele Gelegenheiten für Schnüffelspaß zwischendurch.

- Mit kleinen Leckerchen, Käse- oder Wurststücken können Sie eine Fährte legen. Platzieren Sie dazu die Häppchen mit jeweils ca. 50 cm Abstand auf einer Linie. Alternativ können Sie ein Stück Käse oder Wurst an einer Schnur über den Boden ziehen. Am Ziel findet der Hund dann mehrere Leckerchen. Bei den ersten Versuchen darf er dabei noch zuschauen, später nicht mehr. Führen

Sucharbeit ist eine ideale Beschäftigung für Hunde, ob auf der Leckerchenfährte oder beim Apportieren. Sie eignet sich auch für kranke und alte Hunde, da die Schwierigkeit dem Hund individuell angepasst werden kann.

Sie ihn zum Anfang der Fährte, lassen Sie ihn absitzen und schicken Sie ihn mit dem Suchwort los. Helfen Sie ihm nur, wenn er die Fährte verliert. Hat er das Ziel gefunden, darf er sich nicht nur die dort liegende Extraportion einverleiben, sondern wird auch ordentlich gelobt. Nur Hunde, die zuverlässig gehorchen, können dabei frei laufen.

- Variieren Sie das Fährtenspiel, indem Sie Kurven einbauen und alte, getragene Kleidungsstücke an einer Schnur über den Boden ziehen.
- Verstecken Sie Spielzeug oder Leckerchen in der Wiese oder in einem Laubhaufen und lassen Sie Ihren Hund danach suchen.

Mantrailing. Bei dieser Suchform lernt der Hund, dem Individualgeruch einer Person zu folgen. Vor der Suche wird ihm ein Geruchsmuster vor die Nase gehalten, zum Beispiel ein getragenes Kleidungsstück oder ein Taschentuch.
In vielen Rettungshundestaffeln gibt es auch Mantrailer-Teams. Bei der Suche wird der Hund meist an langer Leine geführt.

BRINGSPIELE UND APPORTIEREN

Für Bringspiele muss Ihr Hund lernen, sich mit seinem Spielzeug nicht aus dem Staub zu machen: Leinen Sie ihn an der Schleppleine an oder befestigen Sie das Spielzeug daran. Knuddeln Sie ihn, berühren Sie das Spielzeug und lassen Sie ihn weiter damit spielen. Später können Sie es ganz beiläufig abnehmen und ihm direkt zurückgeben. Ihr Hund lernt, dass das Spiel mit Ihnen Spaß macht.

- Erst wenn er gerne mit Spielzeug zu Ihnen kommt, sagen Sie das Signal »Aus!« (▸ Seite 221).
- Kommt er mit dem Spielzeug zu Ihnen, können Sie das Signal »Bring!« verknüpfen. Sagen Sie es dann, wenn Ihr Hund mit dem Spielzeug auf dem Weg zu Ihnen ist, gelobt wird bei Ankunft. So erreichen Sie, dass er Ihnen gerne seine Spielzeuge bringt, weil er lernt, dass der Spaß weitergeht.

CHECKLISTE

Suchen, finden und bringen – so klappt's

Der Hund hat die gute Nase, doch das Suchen will geübt sein. Langsam aufgebaut, stellt sich der Erfolg ein.

- ○ Beginnen Sie mit einfachen Such- und dann Bringspielen und steigern Sie den Schwierigkeitsgrad nur langsam.
- ○ Üben Sie zuerst mit wenig Ablenkung.
- ○ Loben Sie Ihren Hund für jeden Erfolg. Gelingt etwas nicht, wird nicht geschimpft, sondern wieder neu geübt.
- ○ Für tolle Leistung gibt es tolle Belohnung.
- ○ Merken Sie sich immer, wo das Suchobjekt liegt – falls Ihr Hund es nicht findet.

- Das Bringen lässt sich auch sehr gut mit dem Futterdummy (▸ Seite 216) einüben. Das ist ein Beutel, der sich mit Futter füllen lässt. Der Hund darf sich daraus bedienen, wenn er ihn bringt.

Achtung: Stupides Werfen und Bringen von Bällen kann bei Hunden zu Suchtverhalten mit Aggression und anderen Problemen führen. Spielen Sie nach Regeln, werfen Sie das Bringobjekt nicht nur, verstecken Sie es öfter. Das schont die Gelenke des Hundes, und er muss konzentriert suchen.

Apportieren. Anspruchsvolleres Suchen und Bringen von Dummys (Stoffsäckchen) ist für Hunde befriedigend. Retriever sind prädestiniert, doch auch andere Hunde haben Spaß daran.

- Die Suche kann mit speziellen Signalen gelenkt werden. Fortgeschrittene Hunde suchen mehrere Objekte in einer festgelegten Reihenfolge. Für Wasserapport gibt es schwimmfähige Dummys.

Die gerollte Zeitung zu bringen, können besonders apportierfreudige Vierbeiner lernen.

Verblüffender Trick: Mit einer Kordel am Griff kann der Hund auf Signal Schubladen und Türen öffnen.

Einfach zum Spaß: Gute-Laune-Spiele

Kleine Freuden verschönern den Alltag. Das gilt nicht nur für Zweibeiner, sondern auch für die vierbeinigen Freunde. Dabei muss die Beschäftigung des Hundes nicht immer aufwendig sein, auch kleine Spiele machen gute Laune.

TRICKREICH AUF VIER PFOTEN

Männchen machen, Pfötchen geben, Rolle auf dem Boden oder müden Hund spielen: Tricks zu lernen, ist kein Hokuspokus. Der Aufbau ist der gleiche wie bei den Übungen für den Grundgehorsam (▸ Seite 212). Üben Sie Schritt für Schritt und bestärken Sie Erfolge. Am besten nutzen Sie Verhalten, das Ihr Hund schon zeigt, und bauen dann weiter darauf auf. Natürlich können Sie die Kunststücke auch mit dem Clicker (▸ Info, Seite 221) trainieren. Wie immer gibt es mehrere Wege, um das Ziel zu erreichen. Ihnen fallen bestimmt noch viele weitere Tricks ein, die Ihr Hund entsprechend seiner Leistungsfähigkeit zeigen kann.

»Mach Männchen«. Ihr Hund sitzt, und Sie halten ein Leckerchen über seine Nase. Reckt er sich danach und seine Vorderpfoten heben sich vom Boden ab, sagen Sie das Hörzeichen und belohnen ihn. Bei weiteren Übungen muss er sich mehr anstrengen, um die Belohnung zu bekommen, bis er schließlich auf der Stelle balanciert.

»Gib Pfötchen«. Ihr Vierbeiner sitzt oder steht. Hocken Sie sich vor ihn, nehmen Sie eine Vorderpfote und loben ihn überschwänglich. Wiederholen Sie das einige Male und halten Sie dann Ihre Hand vor seine Brust. Jedes Pföteln nach Ihrer Hand wird gelobt und belohnt. Legt er die Pfote in Ihre Hand, sind Freude und Belohnung groß, und die Geste wird mit dem Signal verknüpft.

»Rolle«. Ihr Hund liegt auf dem Boden. Führen Sie ein Leckerchen vor seiner Nase um seinen Kopf herum. Folgt er dem Leckerchen, wird gelobt und belohnt. Dreht er sich schließlich ganz, wird der Trick mit dem Hörzeichen verbunden.

»Müder Hund«. Sie üben wie bei der »Rolle«, verknüpfen allerdings das regungslose Liegen auf dem Rücken mit dem Hörzeichen.

TÜCHTIG, TÜCHTIG

Warum nur faul im Körbchen liegen? Ihr Hund hat bestimmt Spaß daran, Ihnen fleißig im Haushalt zur Hand zu gehen. Denn es sind die kleinen Dinge, die das Leben leichter machen. Üben Sie es wie die Tricks und bauen Sie auf Angeboten Ihres Hundes auf.

»Zeitung holen«. Apportieren ist die Leidenschaft Ihres Vierbeiners? Dann kann er Ihnen ja die Zeitung bringen. Statt eines Spielzeugs (▸ Seite 257) üben Sie mit der gerollten Zeitung (mit Gummiring fixieren).

»Zieh«. Zerrspiele sind ein großer Spaß für Ihren Hund? Kombinieren Sie das mit einem Hörzeichen und üben Sie mit ihm, auf Signal an einer Kordel zu ziehen. Diese können Sie zum Beispiel an Schubladen und Türgriffen befestigen, die Ihr Hund damit öffnet.

»Aufräumen«. Ihr Hund begeistert sich für Ihre Socken und trägt diese mit Freude durch die Wohnung? Dann kann er sie auch in den Wäschekorb legen. Zum Üben stellen Sie einen niedrigen Korb auf den Boden und lassen sich eine Socke bringen. Über dem Korb geben Sie das Signal »Aus!«, die Socke fällt hinein. Hat der Hund das Prinzip verstanden, verknüpfen Sie ein eigenes Hörzeichen. Natürlich kann Ihr Vierbeiner alles aufräumen, was er tragen kann.

LECKER UND LUSTIG: FUTTERSPIELE

Futter oder kleine Extrahappen müssen Ihrem kleinen Freund nicht immer mundgerecht serviert werden. Lassen Sie ihn etwas dafür tun, dann schmeckt die Leckerei noch viel besser. Bei Intelligenz- und Geschicklichkeitsspielen muss Ihr Hund Köpfchen beweisen und Nase und Pfoten clever einsetzen – für kleine Tüftler.

Passende Spiele können Sie im Zoofachhandel kaufen (▸ Seite 244). Bestücken Sie das Spiel wie vorgesehen mit kleinen Futterbröckchen. Um an die leckeren Happen zu gelangen, muss Ihr Vierbeiner Klappen öffnen, Schubladen ziehen, Deckel verschieben und vieles mehr. Steigen Sie mit einem einfachen Schwierigkeitsgrad ein und leiten Sie Ihren Hund bei den ersten Versuchen an. Dann motivieren Sie ihn und fordern ihn zum Suchen auf. Hat der Hund das Spiel einmal verstanden, ist es meist blitzschnell leer geräumt.

Unter welcher Schachtel ist der Keks? Futterspiele wie das Hütchenspiel fordern Nase und Geschick des Hundes, um die Leckerei zu bekommen.

Futterspiele können Sie auch leicht selbst basteln: Ist das Leckerchen in einem alten Handtuch eingerollt, muss der Hund dafür ganz schön tüfteln.

- Futterbälle (▸ Seite 244) haben mehrere Löcher und werden mit kleinen Futterstücken gefüllt. Rollt der Vierbeiner den Ball mit den Pfoten oder der Nase über den Boden, fallen die Stückchen heraus. Die Spielzeuge gibt es in vielen verschiedenen Ausführungen, kugel- und eiförmig, aus Kunststoff oder Gummi.

Tipp: Die Gummivariante ist wesentlich geräuschloser, wenn sie über den Boden rollt.

- Basteln Sie Futterspiele doch einfach selbst: Leckerchen zum Beispiel in ein Handtuch oder Papier einwickeln, in eine Pappröhre stecken und die Enden umknicken oder in einem leeren Pizzakarton verstauen.
- Drei Kunststoffbecher werden zum Hütchenspiel: Nur unter einem ist der leckere Happen.
- Die einfache Alternative: Leckerchen in der Wohnung verstecken oder Trockenfutter großflächig auf dem Boden verstreuen – und der Hund darf sie suchen und fressen.

Kicken und Anstupsen: Der Futterball muss über den Boden rollen, damit er seinen leckeren Inhalt preisgibt.

ÜBER STOCK UND BESEN

Machen Sie Ihre Wohnung oder Ihren Garten zur Spaßarena. Alles, was Sie für einen improvisierten Slalom- oder Hindernislauf benötigen, haben Sie zu Hause, alternativ bekommen Sie die Spielgeräte im Zoofachhandel. Achten Sie immer darauf, Verletzungsrisiken zu minimieren (▸ Checkliste, Seite 261), zum Beispiel dass Hindernisse wie Hürdenstangen leicht herunterfallen. Passen Sie die Schwierigkeit der Leistungsfähigkeit des Hundes an, dann haben auch alte Vierbeiner oder solche mit Handicap Spaß dabei.

- Lose aufliegende Stangen dienen als Hürde.
- Kunststoffflaschen, Hocker oder Papiermülleimer werden zu Hindernissen für den Slalom. Bei älteren Hunden oder solchen mit Rückenproblemen den Abstand so groß wählen, dass der Hund nicht zu enge Wendungen laufen muss.
- Auf Besenstielen liegende Decken oder große Kartons werden zum Tunnel.
- Auf dem Boden liegende Decken, Zeitungen oder Plastikplanen werden zu Kontaktzonen, wo der Hund für einige Zeit verweilen muss.
- Nicht nur für vierbeinige Senioren: Legen Sie mehrere Besen oder Stöcke kreuz und quer so auf den Boden, dass dazwischen genug Trittfläche frei bleibt. Führen Sie Ihren Hund langsam darüber. Das fördert seine Konzentration, seinen Gleichgewichtssinn und seine Körperbeherrschung.

VERSTECKSPIELE

Das sichere Areal Ihrer Wohnung und Ihres Gartens (▸ Tabelle, Seite 115) bietet beste Voraussetzungen für unbeschwerten Spaß und ist ideal für Versteckspiele. Verstecken Sie sich oder Spielzeuge, Ihr Vierbeiner darf suchen. Wurde er fündig, wird das natürlich mit herzlichem Lob gefeiert. Seine Spielzeuge haben Namen? Verstecken Sie mehrere und lassen Sie ihn bestimmte suchen.

Mehr als Spaß: anderen helfen

Soziales Engagement und Freude an der Arbeit mit Hund schließen sich nicht aus. Wenn Ihr Hund kerngesund, gut erzogen und gut sozialisiert ist, können Sie als Team viel bewegen. Hund und Halter werden viele gute Erlebnisse aus dieser Arbeit mitnehmen, doch es darf nicht vergessen werden, dass es auch emotional sehr belastende Momente geben kann. Wenn Sie Interesse haben, können Sie sich zum Beispiel bei karitativen Einrichtungen, Hundeschulen und Rettungshundestaffeln in Ihrer Nähe über die Ausbildungs- und Einsatzmöglichkeiten informieren.

FREUDE BRINGEN ALS BESUCHSHUND

Ihr Hund ist ein gelassener Typ, freundlich und alltagserfahren? Vielleicht haben Sie beide ja Spaß daran, als Besuchshundeteam in Seniorenheime, Behinderteneinrichtungen, Kindergärten, Schulen, Hospize oder andere Einrichtungen zu gehen, dort für Abwechslung (▸ Seite 45) zu sorgen, Freude zu bringen oder junge Zweibeiner zum richtigen Umgang mit dem Vierbeiner anzuleiten. Natürlich wird geprüft, ob das Team für dieses ehrenamtliche Engagement geeignet ist. Dazu kommt eine vorbereitende Ausbildung. Der Hund darf nicht überfordert werden, und die Sicherheit für alle Beteiligten hat oberste Priorität.

Wichtig: Hat ein Vierbeiner als Kindergarten- oder Schulhund, im Seniorenheim oder Krankenhaus Kontakt mit Personen, deren Immunsystem geschwächt ist, gilt es, besonders auf seine Ernährung zu achten. Die Fütterung mit Frischfleisch (▸ Seite 139) und Kauartikeln, die bei der Trocknung nicht ausreichend erhitzt wurden, erhöht das Risiko, dass der Hund Salmonellen ausscheidet, auch wenn er keine Krankheitssymptome zeigt. Daher ist es sinnvoll, das Futter dieser Hunde zu erhitzen und nur Kauartikel von Herstellern mit hohen Qualitätskriterien zu geben.

CHECKLISTE

Spaß mit Sicherheit

Nehmen Sie auch bei kleinen Spielen Rücksicht auf die Gesundheit Ihres Vierbeiners und überfordern Sie ihn nicht.

- ○ Auf glatten Böden, rutschigen Teppichen, vor Treppen, Absätzen oder offenen Galerien droht Unfallgefahr!
- ○ Zwischendurch Pausen einlegen.
- ○ Hunde, die zu Magendrehung neigen (▸ Info, Seite 179), sollten besser keine Tricks mit »Rolle« u. Ä. machen.
- ○ Hindernisse sicher aufbauen.
- ○ Den Hund nicht höher springen lassen, als sein Ellenbogen hoch ist.

VOLLER EINSATZ ALS RETTUNGSHUND

Großes Engagement fordert die Arbeit in einer Rettungshundestaffel. Neben einer umfassenden Ausbildung und der meist jährlichen Prüfung wird mindestens einmal wöchentlich trainiert. Hinzu kommen jederzeit mögliche Einsätze bei der Suche nach vermissten Personen. Die Schwerpunkte sind je nach Staffel unterschiedlich, etwa die Suche auf Flächen oder unter Trümmern. Ernsthaft betriebene Rettungshundearbeit kann eine gute Auslastungsalternative für Jagdhunde sein, denn es werden alle Sinne, körperliche Höchstleistung und Zuverlässigkeit gefordert.

Interview

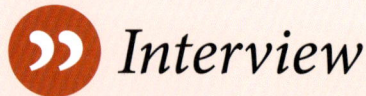

Beschäftigung dosieren

Hunde brauchen Beschäftigung. Das richtige Maß zu finden, ist nicht immer leicht. Denn neben rassespezifischen Bedürfnissen gibt es auch individuelle Aspekte zu berücksichtigen. Die Expertin gibt Auskunft.

KATHARINA SCHLEGL-KOFLER, HUNDEEXPERTIN

Sie ist eine erfahrene Hundetrainerin, anerkannte Expertin für artgerechte Hundehaltung und seit Jahren erfolgreiche GU-Autorin. Sie beschäftigt sich schon lange intensiv mit den Vierbeinern und ihrem Verhalten und bildet sich kontinuierlich zu den Themen Hundeerziehung, -ausbildung und -verhalten weiter. In ihrer Hundeschule, die sie seit vielen Jahren betreibt, finden Hundehalter tatkräftige Hilfe. Sie hält selbst Labrador Retriever, die sie erfolgreich durch Apportier-Prüfungen führt.

Woran erkennt der Halter, ob sein Hund ausgelastet ist?

KATHARINA SCHLEGL-KOFLER: Ein ausgelasteter Hund verhält sich im Haus ausgeglichen und seinem Alter und Charakter entsprechend »unauffällig«. Er liegt auch von selbst einmal in seinem Körbchen oder auf seiner Decke, macht das eine oder andere Nickerchen oder beschäftigt sich einmal mit seinem Spielzeug.

Wie äußert es sich, wenn ein Hund unterfordert ist?

KATHARINA SCHLEGL-KOFLER: Überschüssige Energie sucht sich ein Ventil. Je nach Alter und Veranlagung findet der Hund zum Beispiel zu Hause keine Ruhe, macht oft etwas kaputt, buddelt dauernd im Garten, zeigt eine erhöhte Wachsamkeit oder neigt unterwegs zum Jagen.

Manche Vierbeiner haben ein volles Beschäftigungsprogramm. Welche Anzeichen zeigt ein Hund bei Überforderung?

KATHARINA SCHLEGL-KOFLER: Ein überbeschäftigter Hund hat Stress. Stress zeigt sich zum Beispiel in Hyperaktivität, Nervosität, Hecheln ohne Anstrengung, Übersprunghandlungen (zum Beispiel häufiges Kratzen, Gähnen), Zerstörungswut oder übertriebener Körperpflege wie dauerndes Lecken oder Pfotenknabbern.

Ausreichend Ruhephasen sind genauso wichtig, damit der Vierbeiner nicht zum Hektiker wird.
Art und Dauer der Beschäftigung müssen individuell zum Hund passen.

Wie wichtig sind Ruhezeiten? Und gibt es Unterschiede je nach Alter?
KATHARINA SCHLEGL-KOFLER: Hunde verschlafen normalerweise einen großen Teil des Tages. Welpen und ältere Hunde schlafen besonders viel. Deshalb sind Ruhezeiten wichtig. Hunde, die sich leicht von Trubel »anstecken« lassen oder von selbst nicht zur Ruhe kommen, obwohl die Auslastung stimmt, müssen Ruhe lernen. Das geht am besten mit einer gemütlichen Hundebox in einer ruhigen Ecke. Dort kann der Vierbeiner abschalten.

Spiel kann süchtig machen, wie Bällchen fangen. Wann wird Spiel zur Sucht?
KATHARINA SCHLEGL-KOFLER: Suchtgefährdet sind Hunde mit hohem Beuteinstinkt und leichter Erregbarkeit, wenn sie häufig fliegenden Bällen oder Ähnlichem hemmungslos hinterherrennen. Das führt zu hohem Stress, extremer Fixierung auf das Objekt und hat im Gegensatz zu echter Apportierarbeit nichts mit Auslastung des Hundes zu tun.

Wie findet der Hundehalter die für seinen Vierbeiner passende Beschäftigung?
KATHARINA SCHLEGL-KOFLER: Am besten orientiert man sich am Verwendungszweck einer Rasse und ob der eigene Hund etwa eher bequem oder recht aktiv ist. Dem einen reichen normale Spaziergänge, für einen anderen ist Agility oder Apportieren das Richtige.
Wesentlich ist die mentale Auslastung, nicht nur die Bewegung. So kann zum Beispiel eine halbe Stunde Apportierarbeit effektiver sein als eine Stunde Laufen am Fahrrad. Also Qualität vor Quantität!

Urlaub mit Vierbeinern

Andere Länder, andere Sitten – das gilt für die Zweibeiner und natürlich auch für den kleinen Freund, der die Welt auf vier Pfoten erobert. Planung ist alles, ob der Hund mit auf große Fahrt geht oder in der Heimat bleibt.

Endlich wieder einmal das Meer sehen – was dem Menschen Fernwehträume beschert, kann auch dem Hund gefallen. Viele Hunde strahlen übers ganze Gesicht, wenn sie nach Stunden der Reise Seeluft schnuppern, über den Strand flitzen und sich in die Wellen stürzen können. Traurig, wenn der Strand für sie tabu ist und der tapfere Reisegefährte im Hotel warten muss, während Herrchen und Frauchen das Strandleben genießen.

Urlaub ist für einen Vierbeiner nur schön, wenn er an den Aktivitäten seiner Menschen teilhaben kann, zumindest die meiste Zeit. Nehmen Sie Ihren Hund nur mit auf die Reise, wenn auch er davon profitiert, und wägen Sie die Belastungen und gesundheitlichen Risiken ab. Wenn es Zweifel gibt, bleibt er besser zu Hause. Gut versorgt und wohlbehütet, kann er sich entspannt auf die Rückkehr seiner Leute freuen.

Planung ist alles

Gute Planung ist das A und O für einen gelungenen Urlaub, ob der Vierbeiner mit unterwegs ist oder zu Hause bleibt.

HUNDGERECHTER URLAUB

Ferien an der See, ein Wanderurlaub oder einfach eine schöne gemeinsame Zeit im Ferienhaus mit ausgedehnten Spaziergängen, das macht Ihrem vierbeinigen Gefährten sicher Spaß. Gar nicht nach seinem Geschmack sind allerdings im engen Zeitplan durchorganisierte Städtetouren oder andere Aktivitäten, wo er bestenfalls ein geduldeter Mitläufer ist.

Heftige Klimawechsel und lange Anreise belasten nicht nur alte und kranke Hunde. Gerade in südlichen Ländern ist die Gesundheit Ihres Vierbeiners großen Risiken ausgesetzt (▸ Info, Seite 177). Trotz bester Prophylaxe kann er lebensgefährliche Souvenirs wie Leishmaniose (▸ Seite 176) oder Herzwürmer (▸ Seite 177) mitbringen.

Lassen Sie Ihren Hund vor der Reise vom Tierarzt untersuchen, besprechen Sie mit ihm die gesundheitlichen Risiken, den Inhalt der Reiseapotheke und die notwendige Gesundheitsprophylaxe.

RECHTLICHE VORSCHRIFTEN

Erkundigen Sie sich vor der Reise bei den Konsulaten der Transitländer und des Ziellandes nach den Einreisebestimmungen für Hunde, auch bei Reisen innerhalb der Europäischen Union (EU).

- Darf Ihr Hund mit Ihnen in Ihr Urlaubswunschland einreisen? In manchen Ländern ist die Einfuhr einiger Rassen verboten oder nur unter bestimmten Voraussetzungen erlaubt.
- Wie sieht es mit der Leinen- und Maulkorbpflicht aus? Gibt es zum Beispiel Auflagen bei öffentlichen Plätzen oder Verkehrsmitteln?

Planen Sie den Urlaub mit Vierbeiner hundgerecht, damit auch Ihr tierischer Freund ihn genießen kann.

INFO

Kennzeichnen und registrieren Sie Ihren Hund!

- Lassen Sie die Identifikationsnummer des Mikrochips (▸ Seite 275) oder der Tätowierung Ihres Hundes bei einem Suchdienst registrieren (▸ Seite 284). Das erhöht die Chance, Ihren Hund wiederzubekommen, wenn er wegläuft.
- Ihr Hund sollte am Halsband immer den Anhänger des Registrierdienstes sowie Anhänger mit Kontaktdaten und wichtigen Informationen tragen: Name, Anschrift, Telefonnummer der Heimatadresse und Hinweise auf Erkrankungen.
- Im Urlaub zusätzlich die Daten der Urlaubsadresse und des Reiseveranstalters. Auch die Transportbox wird gekennzeichnet.
- Führen Sie im Urlaub immer ein aktuelles Foto Ihres Hundes und die Identnummer bei sich.

- Für die Einreise in EU-Länder wird ein EU-Heimtierpass benötigt, und der Hund muss mit einem Mikrochip (▸ Seite 275) gekennzeichnet sein. Ausnahmen sind Hunde mit einer gut lesbaren Tätowierung, die vor dem 03.07.2011 angebracht wurde. Die Identifikationsnummer muss im EU-Heimtierpass vollständig angegeben sein.
- Seit 01.01.2012 gibt es innerhalb der EU einheitliche Einreisebestimmungen zu den Impfungen. Ausreichend ist eine gültige Tollwutimpfung (▸ Seite 167), die mindestens 21 Tage alt und im EU-Heimtierausweis eingetragen ist. Weitere Impfungen werden nicht gefordert.
- Für die Einreise in das Vereinigte Königreich, nach Finnland, Malta oder Irland muss der Tierarzt beim Hund eine Behandlung gegen Bandwürmer (Echinococcus) vornehmen. Diese ist frühestens 120 Stunden und spätestens 24 Stunden vor der geplanten Einreise vorzunehmen und im EU-Heimtierausweis zu dokumentieren.

Nicht in jedem Restaurant ist der Hund willkommen. Klären Sie rechtzeitig ab, wohin er Sie begleiten darf.

URLAUBSFEELING

Immer mehr Reiseveranstalter bieten maßgeschneiderte Urlaube für Hundehalter an, die auch in der schönsten Zeit des Jahres nicht auf ihren Vierbeiner verzichten wollen. Dort finden Sie bestimmt die passende Unterkunft für Ihren gemeinsamen Traumurlaub.

Vierbeiner willkommen. Wollen Sie auf eigene Faust buchen, müssen Sie sich frühzeitig informieren und sich schriftlich bestätigen lassen, dass Ihr Hund im Hotel, in der Ferienwohnung oder auf dem Campingplatz willkommen ist. Wie sieht es mit dem Hotelrestaurant aus, darf Ihr Hund dorthin mit, wenn er sich gut benimmt?

Hundgerechter Urlaubsort. Ist Ihre Region als hundefreundlich bekannt? Erkundigen Sie sich nach den Möglichkeiten für die gemeinsame Freizeitgestaltung. Ansprechpartner sind Fremdenverkehrsämter und Touristeninformationen.

- Gibt es ausgewiesene Wanderwege? Ist der Schwierigkeitsgrad von allen Mitreisenden gut zu bewältigen? Darf Ihr Hund mit Ihnen an den Strand? Oder gibt es Hundestrände?
- In viele Freilichtmuseen, Wildgehege, Zoos und Freizeitparks darf der Hund mit. Nachfragen lohnt sich.

HUND AN BORD

Die letzte Mahlzeit Ihres Hundes sollte vor Reiseantritt bereits ein oder zwei Stunden zurückliegen. Vermeiden Sie Fahrten bei Hitze (▸ Hitzschlag, Seite 197). Frisches Wasser muss ihm ständig zur Verfügung stehen, je nach Länge der Reise kann eine kleine Zwischenmahlzeit sinnvoll sein. Im Auto (▸ Seite 225) muss Ihr Hund gut gesichert sein. Bringen Sie Sonnenschutz an den Fenstern an. Legen Sie spätestens alle zwei Stunden eine Pause mit einem Spaziergang ein. Wichtig: Der Hund muss dann immer angeleint sein!

Informieren Sie sich frühzeitig, was bei Bahnfahrten (▸ Seite 272) und Flugreisen (▸ Seite 273) mit Hund zu beachten ist. Bei Flugreisen muss der Hund rechtzeitig angemeldet werden. Sie sind für Hunde sehr belastend, für kranke sogar gefährlich, zum Beispiel bei Epilepsie, Diabetes oder Herzerkrankung. Der lange Aufenthalt in der Transportbox ist bei Arthrose schmerzhaft. Wollen Sie das Ihrem Vierbeiner wirklich zumuten?

HUNDESITTER

Vertrauen Sie Ihren geliebten Vierbeiner nur Menschen an, die zuverlässig Ihre Instruktionen ausführen und sich liebevoll um ihn kümmern.

- Freunde und Verwandte, die den Hund kennen.
- Hundesitting auf Gegenseitigkeit, zum Beispiel organisiert über Tierheime vor Ort oder den Deutschen Tierschutzbund.
- Manche Züchter nehmen die von ihnen gezüchteten Hunde in Urlaubspflege.
- Professionelle Haushüter kümmern sich auch um Vierbeiner (▸ Seite 284).
- Sie überlegen, Ihren Hund in eine Tierpension zu geben? Nehmen Sie sie vorher genau unter die Lupe: Werden nur geimpfte Hunde aufgenommen? Gibt es Beschäftigungsangebote und tierärztliche Versorgung? Wie ist die Unterkunft? Wirken die Betreuer kundig und zuverlässig? Beim Deutschen Tierschutzbund gibt es eine Checkliste und einen Musterbetreuungsvertrag.

Informationen für den Urlaubssitter. Schreiben Sie dem Hundesitter alles auf, was nötig ist, um Ihren Hund richtig zu betreuen: Futterplan, Hinweise zu Unverträglichkeiten und Allergien, wenn notwendig auch für die Verabreichung von Medikamenten sowie Verhaltenstipps, Anweisungen für den Spaziergang und die Beschäftigung. Natürlich braucht er auch alle Kontaktdaten von Ihnen, vom Tierarzt und von der Tierregistrierung.

INFO

Reisegepäck für Ihren Vierbeiner

Auf diese Dinge sollten Sie während der Reise immer direkt zugreifen können, auch im Auto:

- **Halsband und Leine:** Halsband mit Adressanhänger sollte Ihr Hund im Urlaub immer tragen. Bei Autofahrten wird der Hund auf Rastplätzen etc. nur angeleint geführt.
- **Adressanhänger:** Immer vergewissern, dass er am Halsband befestigt ist (▸ Info, Seite 265).
- **Papiere:** EU-Heimtierausweis; Dokumente der Tierhaftpflichtversicherung und die Versicherungsnummer; je nach Land Unterlagen zur Rasse- bzw. Mischlingsbestimmung des Hundes und zur Gesundheit.
- **Reiseproviant:** Ausreichend frisches Wasser, Napf und ggf. leichte Zwischenmahlzeit.
- **Gesundheit:** Reiseapotheke; ggf. vom Hund benötigte Medikamente in ausreichender Menge.
- **Kottüten**
- **Maulkorb:** Je nach Land.

Folgende Dinge benötigen Sie zur Versorgung und Pflege Ihres Hundes im Urlaub:

- **Urlaubsproviant:** Ausreichender Vorrat des gewohnten Futters. Im Urlaub keine Futterexperimente machen!
- **Liegeplätze:** Decken, Hundekissen.
- **Fellpflege:** Kamm, Bürste, Schere, alte Handtücher zum Abtrocknen.
- **Gesundheitspflege:** Pinzette, Zeckenzange, Parasitenvorbeugung, ggf. Sonnenschutz.
- **Spielzeug:** Alles, was Ihr Hund gerne mag.
- **Kauknochen:** Damit sich Ihr Hund auch allein beschäftigen kann.
- **Erziehungshilfsmittel:** Ggf. Hundepfeife, Kopfhalfter und andere.

Fragen und Antworten
Spiel & Freizeit

1

Unser Hund wird auf der Freilauffläche häufig von einer Hundegruppe gejagt. Ist das okay?
Oft kann auf Freilaufflächen oder in schlecht geführten Hundespielstunden beobachtet werden, dass sich mehrere Hunde zusammentun, sich den schwächsten herauspicken und eine wilde Jagd veranstalten. Das Opfer findet das gar nicht lustig. Den Jägern macht es Spaß, und sie fühlen sich stark. Je öfter sie damit durchkommen, desto eher werden sie zu vierbeinigen Hooligans. Dies muss unterbunden werden.

Nach Herzenslust frei rennen ist nicht überall möglich, Freilaufflächen bieten sich dafür an.

2

Stimmt es, dass das Spiel mit der Reizangel ein gutes Anti-Jagdtraining ist?
Eine Reizangel ist ein Stock mit einer Schnur, an der eine Ersatzbeute befestigt ist. In der Jagdhundeausbildung wird dies verwendet, um die jagdliche Motivation des Hundes zu steigern und um die Selbstkontrolle zu verbessern, zum Beispiel beim Vorstehen. Richtig durchgeführt, kann es gelingen. Allerdings ist wahrscheinlich, dass bei Hunden, die schon Tendenzen zum jagdlichen Verhalten besitzen, die Jagdleidenschaft gefördert wird. Bei Hunden im jagdlichen Einsatz ist das erwünscht. Bei Familienhunden kann dadurch erst ein Problem entstehen, denn der Hund findet Gefallen an der wilden Hatz und ist schwerer zu kontrollieren.

3

Wenn mein Hund eine Fährte verfolgt, schnuppert er oft seitlich davon. Warum tut er das?
Die Geruchsmoleküle können vom Wind verweht werden. Ihr Hund arbeitet richtig und schnuppert da, wo er Geruchsspuren findet. Trotzdem wird er sein Ziel zuverlässig finden.

4

Unser Riesenschnauzer beißt jedes Spielzeug kaputt. Was können wir ihm noch geben?
Vollgummibälle und Baumwollseile sind sehr robust, vielleicht ist das die Alternative. Möglich sind auch spezielle Kauwurzeln und Geweihstücke in passender Größe aus dem Zoofachhandel.

5 Stimmt es, dass Stöckchenspiele gefährlich sind?

Fast jeder Hund liebt das Spiel mit Stöcken. Wird der Stock jedoch falsch gefangen, kann ihn sich der Hund in Mund- und Rachenraum rammen, was sehr schwere und stark blutende Verletzungen verursachen kann. Und ein schlecht gezielter Wurf kann den Hund treffen und ihn ebenfalls schlimm verletzen. Auf Nummer sicher gehen Sie mit Wurf- und Bringspielzeugen für Hunde aus dem Zoofachhandel.

6 Was gibt es auf einer Hundefreilauffläche zu beachten?

Ihr Hund sollte wegen der Verletzungsgefahr kein Kettenhalsband oder Geschirr tragen. Gehen Sie vorher mit ihm spazieren, damit er sich lösen kann. Stehen Sie nicht mit anderen Leuten im Pulk herum, sondern bleiben Sie in Bewegung, das reduziert das Konfliktrisiko. Geben Sie Ihrem Hund keine Leckerchen und veranstalten Sie keine wilden Tobereien mit Spielzeug. Streicheln oder füttern Sie keine anderen Hunde.

7 Wir toben und balgen gerne ausgelassen mit unserem jungen Labrador. Nun wird uns das zu wild. Was können wir tun?

Das fällt klar unter »die Geister, die ich rief«. Mit Welpen ist das ungebremste Spiel noch lustig, und man kann den Knirps jederzeit bezwingen. Wird der Hund kräftiger, gerät die Angelegenheit leicht außer Kontrolle. Es ist wichtig, auch jungen Hunden zu zeigen, dass es im Spiel Grenzen gibt. Machen Sie Ihrem Labrador künftig deutlich, was er darf und was nicht.

8 Verhindert das Spielen mit Quietschtieren das Erlernen der Beißhemmung?

Nein, in der Regel nicht. Durch die Beißhemmung lernt ein Hund, bei Sozialpartnern nicht fest zuzubeißen oder loszulassen, wenn er eine Schmerzäußerung hört, etwa einen Schrei. Das Quietschen der Spieltiere erinnert an das Piepsen von Mäusen. Normal sozialisierte Hunde können zwischen der Schmerzäußerung von Menschen und der Quietsche unterscheiden.

9 Bei Autofahrten ist unsere junge Französische Bulldogge oft unruhig und erbricht. Was können wir tun?

Gerade Welpen müssen sich noch an das Mitfahren im Auto gewöhnen. Langsame, kurze Fahrten sind dafür ideal. Am Ziel sollte den Hund etwas erwarten, was ihm Freude macht. Fragen Sie Ihren Tierarzt oder Tierheilpraktiker, wenn die Reiseübelkeit bestehen bleibt, oft helfen zum Beispiel homöopathische Mittel.

7

ANHANG

Glossar

AALSTRICH

Ein Streifen dunkler Haare auf dem Rücken, vom Widerrist bis zum Rutenansatz.

ABZEICHEN

Abgegrenzte Fellpartien anderer Farbe bei überwiegend einfarbigen Hunden, z. B. über den Augen, am Fang, an der Brust oder an den Pfoten.

AFTERKRALLE

Kralle an der fünften Zehe der Hinterpfoten.

AHNENTAFEL

Abstammungsnachweis des Hundes, der vom Rassezuchtverein ausgestellt und vom Züchter unterschrieben an den Hundekäufer weitergegeben wird. Damit wird die Rassereinheit bescheinigt. Dort sind mehrere Generationen der Vorfahren aufgeführt sowie u. a. Erfolge bei Ausstellungen und Leistungsprüfungen.

ANALBEUTEL

Sie befinden sich links und rechts seitlich neben dem After und enthalten Drüsen. Diese sondern ein Sekret ab, dessen Geruch u. a. der Reviermarkierung dient und den Artgenossen wichtige Informationen vermittelt. Ausgeschieden wird das Sekret, wenn der Hund Kot absetzt, dabei entleeren sich auch die Analbeutel. Durch weichen Kot oder verdicktes Sekret können die Analbeutel verstopfen, was Juckreiz und Schmerzen verursacht. Typisches Anzeichen ist u. a. das »Schlittenfahren« (▸ Seite 161). Bringen Sie Ihren Hund dann zeitnah zum Tierarzt, damit die Analbeutel fachgerecht entleert werden und sich nicht entzünden.

AUTOIMMUNERKRANKUNG

Störung des Immunsystems. Körpereigene Zellen oder Gewebe werden angegriffen, was u. a. zu entzündlichen Reaktionen führt. Es gibt verschiedene Erkrankungen.

BAHNREISEN MIT HUND

Hunde, die nicht größer als eine Hauskatze sind, dürfen in einer Transportbox befördert unentgeltlich mitfahren. Größere Hunde müssen angeleint sein und einen Maulkorb tragen; für sie ist bei Fahrten innerhalb Deutschlands der halbe Fahrpreis zu zahlen. Das muss nicht für Sondertarife gelten. Erkundigen Sie sich frühzeitig nach den Mitnahmebedingungen.

BEATMUNG

Notfallmaßnahme, wenn der Hund nicht atmet und bewusstlos ist (▸ Seite 196). Dazu wird das Maul samt heraushängender Zunge mit den Händen umschlossen und Luft (ggf. mit einem Taschentuch dazwischen) in die Nase gepustet, bis sich der Brustkorb hebt: Eine Beatmung wird ca. alle 6 Sekunden wiederholt, bis der Hund wieder selbstständig atmet. Immer wieder Atmung und Kreislauf prüfen (▸ Lebenszeichen, Seite 274). Sind weder Herzschlag noch Puls fühlbar, ist Herzmassage (▸ Seite 273) nötig.

BLUTBILD

Das Blutbild fasst die Ergebnisse einer Blutuntersuchung zusammen. Von den Normalwerten abweichende Blutwerte weisen auf Erkrankungen hin, z. B. Entzündungen, Infektionen oder Allergien. Ein geriatrisches Profil ist eine erweiterte Blutanalyse, deren Werte u. a. Hinweise auf die Funktion von Nieren, Leber und Schilddrüse liefern. Viele weitere Laboruntersuchungen zur Diagnose von Krankheiten sind möglich. Regelmäßige Kontrolle der Blutwerte dient der Krankheitsfrüherkennung.

DIENSTHUNDERASSE

Darunter versteht man Hunderassen für den Einsatz zum Beispiel bei Polizei und Zollbehörden. Zu den traditionellen, anerkannten Diensthunderassen zählen Airedale Terrier (Foto rechts), Bouvier des Flandres, Dobermann, Deutscher Boxer, Deutscher Schäferhund, Hollandse Herdershond, Hovawart, Malinois und andere Belgische Schäferhunde, Rottweiler sowie Riesenschnauzer.

FCI

Die Fédération Cynologique Internationale (FCI) ist die Weltorganisation der Kynologie mit Sitz in Belgien. Ihr gehören nationale Dachverbände der Rassehundvereine an. Die FCI erkennt über 340 verschiedene Rassen an.

FLUGREISEN MIT HUND

Kleine Hunde bis 5 oder 8 kg inklusive Transportbox können bei manchen Fluglinien im Passagierraum mitreisen. Größere werden im Frachtraum befördert, was für die Hunde traumatisch sein kann. Ob und unter welchen Bedingungen Hunde mitfliegen dürfen, ist je nach Fluglinie unterschiedlich. Infos zu Airline-Konditionen gibt es z. B. auf www.flugpate.com.

HERZMASSAGE

Notfallmaßnahme, wenn weder Herzschlag noch Puls zu fühlen sind. Der Hund liegt auf der rechten Seite, die linke Seite mit dem Herzen zeigt nach oben. Der Helfer legt seine linke Handfläche auf den Brustkorb über die Herzgegend hinter dem Ellenbogen. Dann wird 5- bis 10-mal schnell hintereinander kräftig auf die linke Hand gedrückt: bei großen Hunden mit der rechten Faust, bei mittelgroßen mit der Handfläche und bei kleinen mit dem Daumen. Abwechselnd Beatmung und Herzmassage mit 5–10 Stößen. Lassen Sie sich die richtige Technik in einem Erste-Hilfe-Kurs zeigen.

HOMÖOPATHISCHE POTENZ

Zur Herstellung homöopathischer Mittel werden die Ausgangsstoffe (Ursubstanzen oder Urtinkturen) verdünnt und verschüttelt. Die D1-Potenz entsteht, wenn 1 Teil der Ursubstanz mit 9 Teilen des Trägerstoffs verdünnt und zehnmal verschüttelt oder verrieben wird, die D2-Potenz entsteht, wenn 1 Teil der D1 mit 9 Teilen des Trägerstoffs verdünnt und zehnmal verschüttelt oder verrieben wird, usw. Bei C-Potenzen arbeitet man mit 99 Teilen des Trägerstoffs.

HYPERSEXUALITÄT

Hormonell bedingtes, übersteigertes Sexualverhalten bei Rüden und Hündinnen. Es zeigt sich bei Rüden u. a. durch übermotiviertes Aufreiten auf Artgenossen sowie durch überdurchschnittliches Leiden während der Läufigkeit einer Hündin in der Nachbarschaft und führt zu permanentem Stress.

IMPFREAKTION

Dies sind Nebenwirkungen im Zusammenhang mit einer Impfung. Schwere Komplikationen sind sehr selten, doch für den betroffenen Hund und seinen Halter belastend oder schwerwiegend. Unstrittig sind mögliche lokale Hautreaktionen an der Einstichstelle, zum Beispiel Empfindlichkeit, Schwellung, Haarausfall, Abszess und Nervenschäden. Weiterhin können allergische Reaktionen (bis zum anaphylaktischen Schock) und Autoimmunreaktionen auftreten. Bei Lebendimpfstoffen kann es in Einzelfällen zu Symptomen der Krankheit kommen, gegen die geimpft wurde, oder ungeimpfte Hunde können beim Kontakt mit geimpften Tieren erkranken. Diskutiert wird ein möglicher Zusammenhang von Impfungen mit Krampfanfällen und weiteren Erkrankungen. Deswegen ist es so wichtig, nur gesunde Hunde zu impfen.

KASTRATION

Bei einer Kastration werden beim Rüden die Hoden, bei der Hündin die Eierstöcke und gelegentlich auch die Gebärmutter entfernt. Die Hunde sind danach unfruchtbar. Nach § 6 Tierschutzgesetz ist eine Kastration nur bei tierärztlicher Indikation (etwa bei erkrankten Geschlechtsorganen, damit zusammenhängenden Erkrankungen oder wenn der Hund unter seinen Geschlechtsfunktionen leidet) sowie zur Verhinderung unkontrollierter Fortpflanzung (▸ Seite 186) erlaubt.

KREISLAUFTEST

Der Kreislauf lässt sich testen, indem man die Rückfüllungszeit der Kapillaren (feinste Blutgefäße) in der Mundschleimhaut bestimmt. Bei intaktem Kreislauf eines Hundes sind die Schleimhäute über den Zähnen rosig. Für den Test wird 2 Sekunden lang mit dem Finger auf die Schleimhaut gedrückt. Dauert es länger als 2 Sekunden, bis die Druckstelle wieder ihre ursprüngliche Farbe angenommen hat, liegt ein Kreislaufproblem oder sogar ein lebensgefährlicher Schock vor.

KRYPTORCHISMUS

Einer oder beide Hoden sind nicht vollständig in den Hodensack abgestiegen und befinden sich in der Bauchhöhle oder Leiste. Durch die höhere Umgebungstemperatur kann es zu Hormonstörungen kommen, im fortgeschrittenen Alter bilden sich häufiger gut- oder bösartige Tumoren an den nicht im Hodensack liegenden Hoden. Nicht abgestiegene Hoden sollten mit etwa 12–18 Lebensmonaten operativ entfernt werden. Die Krankheit ist meist erblich.

LEBENSZEICHEN

Lebenszeichen sind Atmung, Herzschlag und ein Funktionieren von Kreislauf und Reflexen.

Ob der Hund atmet, erkennt man am Heben und Senken des Brustkorbs, wenn sich ein vor die Nase gehaltener Spiegel beschlägt oder ein vor die Nase gehaltenes Papier oder dünnes Tuch bewegt. Den Herzschlag fühlt man mit der flachen Hand hinter dem linken Ellenbogen auf dem Brustkorb. Der Puls (▸ Foto Seite 197 oben) wird an der Innenseite des Oberschenkels gefühlt. Die kapilläre Rückfüllung (▸ Seite 274) gibt Hinweise auf die Kreislauffunktion. Reflexe sind nicht steuerbare Reaktionen, wie die Verengung der Pupille bei starkem Lichteinfall, ein Zucken oder Zurückziehen der Pfote bei Zwicken in die Zehenzwischenhaut sowie Zucken oder Schließen der Augenlider bei Berührung. Auch ohne Lebenszeichen können Beatmung (▸ Seite 272) und/oder Herzmassage (▸ Seite 273) den Hund manchmal noch retten.

➔ MDR1-DEFEKT

Für Hunde mit diesem genetischen Defekt kann die Aufnahme bestimmter Medikamente tödlich sein. Ursache ist, dass spezielle Arzneistoffe die Blut-Hirn-Schranke passieren können und in das zentrale Nervensystem gelangen. Folgen sind z. B. Zittern, starkes Speicheln, Erbrechen, Koordinationsstörungen, Koma und oft Tod. Diese Medikamentenüberempfindlichkeit besteht z. B. bei den Arzneistoffen Ivermectin, Doramectin, Moxidectin, Milbemycinoxim und Loperamid. Die Wirkstoffe sind in vielen Mitteln gegen Parasiten und Würmer (▸ Seite 157), in Arzneien gegen Durchfall, Übelkeit und Erbrechen und in manchen Narkosemitteln enthalten. Betroffene Rassen sind: Kurzhaar Collie, Langhaar Collie (Foto links), Longhaired Whippet, Mini-Australian Shepherd, English Shepherd, Shetland Sheepdog, Silken Windhound, Australian Shepherd, McNab, Deutscher Schäferhund, Weißer Schäferhund, Bobtail, Border Collie und deren Mischlinge. Jeder Hund einer gefährdeten Rasse oder deren Mischling sollte frühzeitig mit einer speziellen Blutuntersuchung getestet werden. Für betroffene Hunde kann es auch gefährlich sein, z. B. Kot von Tieren (Schafe, Pferde etc.) zu fressen, die mit Mitteln entwurmt wurden, die die entsprechenden Arzneistoffe enthalten.

➔ MIKROCHIP

Der Mikrochip ist ein etwa 12 mm langer Transponder zur Kennzeichnung von Tieren, der mit einer Kanüle unter die Haut gesetzt wird. Die ihm zugeordneten individuellen Identifikationsdaten werden mit speziellen Lesegeräten ausgelesen. Diese Daten sind auch im EU-Heimtierausweis und in der Ahnentafel vermerkt. Die Kennzeichnung eines Hundes ist in manchen Bundesländern Pflicht (▸ Seite 55) und Voraussetzung für die Einreise in andere Länder. Gekennzeichnete Hunde können registriert (▸ Seite 265) werden.

➔ NATURHEILVERFAHREN

Naturheilkunde (▸ Seite 190) ist ein Teil der Medizin. Naturheilverfahren stimulieren zumeist die Selbstheilungskräfte des Körpers, viele werden auch bei Hunden angewendet. Nicht alle Verfahren sind wissenschaftlich anerkannt. Anerkannt ist z. B. die Lichttherapie. Sonnenlicht oder Licht eines ähnlichen Farbspektrums beeinflusst den Körper u. a. bei der Hormonbildung. Lichtmangel kann Antriebslosigkeit und Immunschwäche verursachen. »Lichtduschen« steigern Wohlbefinden und wirken z. B. Depression entgegen. Farbtherapie ist nicht wissenschaftlich anerkannt. Sie nutzt den z. B. beruhigenden oder anregenden Einfluss von Farben auf den Körper zur unterstützenden Behandlung von Krankheiten.

➔ RASSESTANDARD

Im Rassestandard wird der Idealtyp eines Rassehundes im Aussehen und meist auch in seinem Verhalten beschrieben. Eine der Organisationen, die diese Standards zusammen mit den Ursprungsländern erstellt und verwaltet, ist die FCI (▶ Seite 273). Der Rassestandard dient den Richtern auf einer Hundeausstellung als Maßstab zur Beurteilung des Tieres und den Züchtern zur Definition ihrer Zuchtziele.

SCHNAUZENBISS/-GRIFF

Hundemütter verwenden den Schnauzenbiss zur Maßregelung ihres Nachwuchses: Sie umgreifen die Welpenschnauze mit ihren Zähnen (Foto

oben). Davon leitet sich der Schnauzengriff ab: Dabei umfasst der Halter in ähnlicher Weise die Hundeschnauze mit den Fingern. In der Praxis gibt es andere körpersprachliche Maßnahmen im Rahmen der Hundeerziehung, die effektiver sind und sich leichter umsetzen lassen.

SCHUTZVERHALTEN

Bezeichnet die Bereitschaft des Hundes zu beschützen, z. B. Menschen, andere Tiere, Haus und Grundstück. Manche Rassen haben aus Veranlagung ein hohes Schutzverhalten.

SCHWELLUNGEN

Eine Schwellung ist die Vermehrung von Zellen, was in Haut und Gewebe, Organen und Knochen vorkommen kann. Sie kann die Folge einer Verletzung oder Entzündung sein oder Blut, Eiter und andere Flüssigkeiten enthalten (Zyste). Eine weitere Ursache kann fehlgesteuertes Zellwachstum sein (Tumor). Es gibt »gutartige« Tumoren wie manche Fettgeschwulste (Lipome), die nicht behandelt werden müssen, solange sie dem Hund keine Beschwerden bereiten. »Bösartige« Tumoren (▶ Krebs, Seite 184) können auf andere Bereiche übergreifen und Metastasen (Tochtergeschwulste) bilden. Die Ursache einer Schwellung sollte immer der Tierarzt abklären.

SPOT-ON-PRÄPARAT

Medikament, meist zur Parasitenvorbeugung/-bekämpfung, das im Nacken und gegebenenfalls auf anderen Körperstellen aufgeträufelt wird, wo der Hund es nicht ablecken kann.

STEREOTYPIE

Verhaltensstörung mit wiederholten, gleichen Bewegungen oder Lautäußerungen ohne erkennbaren Zusammenhang zur Situation. Oft eine Reaktion auf anhaltenden Stress, aktuell oder in der Vergangenheit.

STOCKHAAR

Bezeichnet Hundefell, das aus Deckhaar und dichter Unterwolle besteht, z. B. beim Deutschen Schäferhund.

TELEREIZGERÄT

Auch Ferntrainer, Teletakt, Stromreiz-, Stromimpuls- oder Teleimpulsgerät. Stromreizgeräte arbeiten mit Schmerz. Sie bestehen aus einer Fernbedienung mit Sender und einem Halsband mit Empfänger. Durch Knopfdruck auf die Fernbedienung wird ein Stromschlag ausgelöst. Die Anwendung kann zu Verhaltensproblemen führen. Das Tierschutzgesetz (§ 3, Nr. 11) verbietet deren Einsatz in der Hundeausbildung.

➔ TIERBESTATTUNG

Hunde dürfen im eigenen Garten beerdigt werden, wenn rechtliche Auflagen nicht entgegenstehen und ein formloser Antrag vom Veterinäramt genehmigt wurde. Es ist nicht erlaubt, wenn der Garten in einem Wasserschutzgebiet oder nahe öffentlicher Wege oder Plätze liegt oder wenn das Tier an einer meldepflichtigen Krankheit gestorben ist. Alternativen sind die Beerdigung auf einem Tierfriedhof oder die Einäscherung in einem Tierkrematorium. Informationen zur Bestattung gibt es bei den Mitgliedern des Bundesverbandes der Tierbestatter e. V., bei Tierärzten sowie zu rechtlichen Fragen bei den Ordnungsbehörden.

➔ ÜBERSPRUNGVERHALTEN

Das ist eine Reaktion scheinbar ohne Bezug zur momentanen Situation. Sie entspringt einer Konfliktsituation, die es dem Hund schwer macht, sich für eine der zur Auswahl stehenden Handlungen zu entscheiden (▸ Seite 39), z. B. im Training ein Kommando zu befolgen oder anderen Interessen nachzugehen. Oft gezeigtes Übersprungverhalten ist z. B. Gras zu fressen, sich zu schütteln, sich zu kratzen, zu scharren, zu gähnen, zu schmatzen oder sich die Schnauze zu lecken. Die Bewertung ist nicht immer einfach, da die Handlung auch ein Signal mit anderer Bedeutung sein kann oder gar keinen Signalcharakter hat.

➔ VIBRATIONSHALSBAND

Erziehungshilfsmittel für taube Hunde, um auf Entfernung ein Signal zu übermitteln. Es besteht aus einer Fernbedienung mit Sender und einem Halsband mit Empfänger. Durch Knopfdruck auf die Fernbedienung vibriert der Empfänger, ähnlich der Vibration eines Mobiltelefons. Wichtig für die Benutzung ist, dass der Hund die Vibrationssignale positiv verknüpft und das Gerät sachgerecht verwendet wird. Nicht alle Hunde kommen mit dieser Art der Signalübermittlung klar, dies muss im Einzelfall am besten unter Anleitung ausprobiert werden.

➔ WESENSTEST

Er dient der Beurteilung des Hundeverhaltens in bestimmten Situationen, die Aussagekraft wird von vielen Fachleuten jedoch kritisch gesehen. Manche Züchter lassen Wesenstests bei den Welpen vornehmen, um Verhaltenstendenzen und deren Persönlichkeit einzuschätzen. Ein bestandener Wesenstest ist bei einigen Rassehunden Voraussetzung zur Zuchtzulassung oder soll die Gefährlichkeit beurteilen.

➔ WIDERRIST

Auch Schulterhöhe. Höchster Punkt der Schulterblätter, dort wird die Größe des Hundes gemessen.

➔ ZUCHTLINIE

Linienzucht geht auf gemeinsame Vorfahren der Elterntiere zurück mit dem Ziel, wünschenswerte Eigenschaften zu erhalten bzw. zu verstärken. Besonders bei »enger« Linienzucht und der damit verbundenen Inzucht besteht die Gefahr, dass Erbkrankheiten gehäuft auftreten, zudem geht die genetische Vielfalt verloren.

➔ ZUCHTWERT

Er weist dem Hund einen statistischen Wert im Verhältnis zum Rassedurchschnitt zu und schätzt die Erblichkeit bestimmter Merkmale. Sinnvoll kann das v. a. zur Einschätzung erblicher Krankheiten sein: Je höher der Wert, desto wahrscheinlicher ist die Erblichkeit.

Sachregister

Halbfett gesetzte Seitenzahlen verweisen auf Fotos. **U** = Umschlagseite

A

B/C

D

E

F

G

H

I/J

R

S

T

U

V

Rassenregister

E/F

G

H

I/J

K

L

M/N

P

R

S

T

W/Y

Z

Adressen und Literatur

Die Inhalte dieses Buches beziehen sich auf die Bestimmungen des deutschen Tier- bzw. Artenschutzes. In anderen Ländern können die Angaben abweichen. Erkundigen Sie sich bitte im Zweifelsfall bei Ihrem Zoofachhändler oder bei der entsprechenden Behörde.

ADRESSEN

Fédération Cynologique Internationale (FCI), Place Albert 1er, 13, B-6530 Thuin/Belgien, www.fci.be

Verband für das Deutsche Hundewesen e. V. (VDH), Westfalendamm 174, 44141 Dortmund, www.vdh.de

Österreichischer Kynologenverband (ÖKV), Siegfried-Marcus-Str. 7, A-2362 Biedermannsdorf, www.oekv.at

Schweizerische Kynologische Gesellschaft (SKG/SCS), Geschäftsstelle Sagmattstr. 2, CH-4710 Balsthal, www.skg.ch

Deutscher Tierschutzbund e. V., In der Raste 10, 53129 Bonn, www.tierschutzbund.de

Schweizer Tierschutz (STS), Dornacherstr. 101, CH-4018 Basel, www.tierschutz.com

Österreichischer Tierschutzverein, Berlagasse 36, A-1210 Wien, www.tierschutzverein.at

REGISTRIERUNG VON HUNDEN

Deutsches Haustierregister, Deutscher Tierschutzbund e. V., In der Raste 10, 53129 Bonn, www.findefix.com

TASSO e. V., Haustierzentralregister, Otto-Volger-Str. 15, 65843 Sulzbach/Taunus Tel. (06190) 93 73 00, www.tasso.net, E-Mail: info@tasso.net

Internationale Zentrale Tierregistrierung (IFTA), Nördliche Ringstr. 10, 91126 Schwabach, Tel. (00800) 43 82 00 00 (kostenlos), www.tierregistrierung.de

FRAGEN ZUR HUNDEHALTUNG BEANTWORTEN

Ihr Zoofachhändler und der Zentralverband Zoologischer Fachbetriebe Deutschlands e. V. (ZZF), www.zzf.de, Online-Portal des ZZF: www.my-pet.org, Tel. (06 11) 44 75 53 32 (Mo 12–16 Uhr, Do 8–12 Uhr)

HUNDE IM INTERNET

Homepages der Interviewpartner im Buch:

Susanne Blank: **www.hundeschule-sulzbach.de**
Dr. Natalie Dillitzer: **www.futtermedicus.de**
PD Dr. Udo Gansloßer: **www.ganslosser.de**

www.hundeschulen.de Bundesverband der Hundeerzieher/innen und Verhaltensberater/innen e. V.

www.dhv-hundesport.de Deutscher Hundesportverband e. V.

www.spass-mit-hund.de Tipps und Infos zur Beschäftigung mit Hunden

www.mensch-heimtier.de Forschungskreis Heimtiere in der Gesellschaft

www.bundesverband-rettungshunde.de Website des Bundesverbandes für Rettungshunde

www.graue-schnauzen.de Vermittlung von älteren Hunden

www.haushueter.org Urlaubsbetreuung

www.flugpate.com/tier_bedingungen_flug.php Infos zu Fluglinien und Flugpaten

www.smile-tierliebe.de Bundesverband praktizierender Tierärzte e. V., mit Tierärzteverzeichnis

www.ggtm.de Homepage der Gesellschaft für ganzheitliche Tiermedizin e. V.

www.tierklinik.de Informationsportal zur Tiermedizin, Notdienstadressen u. v. a.

www.tierschutz-tvt.de Tierärztliche Vereinigung für Tierschutz e. V.

www.einzelfelle.de Tierverhaltensmedizinische Beratung

www.tierschutzzentrum.de Institut für Tierschutz und Verhalten

www.hundeadressen.de Hunde in Not, Hundeschulen, Tierkliniken u. v. a.

www.hundefarm-eifel.de Caniden-Verhaltensforschung/Mensch-Hund-Schulung/Hundepension (Günther Bloch)

www.gzsdw.de Gesellschaft zum Schutz der Wölfe e. V.

www.giftpflanzen.ch Giftsubstanzen, Giftpflanzen & Vergiftungssymptome bei Haus- und Nutztieren

BÜCHER, DIE WEITERHELFEN

Arce, José: **Meine 5 Geheimnisse für eine glückliche Mensch-Hund-Beziehung**. Gräfe und Unzer Verlag

Bloch, Günther; Radinger, Elli H.: **Wölfisch für Hundehalter.** Franckh-Kosmos Verlag

Bloch, Günther; Radinger, Elli H.: **Affe trifft Wolf. Dominieren statt kooperieren? Die Mensch-Hund-Beziehung.** Franckh-Kosmos Verlag

Feddersen-Petersen, Dorit: **Hundepsychologie, Sozialverhalten und Wesen**. Franckh-Kosmos Verlag

Fischer, Elke: **Homöopathie für Hunde**. Gräfe und Unzer Verlag

Gansloßer, Udo; Krivy, Petra: **Verhaltensbiologie für Hundehalter.** Franckh-Kosmos Verlag

Gansloßer, Udo; Kitchenham, Kate: **Forschung trifft Hund.** Franckh-Kosmos Verlag

Hegewald-Kawich, Horst: **Hunderassen von A bis Z**. Gräfe und Unzer Verlag

Kohtz-Walkemeyer: **BARF für Hunde.** Gräfe und Unzer Verlag

Ruge, Nina; Bloch, Günther: **Was fühlt mein Hund, Was denkt mein Hund?** Gräfe und Unzer Verlag

Schlegl-Kofler, Katharina: **Hunde – Clickertraining.** Gräfe und Unzer Verlag

Schlegl-Kofler, Katharina: **Hundesprache.** Gräfe und Unzer Verlag

Schlegl-Kofler, Katharina: **Welpen-Erziehung**. Gräfe und Unzer Verlag

Schmidt-Röger, Heike: **Dackel**. Franckh-Kosmos Verlag

Seeger, André: **BARF für Hunde**. Gräfe und Unzer Verlag

Strodtbeck, Sophie; Borchert, Uwe: **Wenn der Welpe zum halbstarken Hund wird.** Gräfe und Unzer Verlag

Strodtbeck, Sophie; Gansloßer, Udo: **Kastration und Verhalten beim Hund.** Müller Rüschlikon Verlag

Wolf, Kirsten: **Die besten Hundespiele für drinnen und draußen**. Gräfe und Unzer Verlag

ZEITSCHRIFTEN

Der Hund. FORUM Zeitschriften und Spezialmedien GmbH, Merching, www.derhund.de

Partner Hund. Ein Herz für Tiere Media GmbH, München, www.partner-hund.de

Unser Rassehund. Hrsg. Verband für das Deutsche Hundewesen e. V. (VDH), Dortmund, www.unserrassehund.de

Dogs. TERRITORY Content to Results GmbH, Hamburg, www.dogs-magazin.de

Autorin, Bildnachweis

AUTORIN

Heike Schmidt-Röger ist freie Journalistin und Autorin, Lektorin und Fotografin mit dem Schwerpunkt Heimtier (www.schmidt-roeger.de). Sie hat bereits mehrere Bücher und zahlreiche Artikel über Hunde verfasst.

DANK

Autorin und Verlag danken den Interviewpartnern für ihre Beiträge, zudem PD Dr. Udo Gansloßer, Susanne Blank, Dr. Heidi Kübler, Dr. Natalie Dillitzer, Prof. Dr. Uwe Truyen, Reinhard Hahn, Cornelia Heider und Brigitte Reeh, die das Buch ganz oder in Teilen überprüft haben.
Autorin, Fotograf und Verlag danken Trixie (www.trixie.de) und Fressnapf (www.fressnapf.de) für die freundliche Unterstützung bei der Fotoproduktion der Seiten 113, 155, 217 und 245.

WICHTIGE HINWEISE

Hunde können aufgrund ihrer Vorerfahrungen oder der Umstände unvorhergesehen reagieren und Schäden verursachen. Nur Sie selbst können entscheiden, ob und inwieweit Sie diese Vorschläge mit Ihrem Hund umsetzen können und möchten. Ein ausreichender Versicherungsschutz ist in jedem Fall zu empfehlen.
Der Ratgeber ersetzt nicht eine gründliche Beurteilung und Beratung eines Hundetrainers, Ernährungsexperten, Tierarztes oder anderer Experten. Alle Informationen, Ratschläge und Empfehlungen in diesem Buch wurden sorgfältig recherchiert und geprüft. Da aber Erkenntnisse zur Haltung, Erziehung, Beschäftigung, Medizin und Ernährung einem ständigen Wandel unterworfen sind, ist eine Haftung der Autorin oder des Verlags für Schäden, die eventuell aus den im Buch gegebenen Ratschlägen und Informationen entstehen könnten, ausgeschlossen.

BILDNACHWEIS

A1 Pix: Seite 59-2; **Alamy:** Seite 18, 175, 229, 233-2; **Animals Digital:** Seite 17, 27-1, 27-3, 28-1, 37, 61, 132, 156-2, 184, 241, 242-2, 247, 248, 268; **Corbis:** Seite 23, 45-3, 49, 59-1, 70, 74, 126, 141-1, 172, 233-1, 240; **Tatjana Drewka:** Seite 16, 35, 50-2, 50-3, 152, 263-1; **F1-online:** Seite 213, 250-1; **Fotolia:** 40, 238; **Getty:** Seite 13, 22, 26-1, 26-2, 31-2, 32, 45-1, 47, 114, 121, 124, 153, 163, 202, 214, 227, 234, 243-1, 249, 254, 255, 265, 269, 270; **Oliver Giel:** Seite 24, 28-3, 42, 44-3, 53, 62, 73, 78 – 106, 108, 109, 113, 135, 136, 137, 147, 148, 155, 156-1, 156-3, 158 – 160, 166, 174, 189, 193-1, 194, 196-1, 197, 200, 209, 217, 226, 236, 245, 246, 260; 273, 274; **Juniors Bildarchiv:** Seite 38, 39, 107, 145, 162, 183, 187, 276; **Angela Kraft:** Seite 65, 77, 208, 242-1, 259-1, 259-2, 266; **Masterfile:** Seite 250-3, 264; **Mauritius:** Seite 31-1, 44-2, 116; **Plainpicture:** Seite 48, 52, 150, 242-3, U4; **Anke Peters:** Seite 8; **Rosin Tiergesundheit Dienstleistungs GmbH:** Seite 180-1, 180-2; **Schanz Fotodesign:** Seite 27-2, 193-2, 196-2; **Heike Schmidt-Röger:** Seite U1, 28-2, 44-1, 57, 60, 72, 111, 122, 128, 143, 186, 190, 206-1, 206-2, 207, 210, 212, 218 – 224, 228, 243-2, 256, 258; **Shotshop:** 141-2; **Shutterstock:** 20, 66, 110, 123, 149, 169, 173, 198, 199, 203, 237, 243-1, 250-2, 263-2; **Tierfotoagentur:** Seite 10, 26-3, 50-1; **Thomas Ohme:** Seite 45-2;
Jana Weichelt: Seite 2-3; **Zoonar:** Seite 12.

Rezept und Foto der Dinkel-Frischkäse-Cookies stammen aus dem Buch: Hunde Cookies. Jeff Simpson, Gräfe und Unzer Verlag

Impressum

Projektleitung: Dr. Michael Eppinger, Anita Zellner
Lektorat: Angelika Lang
Bildredaktion: Elke Dollinger, Petra Ender (Innenteil und Cover)
Umschlaggestaltung und Layout: independent Medien-Design, Horst Moser, München
Herstellung: Petra Roth
Satz: Ludger Vorfeld
Reproduktion: Longo AG, Bozen
Druck und Bindung: Firmengruppe APPL, aprinta druck, Wemding

Printed in Germany

ISBN 978-3-8338-2874-4

6. Auflage 2019

Syndication: www.seasons.agency

www.facebook.com/gu.verlag

GRÄFE UND UNZER

Ein Unternehmen der
GANSKE VERLAGSGRUPPE

QUALITÄTS G|U GARANTIE

Liebe Leserin, lieber Leser,

haben wir Ihre Erwartungen erfüllt? Sind Sie mit diesem Buch zufrieden? Haben Sie weitere Fragen zu diesem Thema? Wir freuen uns auf Ihre Rückmeldung, auf Lob, Kritik und Anregungen, damit wir für Sie immer besser werden können.

GRÄFE UND UNZER Verlag
Leserservice
Postfach 86 03 13
81630 München
E-Mail:
leserservice@graefe-und-unzer.de

Telefon: 00800 / 72 37 33 33*
Telefax: 00800 / 50 12 05 44*
Mo–Do: 9.00 – 17.00 Uhr
Fr: 9.00 – 16.00 Uhr
(gebührenfrei in D, A, CH)*

Ihr GRÄFE UND UNZER Verlag
Der erste Ratgeberverlag – seit 1722.